数学思想方法

郭东亮◎编著

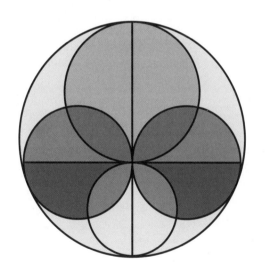

清华大学出版社
北京

内容简介

本书从数学分支学科(纵向)和数学思维(横向)两个角度介绍数学思想方法。全书共8章,分别为对数学的认识、古代数学成就及其思想方法、近代数学成就及其思想方法、现代数学基础及其思想方法、数学发现与数学解题的思想方法、数学证明的思想方法、应用数学思想方法选讲、其他数学思想方法。

本书可作为高等院校本科生公共选修课程(通识教育课程)的教材,也可作为"数学思想方法"或"数学方法论"课程的教材,还可供数学工作者、各领域的科技工作者和有兴趣的读者参考。

版权所有,侵权必究。举报: 010-62782989, beiqinquan@tup.tsinghua.edu.cn。

图书在版编目(CIP)数据

数学思想方法 / 郭东亮编著. -- 北京 : 清华大学出版社, 2025.3. -- ISBN 978-7-302-68712-2

Ⅰ. O1-0

中国国家版本馆 CIP 数据核字第 2025YH2605 号

责任编辑:崔　彤
封面设计:李召霞
责任校对:时翠兰
责任印制:曹婉颖

出版发行:清华大学出版社
网　　址:https://www.tup.com.cn, https://www.wqxuetang.com
地　　址:北京清华大学学研大厦 A 座
邮　　编:100084
社 总 机:010-83470000
邮　　购:010-62786544
投稿与读者服务:010-62776969, c-service@tup.tsinghua.edu.cn
质量反馈:010-62772015, zhiliang@tup.tsinghua.edu.cn
课件下载:https://www.tup.com.cn, 010-83470236

印 装 者:三河市龙大印装有限公司
经　　销:全国新华书店
开　　本:170mm×230mm　　印 张:17　　字　数:323 千字
版　　次:2025 年 5 月第 1 版　　印　次:2025 年 5 月第 1 次印刷
印　　数:1~1500
定　　价:69.00 元

产品编号:105256-01

前言
PREFACE

  数学思想方法，顾名思义，是数学的指导思想和普遍适用的方法。指导思想属于世界观范畴，普遍适用的方法属于方法论范畴，哲学既是世界观又是方法论，因而数学思想方法可以理解为数学的哲学，是数学的精华，是数学的一般规律，可以指导具体的数学发现、数学解题、数学证明、数学应用、数学研究。

  纵观数学发展史，数学的发展存在两条主线，一条是数学知识的积累，另一条是数学思想方法的确立，二者存在密切联系。数学发展的历史已经证实：一个人若想在数学上有所作为，不论是从事数学科研、数学教育教学，还是从事数学应用，仅掌握数学知识是不够的，还必须同时掌握数学思想方法。古人云："授之以鱼，不如授之以渔"。如果把数学知识比作"鱼"，那么数学思想方法就是"渔"，可见其重要性！

  我国高校普遍开设的数学课程有高等数学、线性代数、概率论与数理统计，对理工科专业一般还开设一些数学选修课，如复变函数、离散数学、组合数学、线性规划与组合优化、数值计算方法、矩阵分析等，所涉及的数学内容丰富多样，怎样把这些数学内容整合起来以提升综合数学能力？一个重要的方法就是提炼数学思想方法，用数学思想方法把数学知识串起来，达到融会贯通的境界，这也有助于将数学应用于解决实际问题。因此，数学思想方法的学习和运用对高校大学生而言十分重要。此外，科学技术是第一生产力，而数学是一切科学技术的基础，同时，由于数学的深刻性和超前性，数学也发挥着引领科技的作用，因此数学思想方法的掌握和运用对科学研究人员、工程技术人员也非常重要。

  本书作者多年来在中山大学为本科生讲授数学思想方法课程，该课程是面向各专业本科生开设的公共选修课程（通识教育课程）。本书是在多年使用的讲义基础上修订完善而来的。

  全书共 8 章。

  第 1 章，探索和讨论"什么是数学"，同时介绍数学思想方法的概念、内容和作用，并对数学思想方法的哲学依据——逻辑学的相关基础知识进行简要介绍。

  第 2 章，介绍古代数学成就及其思想方法。人类数学文化的源头在古埃及和古巴比伦，这两个文明古国历史最悠久，数学的发展也最早，因此对其数学进行介绍并分析其思想方法。古希腊数学崇尚逻辑推理和证明，《几何原本》是古希腊数学的代表性成就。中国古代的《九章算术》则是另一种注重计算和实际应用的数学,这两本著作对世界数学的发展影响巨大。本章详细介绍和讨论这两本著作的主要内容和思想方法。印度和阿拉伯是古希腊数学在东方的继承者和传播者,本章最后对其数学成就及思想方法进行介绍。

第3章,介绍近代数学成就及其思想方法。从17世纪初到19世纪末近300年的时间属于数学史的近代期,这一时期数学发展迅速,实现了由常量数学到变量数学的转变。本章列举近代数学的若干重大成就,并分析其思想方法。

第4章,介绍现代数学及其思想方法。现代数学以德国数学家康托尔在19世纪末创立集合论为起点。集合论的思想和概念渗透到大部分数学分支,成为现代数学的通用语言和严格的公共基础。20世纪上半叶,法国布尔巴基学派提出结构主义,认为数学研究的核心是结构,其成果很有启发性,促进了人类数学思想的进步。19世纪末以来,代数、分析、几何三大数学分支都各有突破,抽象代数、泛函分析、拓扑学相继创立并迅速发展,体现了数学的深刻变化,被称为现代数学的三大支柱。本章介绍这些内容并分析其思想方法。

第5章,介绍数学发现与数学解题的思想方法。数学发现与数学解题涉及建立数学概念、提出数学方法。本章介绍抽象法与概括法、数学观察法与数学实验法、归纳法、类比法与联想法、化归法。

第6章,介绍数学证明的思想方法,包括演绎法、构造法和其他思想方法。

第7章,介绍几种典型的数学应用方法,包括数学建模、数值计算方法、概率论与数理统计,并分析其思想方法。

第8章,介绍其他数学思想方法,包括分析法与综合法、一般化与特殊化。

本书注重数学思想方法阐述、推导和讨论的严谨性,同时也注重数学思想方法与实践的结合,每章均设有大量例题,章末的"问题研究"也颇具难度,需要进行资料查阅和深入思考才能完成。

本书参考和引用了许多出版物的论点和资料,除了书末列出的参考文献外,恕不一一列举,借此机会,向有关作者表示衷心的感谢。

国防科技大学张新建教授、中山大学黄海风教授、黄小红副教授审阅了书稿并提出许多有益的修改意见,在此向他们表示衷心的感谢。

感谢中山大学电子与通信工程学院的领导和同事在本书写作过程中给予的支持。

感谢清华大学出版社崔彤编辑在本书的编校工作中所提出的宝贵建议和付出的辛勤劳动。

虽然作者在本书的编撰过程中已力求精益求精,但由于时间仓促和水平有限,书中难免有疏漏和不足之处,恳请读者批评指正!

郭东亮

2025年3月

目录
CONTENTS

第1章　对数学的认识 …………………………………………………………… 1

 1.1　数学简史 ……………………………………………………………………… 1

  1.1.1　数学的起源 …………………………………………………………… 1

  1.1.2　数学的发展动力 ……………………………………………………… 5

  1.1.3　数学史的发展阶段、分期和高峰 …………………………………… 6

  1.1.4　两种不同的数学 ……………………………………………………… 7

 1.2　数学的研究对象 ……………………………………………………………… 9

  1.2.1　古代数学的研究对象 ………………………………………………… 9

  1.2.2　近代数学的研究对象 ………………………………………………… 9

  1.2.3　现代数学的研究对象 ………………………………………………… 10

 1.3　数学的内容和分支 …………………………………………………………… 13

  1.3.1　中图分类法中数学学科的分类 ……………………………………… 13

  1.3.2　中国学科目录中数学的学科划分 …………………………………… 15

  1.3.3　纯粹数学和应用数学的分支 ………………………………………… 16

 1.4　数学的突出特性 ……………………………………………………………… 18

  1.4.1　高度的抽象性 ………………………………………………………… 18

  1.4.2　严密的逻辑性 ………………………………………………………… 19

  1.4.3　应用的广泛性 ………………………………………………………… 20

  1.4.4　数学结论的确定性 …………………………………………………… 20

  1.4.5　数学现象和结论的反直觉性 ………………………………………… 21

  1.4.6　数学呈现方式的形式化 ……………………………………………… 23

 1.5　数学思想方法概论 …………………………………………………………… 23

  1.5.1　数学思想与数学方法 ………………………………………………… 23

  1.5.2　数学思想方法的内容 ………………………………………………… 24

  1.5.3　数学思想方法的作用 ………………………………………………… 25

 1.6　数学思想方法的哲学依据 …………………………………………………… 26

  1.6.1　逻辑学基础知识 ……………………………………………………… 26

1.6.2　数理逻辑简介 ………………………………………………………… 29
　　　1.6.3　命题逻辑的基本概念 ………………………………………………… 29
　　　1.6.4　谓词逻辑的基本概念 ………………………………………………… 31
　　　1.6.5　逻辑思维的基本规律 ………………………………………………… 32
　1.7　数学的地位和作用 ……………………………………………………………… 33
　　　1.7.1　数学在科学中的地位 ………………………………………………… 33
　　　1.7.2　数学的重大作用 ……………………………………………………… 34
　　　1.7.3　数学的精神价值 ……………………………………………………… 35
　问题研究 …………………………………………………………………………………… 36

第 2 章　古代数学成就及其思想方法 …………………………………………………… 37

　2.1　记数制 …………………………………………………………………………… 37
　2.2　算术 ……………………………………………………………………………… 39
　　　2.2.1　算术及其思想方法 …………………………………………………… 39
　　　2.2.2　古埃及的算术 ………………………………………………………… 39
　　　2.2.3　古巴比伦的算术 ……………………………………………………… 40
　2.3　代数 ……………………………………………………………………………… 41
　　　2.3.1　代数及其思想方法 …………………………………………………… 41
　　　2.3.2　古埃及的代数 ………………………………………………………… 42
　　　2.3.3　古巴比伦的代数 ……………………………………………………… 44
　2.4　几何 ……………………………………………………………………………… 45
　　　2.4.1　古埃及的几何 ………………………………………………………… 45
　　　2.4.2　古巴比伦的几何 ……………………………………………………… 45
　2.5　古希腊的数学 …………………………………………………………………… 46
　　　2.5.1　古希腊数学概述 ……………………………………………………… 46
　　　2.5.2　《几何原本》简介 …………………………………………………… 48
　　　2.5.3　《几何原本》的数学思想方法 ……………………………………… 52
　2.6　中国的数学 ……………………………………………………………………… 56
　　　2.6.1　中国古代数学概述 …………………………………………………… 56
　　　2.6.2　《九章算术》简介 …………………………………………………… 59
　　　2.6.3　《九章算术》的数学思想方法 ……………………………………… 62
　2.7　印度和阿拉伯的数学 …………………………………………………………… 66
　　　2.7.1　印度的数学 …………………………………………………………… 67
　　　2.7.2　阿拉伯的数学 ………………………………………………………… 68
　问题研究 …………………………………………………………………………………… 70

第 3 章　近代数学成就及其思想方法 ········ 71

3.1　解析几何 ········ 71
3.1.1　解析几何的创立 ········ 71
3.1.2　解析几何创立的重大意义 ········ 72
3.1.3　解析几何的思想方法 ········ 73

3.2　微积分 ········ 76
3.2.1　微积分的创立 ········ 76
3.2.2　微积分概要 ········ 77
3.2.3　微积分创立的重大意义 ········ 79
3.2.4　微积分的思想方法 ········ 80

3.3　分析学的严密化 ········ 82
3.3.1　无穷小悖论 ········ 82
3.3.2　分析学严密化运动 ········ 83
3.3.3　分析学严密化的思想方法 ········ 84

3.4　非欧几何 ········ 87
3.4.1　第五公设难题 ········ 87
3.4.2　非欧几何的创立 ········ 89
3.4.3　非欧几何的数学思想 ········ 92

3.5　群论 ········ 94
3.5.1　高次代数方程求解难题 ········ 94
3.5.2　阿贝尔的贡献及其数学思想 ········ 94
3.5.3　伽罗瓦群论及其数学思想 ········ 95

3.6　欧氏几何的公理化重建 ········ 98
3.6.1　欧氏几何的重建 ········ 98
3.6.2　公理化方法成为重要数学思想方法 ········ 99
3.6.3　不完备性定理 ········ 100

3.7　概率论 ········ 101
3.7.1　概率论的创立 ········ 101
3.7.2　概率论的思想方法 ········ 102

问题研究 ········ 103

第 4 章　现代数学基础及其思想方法 ········ 104

4.1　集合论 ········ 104
4.1.1　集合论简介 ········ 104
4.1.2　对无穷集合的早期探索 ········ 105

4.1.3　康托尔集合论及其思想方法 ………………………………………… 110
　　　4.1.4　公理化集合论及其思想方法 ………………………………………… 113
　4.2　结构主义 …………………………………………………………………………… 115
　　　4.2.1　代数结构 ………………………………………………………………… 115
　　　4.2.2　序结构 …………………………………………………………………… 116
　　　4.2.3　拓扑结构 ………………………………………………………………… 117
　　　4.2.4　结构主义的数学思想 …………………………………………………… 119
　4.3　抽象代数 …………………………………………………………………………… 120
　　　4.3.1　抽象代数简介 …………………………………………………………… 120
　　　4.3.2　抽象代数的创立和发展 ………………………………………………… 121
　　　4.3.3　抽象代数的思想方法 …………………………………………………… 123
　4.4　泛函分析 …………………………………………………………………………… 124
　　　4.4.1　泛函分析简介 …………………………………………………………… 124
　　　4.4.2　泛函分析的创立与发展 ………………………………………………… 125
　　　4.4.3　泛函分析的思想方法 …………………………………………………… 129
　4.5　拓扑学 ……………………………………………………………………………… 131
　　　4.5.1　拓扑学简介 ……………………………………………………………… 131
　　　4.5.2　拓扑学的创立和发展 …………………………………………………… 131
　　　4.5.3　拓扑学的思想方法 ……………………………………………………… 133
　问题研究 …………………………………………………………………………………… 135

第5章　数学发现与数学解题的思想方法 …………………………………………… 136
　5.1　抽象法与概括法 …………………………………………………………………… 136
　　　5.1.1　抽象法 …………………………………………………………………… 136
　　　5.1.2　概括法 …………………………………………………………………… 141
　　　5.1.3　抽象与概括的协同应用 ………………………………………………… 145
　5.2　数学观察法与数学实验法 ………………………………………………………… 146
　　　5.2.1　数学观察法 ……………………………………………………………… 146
　　　5.2.2　数学实验法 ……………………………………………………………… 148
　5.3　归纳法 ……………………………………………………………………………… 152
　　　5.3.1　归纳推理 ………………………………………………………………… 152
　　　5.3.2　归纳法的类型 …………………………………………………………… 154
　　　5.3.3　归纳猜想 ………………………………………………………………… 157
　5.4　类比法与联想法 …………………………………………………………………… 160
　　　5.4.1　类比法 …………………………………………………………………… 160

  5.4.2 类比猜想 ……………………………………………………… 163
  5.4.3 联想法 …………………………………………………………… 165
 5.5 化归法 ………………………………………………………………… 167
  5.5.1 化归的原理 …………………………………………………… 167
  5.5.2 化归的原则 …………………………………………………… 169
  5.5.3 化归的途径 …………………………………………………… 171
 问题研究 …………………………………………………………………… 174

第6章 数学证明的思想方法 …………………………………………… 175
 6.1 演绎法 ………………………………………………………………… 175
  6.1.1 推理与证明 …………………………………………………… 175
  6.1.2 三段论推理 …………………………………………………… 176
  6.1.3 数学归纳法 …………………………………………………… 177
  6.1.4 强归纳法 ……………………………………………………… 179
  6.1.5 反例证明法 …………………………………………………… 180
  6.1.6 分析演绎法与综合演绎法 …………………………………… 183
 6.2 构造法 ………………………………………………………………… 186
  6.2.1 构造法及其思想方法 ………………………………………… 186
  6.2.2 构造法的类型和应用 ………………………………………… 188
 6.3 其他思想方法 ………………………………………………………… 191
  6.3.1 利用原理证明 ………………………………………………… 191
  6.3.2 通过计算证明 ………………………………………………… 192
  6.3.3 利用定义证明 ………………………………………………… 194
 问题研究 …………………………………………………………………… 195

第7章 应用数学思想方法选讲 …………………………………………… 196
 7.1 数学建模 ……………………………………………………………… 196
  7.1.1 数学模型与数学建模 ………………………………………… 196
  7.1.2 数学模型法 …………………………………………………… 200
  7.1.3 数学建模应用实例 …………………………………………… 203
 7.2 数值计算方法 ………………………………………………………… 209
  7.2.1 计算与数值计算方法 ………………………………………… 209
  7.2.2 算法和计算复杂性 …………………………………………… 211
  7.2.3 数值计算方法应用实例 ……………………………………… 214
 7.3 概率论与数理统计 …………………………………………………… 223
  7.3.1 概率论基础 …………………………………………………… 224

	7.3.2 概率论应用实例	227
	7.3.3 回归分析基础	229
	7.3.4 回归分析应用实例	234
问题研究		236
第 8 章 其他数学思想方法		**237**
8.1	分析法与综合法	237
	8.1.1 分析法与综合法的本质	237
	8.1.2 分析法与综合法的协同	238
	8.1.3 分析法与综合法的应用	240
8.2	一般化与特殊化	243
	8.2.1 一般化	243
	8.2.2 特殊化	247
	8.2.3 一般化与特殊化的应用	249
问题研究		252
附录 A 中国数学家一览表		**253**
附录 B 外国数学家一览表		**255**
附录 C MATLAB 简介		**258**
参考文献		**259**

第1章 对数学的认识

CHAPTER 1

数学对人类社会、对个人的影响都是巨大的。对人类社会而言,数学通过解决现实问题而推动生产力的发展,通过提供定量工具而提高人类的认识能力和认识水平;对个人而言,数学通过成为一门必学的基础课程而成为个人的基本文化,通过呈现层层递进的知识体系和严密的逻辑推理方法而影响个人的思维方式,甚至通过大量可统计的数学成绩影响个人的人生理想、学业抉择和自我评价。但是,对"什么是数学?"这一看似简单的问题,回答起来却并不容易,古今中外的数学家和哲学家们对数学的定义和诠释也不尽相同,因此在讨论"数学思想方法"之前,有必要首先对"数学"有一个较为全面和深刻的认识,并以此作为后续讨论的基础和共识。

本章探索和讨论"什么是数学",同时介绍数学思想方法的概念、内容和作用,并对数学思想方法的哲学依据——逻辑学的相关基础知识进行简要介绍。

1.1 数学简史

1.1.1 数学的起源

数学起源于人类远古时期生产、分配、交易等活动中的计数、观测、丈量等需求,并随着人类社会发展和科技进步而成为天文学、航海、力学等其他领域的有力工具。数学作为人类文明的重要组成部分之一,和其他人类文明一样,最早出现在世界五大文明发源地——古巴比伦、古埃及、古印度、中国、古希腊。

(1)古巴比伦。古巴比伦文明的发源地是亚洲西部的两河流域,"两河"指的是幼发拉底河和底格里斯河,古巴比伦是人类文明最早的发源地之一,巴比伦意为"神之门"。古巴比伦又称美索不达米亚,美索不达米亚是古希腊语,意为"两条河之间的地方"。

（2）古埃及。古埃及文明的发源地是非洲东北部的尼罗河流域，是世界上最早的文明之一。古埃及人创造了辉煌的文明——被称为世界奇迹的金字塔、神秘的木乃伊、最早的 365 日天文历法。

（3）古印度。古印度文明的发源地是亚洲南部的印度河流域，是人类最古老的文明之一，后被雅利安人入侵并建立了恒河流域文明。古印度文明分为两部分：印度河流域文明、恒河流域文明，"古印度文明消亡"指的是印度河流域文明的消亡，恒河流域文明则并未消亡。

（4）中国。中国的发源地是亚洲东部的黄河流域，黄河流域文明是东方独立起源的原生文明。在古老的中华大地上，勤劳、勇敢、智慧的各族人民共同开拓了幅员辽阔的国土，共同缔造了统一的多民族国家，共同发展了悠久灿烂的中华文化，一部厚重的中国历史，就是一部中国各民族诞生、发展、交融并共同缔造统一国家的历史。

（5）古希腊。古希腊并非一个国家，而是一个地域的称谓，位于欧洲的东南部、地中海的东北部，是古代巴尔干半岛南部、爱琴海诸岛和小亚细亚沿岸的总称。古希腊文明是西方文明最重要的源头之一，西方有记载的文学、科技、艺术都是从古希腊开始的。受古巴比伦、古埃及文明影响，古希腊文明发源于南欧的爱琴海诸岛，公元前 5 世纪至公元前 6 世纪，特别是希波战争以后，古希腊地区的经济生活繁荣、科技发达，在此基础上产生了在世界文明史中占重要地位的古希腊文化。古希腊人在哲学、诗歌、建筑、科学、文学、戏剧、神话等诸多方面都有很深造诣，古希腊文明创造者的智慧使这一消逝两千余年的古代文明至今仍令世人惊叹！

世界五大文明发源地的基本情况如表 1-1 所示。

表 1-1　世界五大文明发源地的基本情况

文明	文明发源地	所属文明	地理位置	民族	文明起止时间	统一政权及其建立时间
古巴比伦	两河（幼发拉底河和底格里斯河）流域	美索不达米亚文明	亚洲西部	苏美尔人、阿卡德人、希伯来人、阿摩利人、亚述人、迦勒底人等	约始于公元前 4000 年，终于公元前 2000 年	约公元前 2371 年的阿卡德帝国
古埃及	尼罗河流域	埃及文明	非洲东北部	埃及人、努比亚人、马其顿人、科普特等	约始于公元前 3500 年，终于公元前 500 年	约公元前 3100 年的埃及第一王朝

续表

文明	文明发源地	所属文明	地理位置	民族	文明起止时间	统一政权及其建立时间
古印度	印度河流域	印度文明	亚洲南部	达罗毗荼人	约始于公元前3000年,终于公元前1700年	考古缺失
	恒河流域			雅利安人	约始于公元前1000年,持续至今	公元前6世纪左右古印度出现16个王国
中国	黄河流域	中华文明	亚洲东部	华夏族	约始于公元前2000年,持续至今	公元前2070年的夏朝
古希腊	爱琴海地区	海洋文明	欧洲东南部	古希腊人	约始于公元前800年,终于公元前146年	无,古希腊并非一个国家

  数学文化的开始都是形成数的概念、确立记数制,然后是数的运算,在此基础上,根据现实生产和生活的需要,发展代数、几何等数学内容。世界五大文明发源地的主要数学成就列举如下。

  (1) 古巴比伦的数学。19世纪后期,考古学家开始对美索不达米亚遗址进行考古挖掘,在发掘过程中,考古学家发现了数以万计的不同时期的泥板,它们是用胶泥制成的,每块泥板的面积与手掌大小接近,上面刻有符号,这些符号是由尖棍刻写出来的,呈楔形,人们称之为楔形文字,并称泥板为泥版书,其中一部分是关于数学的,人们据此了解古巴比伦数学。古巴比伦人的主要数学成就列于表1-2中。

表 1-2　古巴比伦人的主要数学成就

数学内容	主要成就
记数制与算术	采用六十进制;使用分数但分数系统不成熟;算术运算借助于乘法表、倒数表、平方表、立方表、指数表等各种表,并能运用插值法
代数	用文字叙述代数问题,能求解一元二次方程,但由于没有负数的概念,负根不予考虑。此外,有级数求和、非完全平方数的平方根近似值求解、勾股数等成果
几何	长方形、直角三角形、等腰三角形、直角梯形面积的计算,并能将复杂图形拆成简单图形的组合;长方体、特殊梯形为底的直棱柱、直圆柱体积的计算。但结论带有经验性,结果未经证明,有部分错误,如错误地认为圆台或棱台的体积是两底面积之和的一半与高的乘积

  (2) 古埃及的数学。古埃及人建造了神奇的金字塔、狮身人面像、宏大的神庙、复杂的灌溉系统,这些古建筑和设施建成后的尺寸误差很小,表明古埃及人创

立了发达的数学理论。大约从公元前 3000 年起,古埃及人发明了象形文字,流传至今的古埃及文献是记录在一种用尼罗河三角洲盛产的水生植物纸莎草制成的"纸草"上的,通常称其为纸草书。保存至今的有关数学的纸草书写于公元前 2000 年前后,这些纸草书以问题集的形式记录了一些数学问题。古埃及人的主要数学成就列于表 1-3 中。

表 1-3　古埃及人的主要数学成就

数 学 内 容	主 要 成 就
记数制与算术	十进叠加制记数系统;有分数概念,但分数除了 2/3 外,其他分数的分子固定为 1;借助于倍数表、部分表并利用加法运算实现乘法、除法运算
代数	"计算若干"问题对应现代数学的方程问题,采用"试位法"解方程,属于数值解法,能求解一些一元一次方程;通过麦子斗数计算、财产分配等实际问题给出等差数列、等比数列基本知识和计算方法
几何	通过土地面积计算、谷垛体积计算、金字塔体积计算等具体问题给出面积、体积的计算方法

(3) 古印度的数学。古印度在文学、哲学和自然科学等方面对人类文明有独创性贡献。在数学方面最杰出的贡献是发明了世界通用的记数法——十进位值制记数法,创造了包括 0 在内的 10 个数字符号。所谓的"阿拉伯数字"实际上起源于印度,只是通过阿拉伯人传播到西方而已。古印度人的主要数学成就列于表 1-4 中。

表 1-4　古印度人的主要数学成就

数 学 内 容	主 要 成 就
记数制与算术	发明印度数码、十进位值制记数法;628 年左右引进了负数及其四则运算;分数及其四则运算;开平方、开立方运算及近似值表示
代数	用文字和记号记述代数方程,能求解一元二次方程、双二次方程、一些特殊的三次方程、不定方程;级数求和公式、组合数公式
几何与三角	常见图形和几何体的面积、体积的计算

(4) 中国古代的数学。中国是四大文明古国之一,有着悠久的历史和灿烂的文化,中国古代的四大发明等科技成果曾极大地推动了世界文明的进步,作为中国文化的一个重要组成部分,中国古代数学由于其自身独特的历史发展进程而形成了与西方数学迥然不同的风格,四大文明古国中文化没有中断、一直传承下来的只有中国。与其他文明古国的数学相比,中国古代数学源远流长、成就卓著,成为世界数学发展的一个重要源头。古代中国人的主要数学成就列于表 1-5 中。

表 1-5 古代中国人的主要数学成就

数学内容	主要成就
记数制与算术	十进位值制记数法；整数、分数、有理数及其运算法则；负数概念。发明了计算工具算筹、几何工具规矩
代数	汉唐时期一千多年间的十部著名数学著作整理为《算经十书》，《九章算术》是其中最重要的一部，其主要内容是代数学，如给出了求解线性方程组的消元法、正负数加减运算法则等
几何与三角	《九章算术》中"割圆术"给出圆的面积计算方法、"商功"给出柱、锥、台、拟柱体的体积计算公式。祖冲之对圆周率推算精确至小数点后 7 位

（5）古希腊的数学。从公元前 6 世纪起，由于经济发展和社会进步，古希腊出现了第一个文化高峰，古希腊数学就是重要成就之一。数学史上把公元前 6 世纪至公元前 3 世纪的古希腊数学称为古典时期的希腊数学或前期希腊数学，把公元前 3 世纪至 6 世纪称为后期希腊数学。在古典时期，古希腊数学学派众多且成就显著。古希腊人的主要数学成就如表 1-6 所示。

表 1-6 古希腊人的主要数学成就

数学内容	主要成就
代数	毕达哥拉斯学派把数看作万物之本，提出"万物皆数"，对自然数进行分类研究，但他们对数的认识仅限于有理数，且对"数"用唯心主义观点加以神化；阿基米德在等比级数求和、大数的记数法等方面有研究成果
几何	毕达哥拉斯学派提出黄金分割数学理论，发现勾股定理（勾股定理在西方称为毕达哥拉斯定理），证明了正多面体只有 5 种；欧几里得的《几何原本》是具有公理化结构和严密逻辑体系的数学经典，完成于公元前 300 年左右，集中体现了古希腊数学的数学思想，是人类文化遗产中的瑰宝。阿基米德在平面几何、立体几何方面有很多重要成果；阿波罗尼奥斯的《圆锥曲线论》是继《几何原本》后的又一力作，对圆锥曲线进行了系统研究

1.1.2 数学的发展动力

数学主要以问题的方式呈现，问题是数学的心脏，数学问题是数学发展的原始驱动力。数学问题主要来自如下三方面。

（1）生产实践和社会实践的需求。人类在生产实践和社会实践中会遇到各种各样的实际问题，如土地测量、水利工程建设、商品交易等，从这些现实问题中可提取出数量关系、空间形式问题，这就是待解决的数学问题。

（2）自然科学的需求。数学与自然科学之间存在彼此影响、相互促进的关系。一方面，数学为自然科学提供定量描述和逻辑推演的工具，另一方面，自然科学不断向数学提出富有挑战性的问题，数学在解决自然科学提出的问题的同时，也促进了数学自身的发展。

（3）数学内部的需要。当一门数学分支学科创立并形成理论体系之后，可能会产生数学体系内部的矛盾和问题，这就需要完善数学理论，解决数学体系内部的理论问题，以实现理论体系的无矛盾性和完备性。

这些领域的需求成为数学发展的强劲动力。

1.1.3 数学史的发展阶段、分期和高峰

从蛮荒时代古代先民使用结绳记事、屈指计数来记录物品、交换商品开始，到生产发展所推动的几何、代数、三角函数、概率统计等方面问题的研究，到 17 世纪解析几何和微积分的创立、19 世纪非欧几何的诞生，再到 19 世纪末集合论的创立、20 世纪以来现代数学各分支的创立，经过几千年发展，数学已经成为分支众多、内涵深刻、应用广泛的科学大部类。

按时间顺序，数学发展史（简称数学史）大致可以分为数学形成、初等数学、高等数学、现代数学四个发展阶段。一般将数学形成和初等数学阶段合称为数学史的古代期，高等数学阶段称为数学史的近代期，现代数学阶段称为数学史的现代期。数学史的发展阶段和分期如表 1-7 所示。

表 1-7 数学史的发展阶段和分期

发展阶段	分期	时间范围	概　　要
数学形成	古代	远古—公元前 6 世纪	这一阶段是数学的形成阶段，人类建立数的概念、确立记数制、进行算术运算，并认识基本的几何形式。这一阶段算术与几何没有分开
初等数学		公元前 6 世纪—17 世纪初	初等数学也称为常量数学，这个阶段逐渐形成了数学的主要分支代数（algebra）与几何（geometry），初等数学提供了基本的数学工具，其基本成果构成了如今中小学数学的主要内容
高等数学	近代	17 世纪初—19 世纪末	高等数学也称为变量数学，产生于 17 世纪，源于两个重大数学成果：解析几何（analytic geometry）的诞生、微积分（calculus）的创立。高等数学广泛应用于一般科技领域和工程技术领域
现代数学	现代	19 世纪末至今	这一阶段是数学发展的现代阶段，以 19 世纪末集合论的创立为开端，以代数（algebra）、几何（geometry）、分析（analysis）的突破和深刻变化为特征。现代数学广泛应用于高科技领域和工程技术领域

17 世纪解析几何的诞生、微积分的创立使数学实现了由常量数学到变量数学的转变，17 世纪因而成为数学史的古代期与近代期的分界线。数学史的近代期与现代期的分界线尚存争议，一般认为 19 世纪末集合论的创立是近代期与现代期的分界线。

2000 年 8 月，在日本东京举行的国际数学教育大会上，大会主席藤田宏教授

提到数学发展史的四个高峰。

(1) 以《几何原本》为代表的古希腊公理化数学(公元前 700—300 年)。古希腊数学是从公理化系统出发用逻辑方法演绎出来的知识体系。

(2) 以牛顿、莱布尼茨发明的微积分为代表的无穷小演算数学(17—18 世纪)。牛顿、莱布尼茨发明的微积分是不严密的,对"无穷小"没有给出严密的定义,但用无穷小演算方法得出的结果解释了很多现象,在物理学、天文学、航海、工程技术等领域获得了广泛应用。

(3) 以希尔伯特为代表的现代公理化数学(19 世纪—20 世纪中叶)。19 世纪的数学致力于数学基础的严格化,进入了现代公理化数学时期。非欧几何的公理化分析、群的公理化定义、复数以及四元数的公理化处理、分析学严密化归于建立严密的公理化实数理论,特别是希尔伯特将欧氏几何严密化,于 1899 年出版了《几何基础》,使得形式主义的公理化方法风靡世界,成为数学的主流思想,20 世纪中叶法国布尔巴基学派的结构主义数学更是将形式主义数学推向新的高峰。

(4) 以计算机技术为代表的信息时代数学(20 世纪中叶至今)。1946 年,电子计算机的出现使数学的应用范围大大扩展,数学已经从幕后走向台前,成为一门直接创造经济效益的技术。随着计算机科技的兴起,应用数学渐成数学发展的主流,但是信息时代仍然追求严谨性,且应用数学是以纯粹数学为基础的,纯粹数学依然是数学的核心。

1.1.4 两种不同的数学

中国古代的《九章算术》与古希腊的《几何原本》是古代东西方的两部代表性数学著作,对东西方数学发展分别产生过重大影响,二者并称为"现代数学的两大源泉"。《九章算术》传到日本、印度、阿拉伯、朝鲜等国,这些国家的数学深受《九章算术》影响,其数值计算和算法思想与现代数学的数学思想不谋而合。《几何原本》是西方流传最广的数学教科书,现今全世界中学生所学的几何知识很多也来自《几何原本》。在《几何原本》基础上产生了现代数学的许多分支,其公理化方法成为任何一个数学分支成熟的标志。两部数学著作的影响同样巨大,但是它们在很多方面存在着差异,详述如下。

(1) 编排体系不同。《九章算术》全书 246 个算术题目,同一类型的计算问题归为一章,共 9 章。每章先给出算术题,然后给出答案,相同计算方法的题目放在一起,并给出"术",即计算这类题目的方法。《几何原本》全书共 13 卷,共 475 个命题(包括作图题和证明题),相同内容的题目放在一起,每卷的卷首给出本卷所需概念的定义,在第一卷给出了 23 个定义、5 个公设和 5 个公理供全书使用。

（2）主要内容不同。《九章算术》以代数为主，《几何原本》以几何为主。《九章算术》的内容属于现今的初等代数，涉及几何的部分同样以代数方法处理。《几何原本》的内容属于现今的初等几何，涉及代数的部分同样以几何方法处理。

（3）联系实际不同。《九章算术》中的问题均为生产、生活中的实际问题，这些问题是具体的，具有实用价值。《几何原本》与实际问题几乎毫无联系，所提的问题是抽象的，实用性差。

（4）逻辑性不同。《九章算术》中的问题是实际问题的罗列，并无逻辑性可言。《几何原本》有严格的逻辑性，其命题中的概念是前面已定义的，前面命题可作为后面命题的推理依据，在任一命题的推导中，每前进一步都要有根据且根据必须先于此命题。

（5）价值取向不同。《九章算术》强调数学的应用价值。中国古代数学教育的主要目的是"经世致用"，以丈量土地、工程建设、计算赋税等为代表，主要用于生产实践和国家管理，数学是"六艺"教育之一，六艺是：礼、乐、射、御、书、数。经世致用的价值取向表明中国传统文化对数学的态度：①数学是改造自然界过程中不可或缺的工具；②数学是基于计算的，无须太多逻辑证明，也没必要构建严密的演绎体系；③数学作为一种工具，没有太多精神内涵，与"修身养性""天人合一"等核心价值观相去甚远。与之截然不同的是，《几何原本》强调数学的思维训练价值。西方古代数学教育的主要目的是训练人的心智，重视数学推理和哲学思辨，从而提高思维能力和辩论技巧。数学是"七艺"教育中的几项，七艺是：文法、修辞、逻辑学、算术、几何、天文、音乐。在西方古代，受教育是贵族阶层的特权，学术研究也限于贵族阶层内，抽象严谨的数学成为贵族阶层展示智力和思维能力的重要途径，这也极大地影响了数学的价值取向。

在上述差异中，两部数学经典巨著在价值取向上的差异最令人瞩目。东方数学的价值取向是强调数学的应用价值，而西方数学的价值取向是强调数学的思维训练价值，这两种价值取向不同，但二者又是对立统一的。一方面，以《几何原本》为代表的西方数学强调逻辑演绎、追求形式化和公理化，这些都是数学科学的内在要求。同时，数学学习与数学研究很相似，甚至是后者的再现，因而数学学习对人的思维能力提高和理性精神培养作用巨大。以《九章算术》为代表的东方数学从现实问题中提炼数学问题并进行研究和解决，凸显了数学的应用性，且数学的应用性随着时代发展愈发明显，在现代科学技术中，爱因斯坦的相对论离不开非欧几何、人工智能的发展离不开统计学、运筹学、控制论，数学的应用价值是非常明显的。另一方面，数学的发展既需要严密系统的数学理论作为内核，又需要广泛的应用作为其价值体现和发展动力，因此数学的这两种价值是互相促进、互相补充的，应充分发挥数学的这两种价值。

1.2 数学的研究对象

打开互联网搜索引擎,搜索"数学的研究对象",一般会得到这样的答案:"数学的研究对象是现实世界的数量关系和空间形式",这个"标准答案"指出数学的研究对象可分为两大类:一类是现实世界的数量关系(数),另一类是现实世界的空间形式(形)。据此可认为,数学就是研究现实世界的数量关系和空间形式的科学,或者简述为:数学是研究数和形的科学。然而,作为数学研究对象的数和形,在数学史的不同时期是彼此不同的。

1.2.1 古代数学的研究对象

在数学形成阶段,各古代文明的数学研究的是由生产、生活的实际问题提炼出的各类数量关系计算和几何量计算的问题,其数学研究对象是数量关系和几何图形。其中,古希腊数学强调逻辑推理和证明,具有创造性和深刻性,而以中国、古埃及、古巴比伦、古印度为代表的其他古代文明的数学的特点是追求实用、注重算法、寓理于算。

在初等数学阶段,数是常量,形是简单、孤立的几何形体。初等数学分别研究常量间的代数运算、几何形体内部及相互之间的对应关系,从而形成了代数、几何两大数学分支。

1.2.2 近代数学的研究对象

17 世纪,法国数学家笛卡儿(R. Descartes)建立解析几何(1637 年),这是高等数学阶段的起点,之后在 17 世纪 80 年代,英国物理学家、数学家牛顿(I. Newton)和德国数学家、哲学家莱布尼兹(G. W. Leibniz)分别创立了微积分,这是高等数学阶段最重大的数学成就,微积分完成了由常量数学到变量数学的转变,是数学史上的里程碑。

在高等数学阶段,数是变量,形是曲线、曲面。高等数学研究数和形之间的各种函数关系和变换关系,数和形被紧密联系起来,但代数和几何还是各成体系的。由于起源于微积分的"分析数学"的兴起和快速发展,数学形成了代数、几何、分析三大分支。

随着数学成果的积累,人们对数学的研究对象有了更深刻的认识。19 世纪之前,数学的主要成就是算术、几何、代数、解析几何、微积分以及与它们密切相关的领域,其研究的对象都是客观事物的数量和形状。1878 年,德国思想家、哲学家、无产阶级革命导师恩格斯(F. Engels,1820—1895 年)在《反杜林论》中就数学的研究对象提出了如下深刻而准确的概括:"纯数学的对象是现实世界的空间形式与数量关系",恩格斯的观点获得普遍赞同,这个论断对表述直到 18 世纪末的数学研究对象都是恰当的,直到 18 世纪末,数学所研究的对象都是现实问题,没有离开现实世界。

数学研究对象发生重大改变的时间分界线是 19 世纪初。19 世纪以来,数学的发展非常迅速,非欧几何、抽象代数、布尔代数、高维空间几何等新的数学分支相继出现,与 19 世纪之前的情况不同,这些新数学分支并不以现实世界的事物为数学模型来源或背景,其研究对象或得出的结论在现实世界也一时找不到对应物。以诞生于 19 世纪中叶的非欧几何为例,该几何学分支是在经典的欧几里得几何学的基础上,俄国数学家罗巴切夫斯基(Н. И. Лобачевский)、德国数学家黎曼(G. F. B. Riemann)等数学家在探索非欧氏空间的性质和规律的过程中创立的,这使得数学研究开始进入了不依赖于经验和直觉、基于理性和逻辑思维的更加复杂和深刻的领域,数学不再局限于对现实世界进行反映和刻画,数学的研究对象也不再局限于现实世界的数和形!

1.2.3 现代数学的研究对象

现代数学阶段以德国数学家康托尔(G. Cantor)在 19 世纪末(1873 年)创立集合论为起点,中国科学院外籍院士、美籍华裔数学大师陈省身指出:"康托尔的集合论独创新意,高瞻远瞩,为数学立了基础。"由于数学各分支的研究对象或者本身都是带有某种特定结构的集合,或者是可以通过集合来定义的,因此集合论成为数学各分支的通用语言,是数学各分支的严格的基础。然而随着 1902 年英国哲学家、数学家罗素(B. A. W. Russell)提出"罗素悖论",集合论出现了危机。

悖论是指这样一种命题,按普遍认可的逻辑推理方式,可推导出两个对立的结论,形式为:如果事件 A 发生,则推导出事件非 A;如果事件非 A 发生,则推导出事件 A。

罗素悖论 设集合 A 为 $A = \{x \mid x \notin x\}$,则若 $A \in A \Rightarrow A \notin A$,若 $A \notin A \Rightarrow A \in A$。

集合论危机使整个数学的基础也发生了危机,从而引起了一场声势浩大的关于"数学是什么"和"数学应该建立在什么基础之上"的争论,当时世界上最杰出的数学家希尔伯特(D. Hilbert)、庞加莱(J. H. Poincare)、布劳威尔(I. E. J. Brouwer)等都加入了这一混战,形成了数学基础的三大学派——逻辑主义、直觉主义和形式主义。20 世纪上半叶,三大学派进行的激烈争论也促使数学家们对数学基础有了更深刻的理解,这就是数学史上的重大事件——数学基础之争。由于各派的观点都有片面性,争论始终未能达成共识,就数学的研究对象而言,各派都从不同角度进行了刻画,虽然都不全面,但也都从某一方面反映了本质特征。表 1-8 列举了三个学派的代表人物和主要观点。

表 1-8 20 世纪上半叶三大数学基础学派的代表人物和主要观点

学派	代 表 人 物	研究对象	主 要 观 点
逻辑主义学派（logistic school）	英国逻辑学家、哲学家罗素（B. A. Russell），德国逻辑学家、数学家弗雷格（G. Frege）	逻辑	数学实际上是逻辑学的一个分支,全部数学都能从逻辑学中推导出来,而不用任何特有的数学概念,数学方法是纯演绎推理的方法
直觉主义学派（intuitionist school）	荷兰数学家布劳威尔（I. E. J. Brouwer）	可构造性对象	强调数学概念和方法的可构造性,提出"存在必须可构造",认为数学的理论基础不是集合论,而是自然数论;在认识论上采纳"潜无穷"而排斥"实无穷";在方法论上否认排中律,从而也否认反证法
形式主义学派（formalist school）	德国数学家希尔伯特（D. Hilbert）	形式系统	数学是从一组相容、独立、完备的公理化体系出发,按照一定逻辑方式推理出来的与现实无关的"形式",只要形式相同,内容是无所谓的。例如,平面几何中,用"点、线、面"还是用"桌子、椅子、茶杯"来叙述都无关紧要,只要彼此之间满足公理规定的关系即可。形式主义只讲纯粹数学的定义、法则、逻辑推理,不重视数学联系实际

注：①可构造性指能按固定方式经有限步骤定义概念或实现某一方法;②潜无穷是指无穷是一种永无终止的过程,潜无穷也称为潜无限;③实无穷是把无穷作为一种已经完成了的对象来加以考查,实无穷也称为实无限。

20 世纪三四十年代,法国布尔巴基（Bourbaki）学派的结构主义数学将形式主义数学推向新的高峰,该学派以著名德国女数学家诺特（A. E. Noether）的抽象代数和数学全才希尔伯特的公理化方法为武器,提出了"结构论"思想方法,他们将数学定义为"数学是研究形式结构的科学",人们称之为结构主义学派,他们撰写了题为《数学原本》的巨著。布尔巴基学派认为数学有 3 种基本结构,称为母结构,分别为代数结构（群、环、域、格等）、序结构（全序、偏序）、拓扑结构（邻域、连续、极限、连通性、维数等）,此外还有一些子结构（如线性代数中的线性结构等）,这些结构的不同组合就形成了整个数学世界。尽管如此,该学派仍然不能统一全部数学,例如数论中的素数理论就无法纳入任何一个结构中去,这是因为迄今为止还没有发现素数的任何结构。20 世纪上半叶,法国布尔巴基学派的数学观点如表 1-9 所示。

表 1-9　20世纪上半叶法国布尔巴基学派的数学观点

学　　派	代 表 人 物	研究对象	主 要 观 点
结构主义学派（structuralist school）	法国数学家韦伊（A. Weil）、迪厄多内（J. Dieudonne）、小嘉当（H. Cartan）、谢瓦莱（C. Chevalley）	结构	数学是研究结构的科学，利用数学内在联系和公理化方法可从数学各分支中提炼出各种数学结构，数学的发展实际上是各种结构的建立和发展，用数学结构能统一整个数学

1946 年，世界上第一台计算机 ENIAC 在美国宾夕法尼亚大学诞生，发明人是美国人莫克利（J. W. Mauchly）和埃克特（J. P. Eckert）。ENIAC 是英文 Electronic Numerical Integrator and Computer 的缩写，其含义为电子数值积分和计算机。ENIAC 是个庞然大物，使用了约 18000 个电子管，占地 170 平方米，重达 30 吨，耗电功率约 150 千瓦，每秒钟可进行 5000 次运算。三十年后，1976 年，美国伊利诺伊大学的数学家阿佩尔（K. Appel）和哈肯（W. Haken）用每秒计算 400 万次的计算机对"四色问题"进行了 1936 种情况检查，最终成功证明了"四色定理"，这是人类历史上第一次用计算机进行数学证明，引起了数学家们的高度重视。计算机的发明和计算机科技的飞速发展对数学产生了重大影响，利用计算机的高速计算能力可以解决数学中的数值计算、最优值搜索等问题，数学与计算机科学的紧密结合产生了数值分析、有限元法、运筹学、控制论、信息论等新的应用数学分支，数学的研究领域和研究对象也随之扩展。

20 世纪以后，以公理化体系和结构观点来统一数学已成为现代数学的趋势之一。现代数学的研究对象是一般的集合、各种空间、各种流形，且都可以用集合和映射的概念统一起来。在现代数学阶段，已经很难区分哪些属于数的范畴、哪些属于形的范畴了。

拓展知识：集合、空间、流形

集合（set）是由一个或多个确定的元素所构成的整体。

空间（space）是定义了运算规则的非空集合。

在初等数学或中小学数学中，空间通常指三维几何空间。现代数学所定义的多种类型的空间，如赋范线性空间、度量空间、内积空间、欧几里得空间、希尔伯特空间等，是借用几何学术语去刻画抽象的数学对象。

流形（manifold）是局部具有欧几里得空间性质的空间。

流形在数学中用于描述几何形体，经典力学的相空间和构造广义相对论的时空模型的四维伪黎曼流形都是流形的实例。

综上，数学的基本研究对象是数和形，即现实世界的数量关系和空间形式，这种认识便于快速了解数学的面貌及其应用价值，且对学习初等数学和大部分高等数学都几乎没有影响。但是，数和形毕竟只是数学的基本研究对象，现代数学的研究对象远不止于此,研究的主要内容是上述提及的集合、空间、流形、结构等。这些研究对象都是经过人类思维抽象出来的产物,而且更加复杂、更加深刻、更加挑战人类智力的极限。

1.3　数学的内容和分支

　　数学的分支众多,知识体系庞大,内容博大精深。有人将数学比喻为一棵根深叶茂的大树,但数学的分支情况比大树更复杂,因为不同的数学分支之间还存在相互渗透和交叉,迄今为止还没有一个公认的数学学科分支划分标准。美国《数学评论》杂志和德国《数学及其边缘学科文摘》杂志联合给出一种数学学科主题分类法,将数学文献分为 11 大类 60 个数学分支,每个分支下还有众多子分支,数学分支之多可见一斑。此外,欧美国家的图书系统也有另外一套分类法。本节介绍我国的中国图书馆分类法和学科目录给出的数学分支情况。

　　根据数学与现实生产、生活的联系,数学可以分成两大类:纯粹数学、应用数学。纯粹数学按照数学内部的需要或未来可能的应用,对数学本身的内在规律进行研究,并不要求直接解决实际问题。应用数学则着重应用数学工具去解决生产、生活中的实际问题。

1.3.1　中图分类法中数学学科的分类

　　中国图书馆分类法(中图分类法)中的"O1 数学"学科的分类情况如表 1-10 所示。

表 1-10　中图分类法中的"O1 数学"学科

分类号	分类名称	下一级分类号、分类名称
O1-0	数学理论	—
O1-6	数学参考工具书	—
O1-8	计算工具	—
O11	古典数学	O112 中国古典数学;O113/117 各国古典数学
O119	中国数学	—
O12	初等数学	O121 算术;O122 初等代数;O123 初等几何;O124 三角
O13	高等数学	—
O14	数理逻辑、数学基础	O141 数理逻辑(符号逻辑);O142 应用数理逻辑;O143 数学基础;O144 集合论

续表

分类号	分类名称	下一级分类号、分类名称
O15	代数、数论、组合理论	O151 代数方程论、线性代数；O152 群论；O153 抽象代数（近世代数）；O154 范畴论、同调代数；O155 微分代数、差分代数；O156 数论；O157 组合数学（组合学）；O158 离散数学；O159 模糊数学
O17	数学分析	O171 分析基础；O172 微积分；O173 无穷级数论（级数论）；O174 函数论；O175 微分方程、积分方程；O176 变分法；O177 泛函分析；O178 不等式及其他
O18	几何、拓扑	O181 几何基础（几何学原理）；O182 解析几何；O183 向量（矢量）和张量分析；O184 非欧几何、多维空间几何；O185 射影（投影）几何、画法几何；O186 微分几何、积分几何；O187 代数几何；O189 拓扑（形势几何学）
O19	动力系统理论	O192 整体分析、流形上分析、突变理论；O193 微分动力系统
O21	概率论与数理统计	O211 概率论（几率论、或然率论）；O212 数理统计；O213 应用统计数学
O22	运筹学	O221 规划论（数学规划）；O223 统筹方法；O224 最优化的数学理论；O225 对策论（博弈论）；O226 排队论（随机服务系统）；O227 库存论；O228 更新理论；O229 搜索理论
O23	控制论、信息论（数学理论）	O231 控制论（控制论的数学理论）；O232 最优控制；O233 逻辑网络理论；O234 学习机理论；O235 模式识别理论；O236 信息论（信息论的数学理论）
O24	计算数学	O241 数值分析；O242 数学模拟、近似计算；O243 图解数学、图算数学；O244 程序设计；O245 数值软件；O246 数值并行计算
O29	应用数学	—

表 1-10 中的"下一级分类号、分类名称"仍有下一级分类，示例如表 1-11 所示。

表 1-11　O1 数学学科第三级分类示例

分类号、分类名称	下一级分类号、分类名称	分类号、分类名称	下一级分类号、分类名称
O152 群论	O152.1 有限群论；O152.2 交换群论（阿贝尔群论）；O152.3 线性群论；O152.4 拓扑群论；O152.5 李群；O152.6 群表示论；O152.7 群的推广；O152.8 群论的应用	O153 抽象代数（近世代数）	O153.1 偏序集合与格论；O153.2 布尔代数；O153.3 环论；O153.4 域论；O153.5 泛代数

续表

分类号、分类名称	下一级分类号、分类名称	分类号、分类名称	下一级分类号、分类名称
O174 函数论	O174.1 实分析、实变函数 O174.2 傅里叶分析(经典调和分析) O174.3 调和函数与位势论 O174.4 函数构造论 O174.5 复分析、复变函数 O174.6 特殊函数	O177 泛函分析	O177.1 希尔伯特空间及其线性算子理论 O177.2 巴拿赫空间及其线性算子理论 O177.3 线性空间理论(向量空间) O177.4 广义函数论 O177.5 巴拿赫代数(赋范代数)、拓扑代数、抽象调和分析 O177.6 积分变换及算子演算 O177.7 谱理论 O177.8 积分论(基于泛函分析观点的) O177.91 非线性泛函分析 O177.92 泛函分析的应用 O177.99 其他

O1 数学学科的第三级分类没有下级分类,如"O177.91 非线性泛函分析"没有下级分类,尽管如此,按第三级分类计算,数学分支的数量也达数百个之多。

1.3.2 中国学科目录中数学的学科划分

中国学科目录分为学科门类、一级学科(学科大类)和二级学科(学科小类)三级。学科门类分为哲学、经济学、法学、教育学、文学、历史学、理学、工学、农学、医学、军事学、管理学、艺术学和交叉学科 14 大门类,每大门类下设若干一级学科,如理学门类下设数学、物理、化学等 14 个一级学科。一级学科再下设若干二级学科,如数学下设基础数学、计算数学等 5 个二级学科。

按照我国学科目录划分,数学一级学科包括多个二级学科,如表 1-12 所示。

(1) 基础数学。基础数学是研究从客观世界中抽象出来的数学对象及其内在联系以及数学本身规律的学科,也称为纯粹数学、理论数学。数学本就是基础学科,基础数学更是基础中的基础。它的研究领域宽广,理论性强。主要分支是分析、代数(包括数论)、几何、拓扑以及在此基础上发展起来的一些数学分支学科。

(2) 计算数学。计算数学研究数学和逻辑问题怎样由计算机加以有效解决,也称为数值分析、数值计算方法、计算方法。

表 1-12　数学的学科划分

学科门类	一级学科名称	一级学科代码	二级学科名称	二级学科代码
理学	数学	0701	基础数学	070101
			计算数学	070102
			概率论与数理统计	070103
			应用数学	070104
			运筹学与控制论	070105

(3) 概率论与数理统计。概率又称几率、或然率,是衡量事件发生可能性的量度。虽然在一次随机试验中某事件的发生带有偶然性,但那些可在相同条件下大量重复的随机试验却往往呈现出明显的数量规律。概率论是研究随机现象数量规律的数学分支。数理统计是以概率论为基础,研究大量随机现象统计规律性的数学分支,分为描述统计和推断统计。概率论与数理统计的应用几乎遍及所有科学技术领域、工农业生产和国民经济的各个部门中,同时概率论与数理统计又向其他学科渗透,与其他学科相结合发展成为边缘学科。

(4) 应用数学。应用数学是利用数学方法解决实际问题的一门学科。应用数学在工程科技、经济金融等领域都有广泛应用。

(5) 运筹学与控制论。运筹学与控制论是以数学和计算机为主要工具,研究解决社会、经济、金融、军事、生产管理、计划决策等各种系统的建模、分析、规划、设计、控制及优化问题的学科。

1.3.3　纯粹数学和应用数学的分支

纯粹数学是数学的核心,又可按研究对象进一步分为三大分支,如表 1-13 所示。

表 1-13　纯粹数学的分支

分支名称	研究对象	子分支举例	概况和应用
分析学	连续现象	微积分、常微分方程、偏微分方程、积分方程、复变函数论、实变函数论、泛函分析、调和分析、位势论等	分析学研究连续现象,简称分析。分析学以微积分为基础,近代期、现代期研究连续现象的分析类数学为近代工业革命、物理学、力学等领域奠定了基础
代数学	离散对象	数论、抽象代数、离散数学、组合数学等	代数学研究离散对象,简称代数。人类发明计算机以后,由于计算机科学的核心是研究如何处理离散对象,研究离散对象的离散数学、组合数学等代数学分支得到迅猛发展,近代期、现代期代数学的发展奠定了 20 世纪中叶至今的计算机科技革命的基础

续表

分支名称	研究对象	子分支举例	概况和应用
几何学	空间形式	欧氏几何、解析几何、非欧几何、微分几何、一般拓扑学、代数几何等	几何学研究空间形式,简称几何。古典欧氏几何与生产生活密切相关并获得广泛应用。近代期、现代期的几何学以非欧几何、微分几何、拓扑学等为主要研究领域,与现代物理学密切相关,其成果广泛应用于现代物理学

应用数学是利用数学理论和方法解决实际问题的一门学科,研究如何从实际问题中抽象出数学问题,并将已有的数学理论和方法应用于该数学问题,最终解决实际问题。应用数学分支众多,如数值分析、概率论、数理统计、运筹学、控制论等,表 1-14 列举了部分应用数学分支。

表 1-14 应用数学分支举例

分支名称	研究内容举例	应用领域
数值分析	非线性方程的数值解法、线性方程组的数值解法、插值法、曲线拟合、数值微分、数值积分、常微分方程的数值解法、矩阵特征值与特征向量的数值计算、偏微分方程的数值解法	数值分析也称为数值计算方法、计算方法、计算数学等,广泛应用于求解自然科学、工程技术、经济科学等领域提出的各类数学问题
概率论	一维随机变量及其分布、多维随机变量及其分布、一维随机变量的数字特征、随机向量的数字特征、母函数与特征函数、极限定理	概率论在众多领域显示了它的应用性和价值,包括自然科学领域、工程技术领域、医学、心理学、社会学、经济学等领域
数理统计	抽样分布、参数估计、假设检验、回归分析、方差分析	广泛应用于解决科学研究、生产实践、经济科学、社会科学等领域提出的实际统计问题
图论	图的矩阵表示、欧拉图、哈密顿图、二部图、平面图、网络流、对偶图与着色、树与生成树、无向树、有向树、二叉树	广泛应用于电路网络分析、信息科学、互联网络设计、交通网络设计、运输优化、计算机科学、社会科学等领域
运筹学	排队论、决策论、对策论、存贮论、可靠性数学理论、博弈论	针对现实生产、生活中的复杂问题,运筹学试图寻找最佳或近似最佳解答、改善或优化现有系统。运筹学广泛应用于工业工程、管理科学、社会科学等领域
控制论	线性状态方程的解、线性系统的完全能控性与完全能观测性、动态规划方法、最小值原理、随机系统的最优控制	是研究动物(包括人类)和机器内部的控制与通信的一般规律的学科,着重研究过程中的数学关系

续表

分支名称	研究内容举例	应用领域
最优化	线性规划、整数规划、二次规划、非线性规划、随机规划、动态规划、组合最优化、无限维最优化	最优化是指在一定条件的限制下，选取某种方案使目标达到最优的方法。最优化在工程技术、管理科学等领域有着广泛应用

数学分支的划分尚不一致，如有人认为组合数学的技术性强而将其划入应用数学，由于图论的理论性也很强而将其划入纯粹数学，运筹学和最优化也常常被合称为运筹学与最优化。此外，随着科学技术的发展，数学各分支的研究内容不断扩大、研究深度不断加深，相互交叉和渗透的现象越来越多，许多新的数学分支因而诞生。例如，长期以来，应用数学的概率论与纯粹数学的分析学几乎没有联系，但在 20 世纪中叶，日本数学家角谷静夫、美国数学家杜布（J. Doob）等发现分析学中的位势论与概率论中的布朗运动等随机过程存在着内在的深刻联系，位势论的许多概念和结论都可以在随机过程中找到对应物并可以翻译成概率语言，这一发现引起了位势论专家和概率论专家的极大兴趣，这两个数学分支的研究相互结合、相互促进，现已形成一个称为概率位势论的新数学分支。

1.4 数学的突出特性

数学具有三个公认的突出特性：高度的抽象性、严密的逻辑性、应用的广泛性。此外，笔者认为数学还具有另外三个突出特性：数学结论的确定性、数学现象和结论的反直觉性、数学呈现方式的形式化。

1.4.1 高度的抽象性

数学具有高度的抽象性，数学是借助于抽象建立起来并借助于抽象不断发展的。数学的抽象抛开了对象的具体内容，而仅仅保留数量关系、空间形式等人类思维的产物。

例 1-1 几何中的点、线、面的概念。

分析 几何中的点、线、面都不同于现实中的具体实物，都是人类抽象思维的产物。点被定义为没有长、宽、高的东西；线被定义为无限延长而无宽、无高的东西；面被定义为可无限伸展的无高的东西。实际上，理论上的点、线、面在现实中是不存在的，现实中的点、线、面虽然有不同维度的尺寸，但这些都不属于点、线、面的本质属性，理想的点、线、面是人们借助于抽象思维提炼出点、线、面的本质属性后定义的概念。

例 1-2 圆的切线与圆只有一个交点。

分析 如果尝试用尺规作图或利用计算机作图,再观测所作的实际图形,会发现任意精细的作图结果中,圆的切线与圆相交处都是一个不大的区域,但并不能说是一个点。"圆的切线与圆只有一个交点"是人们经过抽象思维进行理想实验后得出的结论。

1.4.2 严密的逻辑性

数学具有严密的逻辑性,任何数学结论都必须经过逻辑推理的严格证明才能被承认。逻辑严密性并非数学所独有,任何一门科学都要应用逻辑工具,都有它严谨的一面,但数学对逻辑的要求不同于其他科学,因为数学的研究对象是具有高度抽象性的数量关系和空间形式等人类思维的产物,是一种形式化的思想材料,很多数学结果很难找到具有直观意义的现实原型,往往是在理想情况下进行研究的,数学证明、数学理论的正确性不能像自然科学那样借助于可重复的实验来检验,只能借助于严密的逻辑方法来检验。

例 1-3 证明 0 不能作分母(除数)。

分析 ①分数可以看作除法,除法也可以用分数表示,所以 0 不能作分母与 0 不能作除法中的除数等价;②该命题的证明可使用反证法,假设 0 可以作分母,构造分数分母为 0 的情况,推出矛盾。

证 假设 0 可以作分母(除数),

情况 1:分子为非零数,设分子为 $a \in \mathbb{R}$, $a \neq 0$,令

$$\frac{a}{0} = x$$

这等价于寻找 x,使 $x \cdot 0 = a$,但不存在满足这个要求的 x,即 a 除以 0 是没有结果的。

情况 2:分子为 0,令

$$\frac{0}{0} = x$$

这等价于寻找 x,使 $x \cdot 0 = 0$,但所有实数都可以作为这个 x,即 0 除以 0 的结果无限多(不确定)。

综上,如果把 0 作为分母(除数),会出现两种情况,第一种情况是没有定义,第二种情况是定义出的结果无穷多,这两种情况都违背了数学中下定义的基本原则——良定性,这样的分数(除法)是无法定义的,因此 0 不能作分母(除数)。证毕。

拓展知识:良定性

良定性:要求所定义的对象是存在的且是唯一的。满足良定性原则的数学定义是完全无歧义的。

1.4.3　应用的广泛性

数学作为人类认识世界、改造世界的工具,几乎在所有科技领域和社会领域中被应用。德国思想家、哲学家、无产阶级革命导师马克思(K. Marx,1818—1883年)指出:"一种科学只有在成功地运用数学时,才算达到了真正完善的地步。"换言之,如果一个学科没有与数学进行深度的结合,它的生命力将是非常有限的! 各门科学的"数学化"是现代科学的特征和发展趋势之一,我国著名数学家华罗庚指出:"宇宙之大,粒子之微,火箭之速,化工之巧,地球之变,生物之谜,日用之繁,无处不用数学。"这是对数学应用的广泛性的精辟概括。太阳系九大行星之一的海王星的发现就是一个典型例子。海王星是太阳系九大行星之一,于19世纪40年代由英国天文学家亚当斯和法国天文学家勒威耶预算后发现。海王星的发现得益于牛顿的万有引力定律(Law of universal gravitation),证明了理论的预见性。万有引力定律是牛顿于1687年在《自然哲学的数学原理》上所发表的一种自然规律。

万有引力定律　任何两物体都存在通过其连心线方向上的相互吸引的力,该引力大小与它们质量的乘积成正比,与它们距离的平方成反比,与两物体的化学组成和其间介质种类无关。

$$F = \frac{GMm}{r^2}$$

公式中符号的含义:

　　F:两个物体之间的引力,单位为牛顿(N)。
　　G:万有引力常数,$G \approx 6.67 \times 10^{-11}$ N·m²/kg²(牛顿平方米每二次方千克)。
　　M:物体1的质量,单位为千克(kg)。
　　m:物体2的质量,单位为千克(kg)。
　　r:两个物体之间的距离,单位为米(m)。

1.4.4　数学结论的确定性

证明是科学的核心思想方法之一,但数学的证明与其他科学的证明并不相同。其他科学的证明依赖于观察、实验和理解力,而这些都容易出错。在其他科学中,一个假设被提出用以解释某类现象后,如果对现象的观测与这个假设相符,就成为这个假设的证据,当证据积累到足够多时,这个假设就作为一个理论被接受。如果这个理论最终被证明是错误的,就会出现一种新理论替代原理论,新理论有可能是原理论的发展,也可能是对原理论的完全否定,从而导致科学革命。例如,天文学中,波兰天文学家哥白尼(N. Copernicus,1473—1543年)提出的日心说彻底否定了在西方统治了一千多年的地心说,引起了人类宇宙观的重大变革,但后来人们发现日心说也不正确,也将被新学说否定。而在数学中,任何定理都需要经过证明,数学证明依赖于逻辑推理,不依赖于观察与实验,因而数学证明具有确定性,经数学证明为正确的结论是无可怀疑、经得起时间检验的。例如,公元前 6 世纪古希腊毕达哥拉斯学派发现的毕达哥拉斯定理(中国称为勾股定理)至今依然正确。

勾股定理　直角三角形的两条直角边的平方和等于斜边的平方。

中国古代称直角三角形为勾股形,称直角边中较短者为勾,较长者为股,斜边为弦,所以称这个定理为勾股定理,也称**商高定理**。

1.4.5　数学现象和结论的反直觉性

数学本来是从直觉开始的,但随着数学研究的不断深入,数学家们得出了越来越多的反直觉现象和结论。

典型的反直觉现象列举如下。

(1) 狄利克雷函数。1837 年,德国数学家狄利克雷(P. G. L. Dirichlet)提出狄利克雷函数(Dirichlet function)。它是定义在实数集上、值域不连续的偶函数。它没有解析式、无法画出图像、处处不连续、处处极限不存在、以任意正有理数为其周期但无最小正周期。该函数颠覆了人们对于函数的理解和认识。

(2) 魏尔斯特拉斯函数。1872 年,德国数学家魏尔斯特拉斯(K. T. W. Weierstrass)在普鲁士科学院提交的一篇论文中,构造并证明了一个处处连续而又处处不可导的实值函数——魏尔斯特拉斯函数(Weierstrass function)。

(3) 皮亚诺曲线。1890 年,意大利数学家皮亚诺(G. Peano)提出能填满一个正方形的曲线,称为皮亚诺曲线。后来希尔伯特作出了这条曲线,故又名希尔伯特曲线。只要恰当选择参数,这种曲线将遍历单位正方形中的所有点,得到一条充满空间的曲线,该曲线是一条连续而又不可导的曲线。

典型的反直觉结论列举如下。

(1) 奇数和整数一样多。奇数是整数集合里面的,怎么会一样多?

(2) 区间(0,1)的点与实数轴的点一样多。区间(0,1)是有界的,而实数轴无界,二者的点怎么会一样多?

(3) 复球面上的点和复平面上的点一一对应。复球面的面积是有限的,而复平面无限大,二者的点怎么会一一对应?

在数学发展的古代期、近代期,经验和直觉在处理数学问题时尚具有一定参考价值,但是随着数学发展到更加深邃、抽象、复杂的现代期,经验和直觉在处理复杂深刻的数学问题时却往往是不可靠的。

有人认为,数学的反直觉是从 17 世纪下半叶微积分的创立开始的,微积分将"无穷小"引入数学;也有人认为,数学的反直觉是始于 19 世纪下半叶,随着集合论的创立,出现了大量反直觉的现象和结论;还有人认为,古希腊时期 $\sqrt{2}$ 的出现是反直觉的开始。事实上,从自然数开始,数学已经走上了反直觉的道路,从 1 开始,2、3、4……可以无穷无尽地数下去,这里,反直觉的对象已经出现,就是无穷无尽,因为没有哪个人能直观地感受到无穷,人们能感受到的都是有限,无穷只存在于思想实验和理论构造之中。

现代数学对自然数的定义采用的是意大利数学家皮亚诺(G. Peano)提出的皮亚诺公理。

皮亚诺公理(Peano axioms) 若 N 是一个非空集合且满足以下五个公理,则称 N 为自然数集。

公理 1:$1 \in N$;

公理 2:N 的每个元素 a 都有后继数,即比 a 大的最小元素,记之为 $a+1$;

公理 3:1 不是任何元素的后继数,其余元素 a 都是某个元素(记作 $a-1$)的后继数;

公理 4:对 N 的两个元素 a 与 b,若它们的后继数 $a+1$ 与 $b+1$ 相等,则 $a=b$;

公理 5:设 M 是 N 的子集,若 $1 \in M$ 且对任何 a,$a \in M$ 蕴含 $a+1 \in M$,则 $M=N$。

皮亚诺公理的公理 2 表明:每个数的后面一定都跟着另外一个数,但这只是用公理的形式将自然数集合的存在性确立下来,并没有指出这个集合本身的直观含义,反而是对无穷采取了一种妥协的态度,而上述提到的很多反直觉的现象和结论很多都是依赖于自然数的存在的,比如狄利克雷函数的构造依赖于有理数,而有理数又是直接由自然数构造出来的(有理数是整数(正整数、0、负整数)和分数的统称,是整数和分数的集合。其中,整数也可看成是分母为 1 的分数),正是自然数的反直觉性导致了数学在反直觉的道路上越走越远。

笔者认为:数学现象和结论的反直觉其实是反"经验性直觉"或反"生理限制性直觉",经验性直觉是指由于人的认知不够导致的对事物的狭隘的、不完全的甚至错误的认识;生理限制性直觉是指由于人的生理构造导致的对事物的狭隘的、不完全的甚至错误的认识(人毕竟是主要依赖视觉来感知外部世界的,所以大多数人能理解的都是直观形象的事物)。数学越往高级阶段发展,越无法给出直观的形象,这是一个普遍规律。

例 1-4 在线性代数中,将几何空间中的三维向量概念扩展到由 n 个数构成的有序数组,得到 n 维向量的概念,对 n 维向量定义加法和数乘两种线性运算,得到了实数域 $\mathbb{R}$ 上的 n 维向量空间 $\mathbb{R}^n$,高于三维的空间可以给出构造,但由于人类的生理性限制,无法想象或给出形象刻画。

例 1-5 在现代数学的某些分支中,空间的维数可以是分数,同样地,分数维空间可以给出构造,但由于人类的生理性限制,无法想象或给出形象刻画。

笔者认为:数学作为一门强调理性思维和逻辑推理的学科,理性和逻辑摆脱了经验和直觉的束缚是人类认识能力的一大飞跃!从哲学观点看,反直觉是一种更深刻的直觉,它蕴含已有直觉,但又超越已有直觉,人类对客观世界的认识过程也是不断超越已有直觉的过程。

1.4.6　数学呈现方式的形式化

自 20 世纪初大数学家希尔伯特提出形式主义数学体系以来,数学呈现方式的形式化特性愈发凸显,定义、定理、证明、推导等均以简洁而抽象的方式加以陈述。形式化有助于数学理论体系的简单化、严格化和系统化,也有助于数学发现和数学创造。

数学的形式化包括符号化、逻辑化、公理化三个层面。

(1) 符号化是指用数学符号表达数学对象及其结构和规律,从而把对具体数学对象的研究转化为对符号的研究,并生成演绎体系。

(2) 将数学符号用逻辑方法写成数学语言,构建数学命题,就实现了逻辑化。

(3) 将数学命题中最基本的一部分命题作为逻辑推理的出发点,组成公理系统,就实现了公理化。

形式主义数学体系的目的是构造一组公理而形成公理体系,数学就是建立在公理体系之上的。在形式主义者看来,欧氏几何并没有实质内容,其中的"点、线、面"如果分别替换成"桌子、椅子、茶杯"也是可以的,只要保持彼此间的形式关系即可。

值得注意的是,对形式化数学内容的理解可以借助于人文意境。以 0 为自然数为例,自然数一向是从 1 开始的,然而,20 世纪下半叶开始,很多数学家逐渐认为 0 是自然数,而且是第一个自然数。1993 年,中国文字改革委员会也正式宣布这一结论,并据此改编数学课程。自然数从 0 开始让许多人难以理解,但从人文意境上看,是可以理解的。比如,一个盒子本来是空的,后来放进一块糖、再放第二块糖、再放第三块糖……先是从"没有"开始,再出现"有",这样看从 0 开始是很自然的。

1.5　数学思想方法概论

1.5.1　数学思想与数学方法

数学思想是从具体的数学内容中提炼出来的对数学本质和规律性的认识。**数学方法**是在解决数学问题过程中所运用的具体手段或途径。

数学思想和数学方法是不同的概念,二者既有区别又有联系。

(1) 数学思想和数学方法是两个不同层次的概念。数学思想提供数学活动的根本想法和一般观点,可被普遍应用于数学认识活动中,可指导数学理论的建立和数学问题的解决。数学方法提供数学活动的思路、途径和操作原则。数学思想更抽象,具有概括性和普遍性;数学方法更具体,具有可操作性和针对性。数学思想强调的是理论指导,数学方法强调的是技术手段。

(2) 数学思想和数学方法是紧密联系的。首先,二者相互作用,共同发展。基于某一数学思想,人们可以通过实践发现运用该数学思想的具体手段,并通过实践检验具体手段的有效性,有效的手段被总结为数学方法,从而将数学思想推向实用;随着数学方法的积累,人们可以对其进行概括和提炼得到新的数学思想,从而更好地指导数学方法的运用,使其向着更高层次发展。其次,二者之间没有绝对界限。数学思想是数学方法的理论基础和精神实质,数学方法是实现数学思想的技术手段,数学思想往往或多或少地包含一些数学方法,而数学方法也大都会体现一些数学思想。

正因为数学思想和数学方法存在紧密联系,因此二者在实际应用中往往不加严格区分,数学思想和数学方法合称为"数学思想方法"。

纵观数学发展史,数学的发展存在两条主线,一条是数学知识的积累,另一条是数学思想方法的确立。数学知识和数学思想方法存在密切联系。

(1) 数学知识蕴含着数学思想方法。数学思想方法伴随着数学知识体系的建立而产生,数学思想方法存在于数学知识之中,没有游离于数学知识之外的数学思想方法。

(2) 数学成果的取得离不开数学思想方法。数学的发展不仅依靠数学知识的积累,数学发现和创新必须有数学思想方法的参与,重大数学成果的取得往往与数学思想方法的突破分不开。

可以说,数学思想方法是数学的灵魂!学习数学思想方法应力图在数学的认识论和方法论方面有所提高,从而提高学习数学的能力和科技创新的能力。

1.5.2 数学思想方法的内容

数学思想方法内容繁多,且随着数学的发展而不断发展,一般可以从数学分支学科(纵向)和数学思维(横向)两个角度对数学思想方法进行讨论。

从纵向角度,数学思想方法是在建立具体数学分支学科的过程中所确立的思想方法,与具体分支学科紧密结合,并体现了对该分支学科的总体认识。例如,初等数学中代数符号和方程思想、高等数学中微积分利用均匀变化研究非均匀变化的化归思想、现代数学中度量集合大小的一一对应思想等。从横向角度,数学思想方法是对不同数学分支学科的思想方法进行归纳总结,得到可应用于一般数学学科的思想方法,例如抽象、归纳、类比、演绎、化归、公理化等。

本书第 2~4 章从纵向角度讨论数学思想方法，第 5~8 章从横向角度讨论数学思想方法。

1.5.3　数学思想方法的作用

数学思想方法具有重要作用，体现在以下几方面。

1. 数学思想方法是数学发展的动力和源泉

几千年的数学史告诉人们：数学思想方法存在和活跃于整个数学发展的历史进程之中，广为人知的事例介绍如下。

（1）古希腊数学家欧几里得基于亚里士多德提出的公理化思想方法，将大量零散的几何知识系统化，形成了欧氏几何，完成了经典巨著《几何原本》。

（2）中国魏晋时期数学家刘徽提出"割圆术"，解决了长期存在的圆周率计算不准确的问题，其中包含着极限思想方法的萌芽。

（3）法国数学家笛卡儿于 1637 年发明了现代数学的基础工具之一——坐标系。他采用变量的思想方法研究几何曲线，创立了用代数方法研究几何问题的数学分支——解析几何，从而将几何与代数有机结合在一起。

（4）英国数学家牛顿、德国数学家莱布尼茨分别提出无穷小量方法，创立了微积分。

（5）俄国数学家罗巴切夫斯基等运用了逆向、反常规思维等思想方法，创立了非欧几何理论，解决了两千多年来几十代数学家为之奋斗但未能解决的欧氏几何第五公设问题。

（6）德国数学家希尔伯特重视数学思想方法的研究与应用，不仅成功地运用公理化思想方法完善了欧氏几何，而且为多个数学领域的发展做出重要贡献。

2. 数学思想方法能提高个人的数学能力

数学教育的根本目的在于培养个人的数学能力，即运用数学认识世界、解决实际问题和进行发明创造的能力。这种能力不仅依赖于对数学知识的掌握和积累，更依赖于对数学思想方法的掌握和运用。数学史上的重大创造性工作不仅来自数学家们对数学知识的积累和使用，更来自他们在数学思想方法上进行的创造性变革。数学发展的历史已经证实：一个人若想在数学上有所作为，不论是从事数学科研、数学教育教学，还是从事数学应用，仅掌握数学知识是不够的，还必须同时掌握数学思想方法。古人云："授之以鱼，不如授之以渔"，如果把数学知识比作"鱼"，那么数学思想方法就是"渔"，可见其重要性！

数学思想方法在提高个人数学能力方面的具体体现包括以下两方面。

（1）提高数学学习和应用的能力。掌握和运用数学思想方法可以将数学课程的思想观念、方法进行梳理，加深对内容的理解和认识，从而提高学习数学课程的能力。数学内容丰富多样,怎样把这些数学内容整合在一起?一个重要的方面就是提炼数学思想方法,用数学思想方法把数学知识串起来,达到融会贯通的境界,这也有助于将数学应用于解决实际问题。

(2)提高科研创新能力。对于数学领域的科研,掌握数学思想方法有助于深刻认识数学的本质、掌握数学的发展规律,进而能抓住数学研究领域的核心问题,运用数学思想方法解决数学问题,提出有价值的数学猜想。对于其他科技领域的科研,由于所研究的问题常常归结为数学问题,数学思想方法将在其中发挥重要作用。

3. 数学思想方法有广泛应用前景

数学的应用首先是数学知识的应用,但是数学还应该作为一种思想观念和根本方法被应用。将数学思想方法应用于数学之外的其他领域有应用前景,值得去探索,已有文献论述如何将数学思想方法应用到工作和生活中去。

1.6 数学思想方法的哲学依据

哲学是包括数学在内的各门具体科学的认识论和方法论指导,数学思想方法应该有明确的哲学依据,与数学关系最密切的是哲学的分支学科——逻辑学。

1.6.1 逻辑学基础知识

1. 逻辑学概述

哲学是系统化、理论化的世界观和方法论。世界观是人们对整个世界以及人与世界关系的总体看法和根本观点。方法论是人们认识和改造世界所遵循的根本方法的学说和理论体系。哲学既是世界观又是方法论,是世界观和方法论的统一。按照我国学科划分,哲学一级学科包括多个二级学科,如表 1-15 所示。

表 1-15 哲学的学科划分

学科门类	一级学科名称	一级学科代码	二级学科名称	二级学科代码
哲学	哲学	0101	马克思主义哲学	010101
			中国哲学	010102
			外国哲学	010103
			逻辑学	010104
			伦理学	010105
			美学	010106
			宗教学	010107
			科学技术哲学	010108

逻辑学是哲学的一个分支，"逻辑学"一词从英文"logic"音译而来，源于希腊文，原意是指思维、理性、规律性等，古希腊学者用这个词指推理、论证的学问。

逻辑学已有两千多年的历史，其发源地有三个，即中国、古印度和古希腊。在中国古代，与"逻辑"意义相同或相近的术语有"名学""辩学""论理学""理则学"等。中国在春秋战国时期就产生了称为"名学""辩学"的逻辑学说，但由于与一定的政治、道德理论掺杂在一起，未能形成独立的学科体系。古印度的逻辑学称为"因明"，"因"指推理的根据、理由；"明"指知识、智慧，但为佛教服务的因明也未能抛开思维具体内容而上升为科学。

古希腊学者对逻辑进行了较全面的研究，古希腊哲学家亚里士多德(Aristotle)堪称古希腊哲学的集大成者，他的六篇逻辑论著被后人整理为《工具论》，形成了人类历史上第一个系统的逻辑理论，亚里士多德因而被西方人誉为"逻辑之父"。亚里士多德对数学的贡献是建立了形式逻辑学，把形式逻辑规范化和系统化，使之上升为一门科学，为数学的推理提供了基本的逻辑依据。在亚里士多德之后，斯多葛学派(古希腊哲学家芝诺(Zeno)创立的哲学学派)研究了关于命题的逻辑，它不同于亚氏逻辑，但又与亚氏逻辑一样，同属演绎逻辑体系，并一起成为传统逻辑最主要的构成部分。

广义的逻辑学是一门研究思维形式、思维规律和思维方法的科学。狭义的逻辑学是指研究推理的科学，即研究如何从前提必然推出结论的科学。

逻辑学包括两大门类：辩证逻辑和形式逻辑。**辩证逻辑**是唯物辩证法的重要组成部分，是以辩证法认识论的世界观为基础的逻辑学。**形式逻辑**是对思维的结构和规律进行研究的一门工具性学科。人们通常所说的逻辑学就是指形式逻辑。形式逻辑又可分为传统形式逻辑和现代形式逻辑。传统形式逻辑主要包括以演绎推理为基本内容的演绎逻辑、以归纳推理为基本内容的归纳逻辑。现代形式逻辑的主要内容是数理逻辑。

拓展知识：形式、内容

形式和内容相对。内容是指所表述的具体事物情况，形式是指与内容无关的特定语言结构。这里的"语言"可以是人类自然语言，也可以是经过抽象处理的符号化语言。

2. 思维、理性思维和逻辑思维

广义的逻辑学是一门研究思维的科学。思维是人脑的机能，是人脑对客观世界的反映。思维有两个基本特点：间接性、概括性。思维的间接性是指思维能够凭借已有经验和知识，在感觉器官没有直接接触所反映对象的情况下，获得关于该对象的新知识。思维的间接性体现为思维可以由已知推出未知或新知。思维的概括性是指思维能从个别事物的属性中舍弃表面的、非本质的个性,抽象出内在的、本质的共性,并将其推广到同类的所有事物,以把握该类事物的共同本质。思维的概括性体现为思维可以由个别上升为一般。由思维的上述特点可知:思维是人脑对客观世界的间接的、概括的反映。

任何事物都是内容与形式的统一体,思维也有内容和形式两个方面。**思维内容**是指概念、判断、推理等思维类型所反映的特定对象及其属性。**思维形式**是指思维内容各部分之间的结构和联系方式。

思维的主要方式是概念、判断、推理,人的思维活动主要是靠概念、判断、推理完成的。**概念**是表示某一类具有共同属性的事物的符号。概念是思维的基本单位,概念与具体事物通常并不一一对应。概念是抽象的,指代某一类事物,而不是某一个具体事物。**判断**是通过概念对事物是否具有某种属性进行肯定或否定的回答。**推理**是由一个或几个已知的判断推出一个新判断的思维形式。

理性思维是有明确的思维方向,有充分的思维依据,能对事物或问题进行观察、比较、分析、综合、抽象与概括的一种思维。

理性思维是人类思维的高级形式,是人把握客观事物本质和规律的思维活动。理性思维的基本特征是间接性,即通过已知去认识和探索未知。理性思维的能动作用表现在:它能够透过现象认识本质和规律。理性思维的创造性表现在:理性思维的过程是在已有知识和经验的基础上产生新思想、新观念、新方案、新计划的过程。

逻辑思维是人们在认识事物的过程中以抽象的概念、判断和推理作为思维的基本形式,以分析、综合、比较、抽象、概括等作为思维的基本方法,能动地反映客观现实的理性认识过程。

逻辑思维的主要内容包括:主体、定义、分类、关系和顺序。主体明确了以"谁"为主和以谁为辅;定义明确了什么是主体;分类明确了按不同分类规则划分的类别;关系明确主体与客体的关系及主体不同类别间的关系,如相关关系、包含关系等;顺序明确了各过程进行的先后次序。逻辑思维是一种确定的、前后一致的、有条理的、有根据的思维,只有经过逻辑思维,人们对事物的认识才能达到对其本质规律的把握,进而认识客观世界。

理性思维与逻辑思维的区别和联系如下。

(1) 理性思维侧重于看问题、做事情所采取的不感情用事、实事求是的态度,逻辑思维侧重于从条件和理论推出结果的思维过程。

(2) 逻辑思维包含于理性思维,逻辑思维是理性思维的一部分,但这一部分是非常关键的。

1.6.2 数理逻辑简介

数理逻辑是一门用数学方法研究形式逻辑的学科。这里,"形式逻辑"的具体内容主要是推理和证明,"数学方法"是指数学采用的一般方法,包括使用符号和公式、已有的数学成果和方法、使用公理化方法等,尤其强调引进一套符号体系的方法,所以数学逻辑也称为符号逻辑。由以上介绍可知,数理逻辑就是数学化的形式逻辑,数理逻辑的研究对象是符号化的形式系统。

数理逻辑既是数学的一个分支也是逻辑学的一个分支,数理逻辑是纯粹数学的一个不可缺少的组成部分,虽然其名称中有"逻辑"二字,但数理逻辑并不单纯属于逻辑学范畴。对现代数学而言,数理逻辑是现代数学各分支的共同逻辑基础。数理逻辑也是计算机科技的理论基础,新的时代将是数学、计算机科学大发展的时代,数理逻辑必将在新时代的科技中发挥关键作用。

数理逻辑是古典逻辑的发展,古典逻辑从亚里士多德的三段论追溯起已有两千多年历史。古典逻辑分析语言所表达的逻辑思维形式,但是人们日常使用的自然语言中存在含糊不清、不易判别的语句,容易引起理解上的歧义。

用数学方法研究逻辑的思想可追溯到 17 世纪德国哲学家、数学家莱布尼茨(G. W. Leibniz),他认为经典的传统逻辑必须改造和发展,使之更为精确和便于演算。莱布尼茨提出用数学符号式的通用语言进行"思维演算",使人们能够证明思维的正确性,从而避免歧义和争论,这是数理逻辑的萌芽,莱布尼茨是数理逻辑的先驱。

19 世纪初,英国数学家布尔(G. Boole)成功地构造了一种思维上的代数,被称为布尔代数。布尔建立了一系列的运算法则,利用代数的方法研究逻辑问题,初步奠定了数理逻辑的基础,实现了莱布尼茨的部分设想。之后,经过很多数学家的努力,布尔代数发展成具有逻辑蕴含式的命题演算,成为最简单的公理化的逻辑系统。

德国数学家、逻辑学家弗雷格(G. Frege)创造了"量化"逻辑,扩大了逻辑学的范围,最终建立了公理化的谓词演算,使之成为数理逻辑的基础。

对建立这门学科做出贡献的还有美国哲学家、逻辑学家皮尔斯(C. S. Peirce),他在著作中引入了逻辑符号,从而使现代数理逻辑的理论基础逐步形成,成为一门独立的学科。

现代数理逻辑的主要分支包括:逻辑演算、公理化集合论、模型论、证明论、递归论。其中,逻辑演算是数理逻辑的基础,包括命题逻辑和谓词逻辑。

1.6.3 命题逻辑的基本概念

命题逻辑又称命题演算,是以命题为研究对象、以推理过程中前提和结论间的形式关系为研究目的的逻辑科学。以下列举命题逻辑的基本概念。

1. 命题

命题是能够判断真假的陈述句。判断的结果即为命题的真值,真值只有"真"和"假"两种,"真"用 T 或 1 表示,"假"用 F 或 0 表示。

原子命题是反映对单一事物的真假判断、不能再分解的命题,也称为简单命题。原子命题通过逻辑联结词组合成的新命题称为复合命题。

2. 逻辑联结词

逻辑联结词包括:否定联结词、合取联结词、析取联结词、蕴含联结词、等价联结词。

(1) 否定联结词:设 P 为命题,复合命题"非 P"(或"P 的否定")称为 P 的否定式,记作 $\neg P$,读作"非 P",$\neg$ 称为否定联结词。

(2) 合取联结词:设 P、Q 为两个命题,复合命题"P 并且 Q"称为 P 与 Q 的合取式,记作 $P \wedge Q$,读作"P 并且 Q",$\wedge$ 称为合取联结词。

(3) 析取联结词:设 P、Q 为两个命题,复合命题"P 或者 Q"称为 P 与 Q 的析取式,记作 $P \vee Q$,读作"P 或者 Q",$\vee$ 称为析取联结词。

(4) 蕴含联结词:设 P、Q 为两个命题,复合命题"如果 P 那么 Q"或"若 P 则 Q"称为 P 与 Q 的蕴含式,记作 $P \rightarrow Q$,读作"若 P 则 Q",$\rightarrow$ 称为蕴含联结词。

(5) 等价联结词:设 P、Q 为两个命题,复合命题"P 当且仅当 Q"称为 P 与 Q 的等价式,记作 $P \leftrightarrow Q$,读作"P 当且仅当 Q",$\leftrightarrow$ 称为等价联结词。

3. 命题公式

一个确定的具体命题称为命题常元,一个不确定的泛指的任意命题称为命题变元。含有命题变元的表达式称为命题公式。

单个命题变元或命题常元称为原子命题公式,简称原子公式。由递归定义产生的命题公式称为合式公式,合式公式可简称公式。

命题符号化是用命题公式的字符串来形式化表示命题,将自然语言翻译成命题公式。

对命题公式中命题变元的每一种可能的真值指派,以及由它们确定出的命题公式真值所列成的表称为该命题公式的真值表。

设 A 为任意命题公式,若 A 在它的任意赋值下均为真,则称 A 为重言式或永真式;若 A 在它的任意赋值下均为假,则称 A 为矛盾式或永假式;若 A 不是矛盾式,则称 A 为可满足式。

4. 命题逻辑的等价关系

A、B 是含有相同命题变元的命题公式,若对命题变元做任何指派,A 和 B 的真值都相同,则称 A 与 B 等价,记作 $A\Leftrightarrow B$,并称 $A\Leftrightarrow B$ 是等价式。

注意↔与⇔的区别:↔是逻辑联结词,出现在命题公式中;⇔不是逻辑联结词,表示两个命题公式的一种关系。

5. 命题逻辑的蕴含关系

设 A、B 是两个命题公式,若 $A\rightarrow B$ 是永真式,则称 A 蕴含 B,记作 $A\Rightarrow B$,称 $A\Rightarrow B$ 为蕴含式或永真条件式,并称 A 为蕴含式的前件或前提,B 为蕴含式的后件或结论。

符号→和⇒的区别与联系类似于↔和⇔。区别:→是逻辑联结词,是命题公式中的符号,而⇒不是逻辑联结词,表示两个命题公式之间的关系,不是命题公式中的符号。联系:$A\Rightarrow B$ 成立,其充要条件是 $A\rightarrow B$ 是永真式。

等价式与蕴含式之间的关系:设 A、B 是两个命题公式,$A\Leftrightarrow B$ 的充要条件是 $A\Rightarrow B$ 且 $B\Rightarrow A$。

1.6.4 谓词逻辑的基本概念

谓词逻辑又称谓词演算。命题逻辑虽然可以解决很多逻辑问题,但它仍有局限性。逻辑史上著名的亚里士多德三段论虽然推理正确,但却无法用命题逻辑的方法给出证明,谓词逻辑解决了这样的问题,它使数理逻辑的演算趋于完善。以下列举谓词逻辑的基本概念。

1. 谓词逻辑的三要素

谓词逻辑的三要素:个体词、谓词、量词。

(1) 个体词。在原子命题中,可以独立存在的客体(语句中的主语、宾语等)称为个体词。具体的或特定的个体词称为个体常元,抽象的或泛指的个体词称为个体变元。个体变元的取值范围称为个体域或论域。

(2) 谓词。谓词是用来刻画个体词的性质或事物之间的关系的词。特定谓词称为谓词常元,不确定的谓词称为谓词变元。

(3) 量词。符号 $\forall$ 称为全称量词符,表达"对所有的""对任何一个""任意"的含义;$\forall x$ 称为全称量词,x 称为指导变元,表示个体域内所有的 x。符号 $\exists$ 称为存在量词符,表达"至少有一个""存在一些""存在"的含义;$\exists x$ 称为存在量词,x 称为指导变元,表示个体域内有的 x。

2. 谓词公式

(1) 项。项由下列规则形成。

① 个体常元、个体变元是项。

② 若 f 是 n 元函数,且 $t_1, t_2, \cdots, t_n$ 是项,则 $f(t_1, t_2, \cdots, t_n)$ 是项。

③ 有限次地使用①和②生成的都是项。

(2) 原子谓词公式。若 $P(x_1,x_2,\cdots,x_n)$ 是 n 元谓词，$t_1,t_2,\cdots,t_n$ 是项，则称 $P(t_1,t_2,\cdots,t_n)$ 是原子谓词公式，简称原子公式。

(3) 合式公式的递归定义。谓词逻辑的合式公式为当且仅当由下列规则形成的字符串。

① 原子公式是合式公式。
② 若 A 是合式公式，则 $(\neg A)$ 是合式公式。
③ 若 A、B 是合式公式，则 $(A \wedge B)$、$(A \vee B)$、$(A \rightarrow B)$、$(A \leftrightarrow B)$ 都是合式公式。
④ 若 A 是合式公式，x 是个体变元，则 $(\forall x)A$、$(\exists x)A$ 都是合式公式。
⑤ 有限次地应用①~④形成的字符串是合式公式，简称公式。

(4) 闭式。在公式 $(\forall x)A(x)$ 或 $(\exists x)A(x)$ 中，称 x 为指导变元，A 为相应量词的辖域。在 $\forall x$ 和 $\exists x$ 的辖域中，x 的所有出现都称为约束出现，A 中不是约束出现的其他变元均称为是自由出现的。设 A 为任意一个公式，若 A 中无自由出现的个体变元，则称 A 为封闭的合式公式，简称闭式。

3. 谓词逻辑的等价关系

设 A、B 为任意两个谓词公式，若 $A \leftrightarrow B$ 为逻辑有效的，则称 A 与 B 是等价的，记作 $A \Leftrightarrow B$，称 $A \Leftrightarrow B$ 为等价式。

4. 谓词逻辑的蕴含关系

设 A、B 为任意两个谓词公式，若 $A \rightarrow B$ 为逻辑有效的，则称 A 蕴含 B，记作 $A \Rightarrow B$，称 $A \Rightarrow B$ 为蕴含式。

1.6.5 逻辑思维的基本规律

逻辑思维的基本规律是正确地运用概念、判断、推理等思维形式必须遵守的普遍规律，也称为逻辑规律、逻辑的基本规律、思维的基本规律，共有 4 条：同一律、矛盾律、排中律、充足理由律。

(1) 同一律。同一律是指在同一思维过程中，每一思想自身都具有同一性，即所使用的思想是确定的、前后一致的。这里的"思想"既可以指概念又可以指判断。

同一律的公式：A 就是 A。或者表示为：如果 A，那么 A。用符号表示为 $A \rightarrow A$（A 真则 A 真，A 假则 A 假）。

(2) 矛盾律。矛盾律是指在同一思维过程中，两个互相否定的思想不能同真，必有一假。

矛盾律的公式：A 不是非 A。用符号表示为 $\neg(A \wedge \neg A)$（并非 A 且非 A）。

(3) 排中律。排中律是指在同一思维过程中，两个互相否定的思想必有一个是真的。

排中律的公式：A 或者非 A。用符号表示为 $A \vee \neg A$。

（4）充足理由律。充足理由律是指要确定一个思想为真，必须有充足理由。充足理由是指作为理由的判断不但要真，而且能必然地推出被确定为真的判断。

充足理由律的公式：A 真，因为 B 真且 B 能推出 A。用符号表示为 $(B \wedge (B \rightarrow A)) \rightarrow A$。

1.7 数学的地位和作用

1.7.1 数学在科学中的地位

按传统的分类法，科学分为自然科学和社会科学两大类，数学隶属于自然科学，与物理学、化学、天文学、生物学等并列。但是，恩格斯在 19 世纪已经指出：数学是一种研究思维能力的抽象的科学。显然，数学与一般的自然科学在属性上并不相同。

20 世纪 80 年代以来，兴起了一种新的分类法，认为数学因具有不同于其他自然科学的性质而应独立成为一类，新的分类法同时把思维科学也独立起来，数学被看作是与自然科学、社会科学、思维科学并列的一个大部类。随着对数学认识的加深，越来越多的人赞同新的分类法。

自然科学是以观察和实验为基础，对自然现象进行描述、理解和预测的科学分支。自然科学可以分为物理学、化学、地球科学、天文学、生物学等，这些分支还可以进一步划分为更专业的分支。

笔者赞同数学不属于自然科学这一观点，具体理解如下。

（1）数学与自然科学的研究对象存在本质的不同。自然科学都是以具体的物质或物质运动形态为其研究对象，以物理学分支为例，力学、热学、电学、磁学、光学、声学、原子核物理、凝聚态物理等，都是以具体的物质或物质运动形态为其研究对象，化学、天文学、生物学等自然科学也都是如此，而数学的研究对象不是某种具体的物质或物质运动形态，数学的研究对象是从现实世界的物质和物质运动形态抽象出来的数量关系和空间形式等人类思维的产物，与自然科学的研究对象存在本质的不同。

（2）数学与自然科学的概念建立途径不同。自然科学，如物理学，可以借助简单直观的图景，用描述日常现象的语言来建立概念、解释深刻的理论，但在大多数情况下，数学概念不能这样建立，用描述性语言解释也不准确，甚至这样解释所产生的误导与所获得的帮助同样多。大多数数学概念不是根据物质世界的现象，而是根据先前的数学概念建立的，这意味着，理解这些数学概念的唯一途径只能是沿着通向它们的由一个个抽象概念或理论铺成的道路艰难前行。

(3) 数学与自然科学的理论有效性的检验标准不同。自然科学的理论需要符合客观现实,客观现实是检验自然科学理论的唯一标准。但数学理论的有效性是基于定义和逻辑来判断的,由于大量数学理论无法用实验的方式去验证是否有效,一般作为检验标准的是结论在逻辑上的无矛盾性(自洽性)。

拓展知识:形式科学、经验科学

形式科学和经验科学是科学的两大类型。形式科学是研究抽象概念和规律的科学。形式科学的研究方法主要是演绎法,即从已知的公理、定义、命题出发,通过严谨的逻辑推导得出新的结论。形式科学的代表是逻辑学、数学。经验科学是研究真实世界中的现象的科学。经验科学需要通过观测和实验来获取数据和验证理论,经验科学的研究方法主要是归纳法和演绎法相结合,通过观测现象和实验数据,归纳出规律,然后通过演绎法验证和推广这些规律。经验科学的代表是物理学、化学。形式科学和经验科学都具有重要价值,形式科学为经验科学提供工具和方法,经验科学为形式科学提供应用场景和验证对象,二者相辅相成,共同推动科学的发展。

1.7.2 数学的重大作用

数学在国家、社会和个人层面都有重大作用。

1. 国家和社会层面

数学对一个国家的科学技术具有重大支撑和引领作用。曾任美国总统尼克松的科学顾问 E. Darid 于 1984 年 1 月 25 日在美国数学会(AMS)和美国数学协会(MAA)联合年会上说:"很少的人认识到如今被如此称颂的高技术本质上是数学技术。"

当前公认的生产力表达式为

生产力=科学技术×(劳动力+劳动工具+劳动对象+生产管理)

科学技术的乘法效应有力地表达了其在生产力诸要素中的首要地位和作用,科学技术是第一生产力!

我国著名科学家、两院院士钱学森指出:"数学的发展关系到整个科学技术的发展,而科学技术是第一生产力,所以数学的发展是国家大事。"科学技术是第一生产力,而数学是一切科学技术的基础,因此作用重大。同时,由于数学的深刻性和超前性,数学也发挥着引领科技的作用。

数学对社会发展也发挥着重大作用。工程技术离不开数学,生产管理、企业管理、政务管理离不开数学,经济理论和经济政策研究离不开数学,国防建设、军事系统优化和调度离不开数学……中国科学院院士、数学家姜伯驹指出:"数学已经从幕后走向前台,直接为社会创造价值。"

2. 个人层面

(1) 增强认识世界和改造世界的能力。人类的历史是不断认识世界和改造世界的历史,恩格斯在 1876 年所写的《劳动在从猿到人转变过程中的作用》中明确指出:"劳动创造了人本身。"换言之,人类在改造世界的同时也改造了自己,甚至于,为了改造世界,人类必须首先改造自己。数学是人类认识世界和改造世界的重要工具,接受数学教育就是个人改造自己的重要途径,数学能增强人认识世界和改造世界的能力。

(2) 提高思维能力。数学具有高度的抽象性、逻辑的严密性,学习数学的过程就是对人的抽象思维、逻辑思维、精确计算能力等方面进行训练的过程,从而使人能客观、合乎逻辑、精确地分析和解决问题。古希腊哲学家柏拉图(Plato)在他创办的学校门口竖起一个牌子,上面写道:"不懂几何者禁止入内!",几何学涵盖了古希腊时期数学的大部分内容,这份声明意为不懂数学的人禁止入内!柏拉图要求他的学生必须掌握数学是因为他看到了数学在培养人的思维能力方面的重大作用。

(3) 提高数学素质和科学文化素质。数学能培养人的抽象思维能力、逻辑思维能力、定量分析能力,这几方面构成了个人的基本数学素质,如图 1-1 所示。此外,数学还培养人综合运用数学思想方法去分析问题和解决问题的能力,这是更高的数学素质。

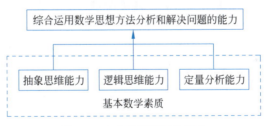

图 1-1　个人数学素质的组成

此外,数学教育是文化教育的重要组成部分,学习数学能丰富人的知识,在学习数学知识的同时也学习数学的思想方法和精神实质,从而提升个人的科学文化素质。

1.7.3　数学的精神价值

人们在了解一门学问时经常会问:它有什么用?这个"用"一般指的是能直接或间接产生生产力或能增加个人财富的功用。当人们用这种注重功用的思维看待数学时,由于人类认识世界和改造世界的活动都离不开数学,数学的作用集中地体现为数学是一种重要的工具,人们是把数学当作一种工具来学习的。数学是工具,但数学不仅仅是工具,数学在人类精神世界层面的重大作用往往被世人忽视!

笔者认为:数学对人类的思想解放起到重大作用。数学在对现实世界的事物进行高度抽象,并进行定量、精确、理性、符合逻辑的分析或推理之外,还对超越现实世界的更抽象的人类思维产物进行研究。现代数学理论的抽象程度、深刻程度以及数学领域的科研人员为理解前沿数学理论所需储备的数学知识量的庞大程度均超乎常人想象。同时,现代数学成果相对其他科学的超前程度也是超乎常人想象的,例如,陈省身建立的整体微分几何学的纤维丛理论,恰好为物理学家杨振宁所创立的规范场论提供了合适而精致的数学框架。曾有学者这样评论:即使现代数学停止发展,若想将目前人类所掌握的现代数学成果充分应用起来,也需要几十年甚至上百年的时间。德国数学家高斯(J. C. F. Gauss)将数学称为"科学之王",数学在理论的抽象性、思想方法的深刻性、成果的预见性和超前性方面遥遥领先,因此必将在解放人类的思想方面发挥重大作用。可以说,数学不仅是人类认识世界和改造世界的重要工具,更是人类精神世界的思想武器,数学的重大作用和价值之一是解放人类的思想!

问题研究

1. 查阅资料,了解逻辑主义、形式主义、直觉主义学派的主要观点。
2. 查阅资料,了解结构主义学派的主要观点。
3. 查阅资料,列举一位中国数学家在数学思想方法上的创造性工作。
4. 为什么三段论不能用命题逻辑证明而可以用谓词逻辑证明?
5. 长辈的困惑:这孩子小时候算术很好,怎么上了中学数学就不行了呢?试结合本章内容进行回答。

第2章 古代数学成就及其思想方法

CHAPTER 2

本章介绍古代数学的记数制、算术、代数、几何。由于人类数学文化的源头是古埃及和古巴比伦,这两个古代文明历史最悠久,数学的发展也最早,因此对他们的数学进行介绍并分析其思想方法。受历史条件限制,古埃及和古巴比伦的数学知识来自观察和经验,数学的抽象、概括和逻辑思维并未被他们察觉,数学还仅是一种计算或度量工具,他们仅给出"如何去做",而未提及"为什么这样做",即没有数学证明的观念。美国著名数学史家克莱因在《古今数学思想》一书中指出:"古埃及人和古巴比伦人好比粗陋的木匠,而古希腊人则是大建筑师"。古希腊数学崇尚逻辑推理和证明,《几何原本》是古希腊数学的代表性成就,是西方数学的主要源泉。与之形成鲜明对比的是另一种注重计算和实际应用的数学,以中国古代的《九章算术》为杰出代表。《几何原本》和《九章算术》这两本著作对世界数学的发展影响巨大,二者并称为"现代数学的两大源泉"。本章介绍和讨论这两本著作的主要内容和思想方法。印度和阿拉伯是古希腊数学在东方的继承者和传播者,他们在数学上也有独创性贡献,本章最后对他们的数学成就及其思想方法进行介绍。

2.1 记数制

记数制就是人类记录数字的制度。记数制随着数学的发展而变化,数学发展史的不同时期、不同人类文明、不同民族的记数制都不一样。目前世界通用的记数制是"十进位值制"。

十进制是指相邻两个记数单位之间的进率都为10的记数法则。十进制数是由0到9这10个基本数字符号组成,它是以10为基础的数字系统,十进制的英文名称是Decimal System,来源于希腊文Decem,意为"十"。

人类采用十进制可能跟人类有10根手指有关。古希腊哲学家亚里士多德称人类普遍使用十进制,只不过是绝大多数人生来就有 10 根手指这样一个解剖学事实的结果。实际上,在古代世界独立开发的记数体系中,除了古巴比伦文明的楔形数字为六十进制、玛雅文明的数字为二十进制外,几乎全部为十进制。只不过这些十进制记数体系并不都是位值制的。

位值制是指一个数的大小用一组有顺序的数字符号来表示,每个数字符号所表示的大小既取决于它本身的数值又取决于它所在的位置。

根据数学史研究,各古代文明所采用的记数制如下。

(1) 古埃及的十进叠加制记数法。古埃及人使用十进制,数字用象形符号表示。当一个数中出现某个数字符号的若干倍时,就将该符号重复写若干次,因此古埃及人的记数系统不是采用位值制,而是"叠加制",他们的记数制是十进叠加制。

(2) 古巴比伦的六十进位值制记数法。古巴比伦人的记数系统是六十进制,采用位值制,故古巴比伦人的记数制是六十进位值制。古巴比伦的记数法虽采用位值制,但它采用的是六十进位的,计算非常烦琐。

(3) 中国的十进位值制记数法。十进位值制记数法是中国的一大发明。最迟在中国古代的第二个奴隶制王朝商代(公元前 16 世纪—公元前 11 世纪)时,中国已采用了十进位值制记数法。从现已发现的商代陶文和甲骨文中,可以看到当时已能够用一、二、三、四、五、六、七、八、九、十、百、千、万等文字记十万以内的任何自然数。这些记数文字在后世虽有所变化,但记数方法却从未中断,一直被沿袭并日趋完善。十进位值制记数法是古代世界中最先进、最科学的记数法,对世界科学和文化的发展有着不可估量的作用。十进位值制是中国人民的一项杰出创造,在世界数学史上有重要意义。

(4) 古印度的印度数码和十进位值制记数法。古印度数学中最杰出的贡献是发明了印度数码和十进位值制记数法。印度数码是古印度人创造的包括 0 在内的 10 个数字符号,所谓的"阿拉伯数字"实际上起源于印度,只是通过阿拉伯人传播到西方而已。值得注意的是:印度数码的完善也是经历了漫长的发展过程的,直到 4 世纪才比较接近现在的形式。古印度直到 7 世纪才采用十进位值制记数法,很可能是受中国的影响。

十进位值制记数法是目前世界通用的记数法,连同相应的"印度—阿拉伯数码"被后人称为"科学的语言",这一科学的语言大约在 10 世纪才传入欧洲。

(5) 古希腊的记数法。古希腊数学由于几何发达,因而轻视计算,记数法落后,是用全部希腊字母来表示一到一万的数字,字母不够就用添加符号等方法来补充。

2.2 算术

2.2.1 算术及其思想方法

算术(arithmetic)最初的含义是数和计数的学问。古代算术的主要研究内容是自然数、分数和小数的性质及其加、减、乘、除四则运算,算术理论的形成标志着人类在现实世界数量关系的认识上迈出了具有决定性意义的一步。

算术是人类社会实践中不可缺少的数学工具,有着广泛应用。通过算术,人类能够行之有效地解决在实践中遇到的大量问题,许多古老的问题,如行程问题、工程问题、流水问题、分配问题、盈亏问题等,都是借助算术方法求解的。

算术解题方法的思想方法是:首先围绕所求的数量,收集和整理已知数据,并依据问题的条件列出用已知数据表示所求数量的算式,然后通过四则运算求出算式的结果。

算术解题方法的关键是列算式,但当面临具有复杂数量关系的实际问题时,列算式常常是困难的,因此,这种方法比较笨拙,甚至无法解决问题。随着社会实践的发展,算术解题方法的局限性日益明显:只限于对具体的、已知的数进行运算,不允许有抽象的未知数参与运算,对于那些具有复杂数量关系的实际问题,要列出相应的算式不容易做到或不可能做到,算术的这种局限性限制了其应用范围。

2.2.2 古埃及的算术

古埃及人有分数的概念,但除了 2/3 外,其他分数的分子固定为 1,表示将整体进行等分后的其中一份。

古埃及人的乘法和除法是通过叠加实现的,即借助于制好的倍数表、部分表来完成乘法和除法运算。

例 2-1 计算 26×33。

分析 使用 33 的倍数表(见表 2-1)。

解 先将 33 的倍数列表。

表 2-1 33 的倍数

n	$33n$	n	$33n$
1	33	8	264
2	66	16	528
4	132		

从表 2-1 的左边一列中取出和为 26 的数 2、8 和 16,再将右边一列中它们对应的数 66、264 和 528 相加,得

$$66 + 264 + 528 = 858$$

即为所求。

例 2-2 计算 $19 \div 8$。

分析 使用 8 的倍数与部分表(见表 2-2)。

解 先将 8 的倍数与部分列表。

表 2-2 8 的倍数与部分

k	$8k$	k	$8k$
1	8	1/4	2
2	16	1/8	1
1/2	4		

从表的右边一列中取出和为 19 的数 16、2 和 1,再将左边一列中它们对应的数 2、1/4 和 1/8 相加,得

$$2 + \frac{1}{4} + \frac{1}{8} = 2\frac{3}{8}$$

即为所求。

对古埃及算术的思想方法小结如下。

(1) 对于乘法和除法运算问题,首先对被乘数或被除数进行拆分,再利用叠加的思想方法将拆分后各自的结果进行加法运算求和,从而解决原问题。

(2) 乘法是取左边一列数,查找右边一列对应数,除法是乘法的逆运算,操作过程相反。

(3) 如何设计列表,使其既简洁又能覆盖尽可能多的被乘数或被除数,是需要仔细考虑的。

2.2.3 古巴比伦的算术

古巴比伦人的算术运算也是借助于各种表来进行的,这一点与古埃及人相似。考古发现的泥版书中,有乘法表、倒数表、平方表、立方表、指数表。其中,倒数表用于将除法转化为乘法进行计算,指数表用于解决复利问题。古巴比伦人也使用分数,但分母总是 60 或 60 的方幂,因此古巴比伦人的分数系统是不成熟的。

例 2-3 设本金为 1,利率为 20%,使利息与本金相等需要多久?

分析 需要求解指数方程 $(1+20\%)^x = 2$。

解 先由指数表确定出 x 的取值范围是 $3 < x < 4$,然后使用一次"插入法",估计 x 与 4 的差,具体方法是

$$4 - x = \frac{(1+0.2)^4 - 2}{(1+0.2)^4 - (1+0.2)^3} \approx 0.21$$

因此,$x \approx 4 - 0.21 = 3.79$(年)。

请读者思考插入法的原理和思想方法。

2.3 代数

2.3.1 代数及其思想方法

算术的局限促使了新的数学分支——代数的产生。代数(algebra)的特点是用符号来表示各种数,最初研究的对象主要是代数式的运算和方程的求解,方程是早期代数学的主要研究内容。

方程是含有未知数的等式。使等式成立的未知数的值称为方程的解或根,求方程的解的过程称为解方程。

代数解题方法的数学思想是:首先依据问题的条件组成含有已知数和未知数的代数式,并按等量关系列出方程,然后通过对方程进行恒等变换求解出未知数的值。其中,代数式是由数和表示数的符号经有限次加、减、乘、除、乘方、开方等代数运算所得的式子。

对于复杂的问题,代数通过列方程来解决,因此在数学史上,代数也曾被称为"方程的科学"。由于代数方程的求解是初等代数的中心内容,直到19世纪,仍有许多学者把代数理解为解方程的学问。

从数学思想方法的角度看,代数脱离具体数字并在一般形态上形式地考查算术运算,代数讨论的内容首先是变换表示式和解方程的形式规则,因此可以说,代数是一门关于形式运算的学问。

在数学史上,代数符号化的过程分为三个阶段。

(1) 文字代数阶段,即全部解法都用文字语言来表达,没有任何简写和符号。

(2) 简写代数阶段,即用简化了的文字来表述一些经常出现的量、关系和运算。

(3) 符号代数阶段,即普遍使用抽象的符号,各种符号与它们所表示的实际内容没有明显联系。

代数学形成的过程中,许多国家和民族的数学家都做出了贡献,其中代表人物有古希腊数学家丢番图(Diophantus)、法国数学家韦达(F. Viète)和笛卡儿(R. Descartes),其中笛卡儿提出和使用的许多符号沿用至今。

中国古代对代数的研究在公元前已获得很高成就。在公元1世纪初成书的《九章算术》中包括了算术、代数和几何知识,引进了负数的概念及其运算法则,记载了开平方、开立方的方法,建立了相当于现代称为消元法的一次联立方程组的解法。

古希腊数学家丢番图所著的《算术》可与欧几里得《几何原本》相媲美,该书的内容大部分属于代数范围,其中对方程的理论,特别是对整系数的不定方程作了详细的研究和分析,因此这类不定方程常被称为"丢番图方程"。

古印度数学家阿耶波多(I. Aryabhata)和古阿拉伯数学家阿尔·花拉子米等对一、二次方程的研究也有许多贡献。

世界各国的数学家对三次方程作了长时间探索,直到 16 世纪初由意大利数学家费罗(S. del Ferro)等解决。16 世纪中叶,意大利数学家费拉里(L. Ferrari)给出了四次方程的一般解法。

代数学对整个数学的进程产生巨大而深远的影响,许多重大的发现都与代数思想方法有关,代数思想方法是数学思想方法的一个重大突破。

(1) 符号思想方法。相对于算术运算,符号运算是数学发展的一个飞跃! 算术运算施行于具体的数,而符号运算施行于符号,符号对应事物的类或形式,符号是对具体的数的抽象和概括。

符号的引入使代数学成为研究一般形式和方程的学问,因而应用广泛。同时,有效的符号系统可以使数学书写更方便,运算过程更清晰,推演思路更精练。鉴于符号的引入对代数的发展所起的重大作用,数学的其他分支也都相继采用,在现代数学中,符号的作用不可替代,符号思想已经成为数学的一般思想方法。

(2) 方程思想方法。方程比算术先进就在于它允许把未知数作为运算对象并与已知数具有同等运算地位,而不像算术那样只是把未知数当成要求的结论而排除于运算之外。解方程的过程实质上是依照某种法则对已知数和未知数重新组合,把未知数转化为已知数的过程,即把未知数置于等式的一边,已知数置于等式的另一边。从这种意义上,算术也可以看成方程的特殊情况,即把要求的结果当成未知数独自置于一边,让另一边的算式完成对已知数的运算,因此方程是算术的推广与发展。方程的产生大大拓展了数学的应用范围,许多算术难以解决或无法解决的问题被方程轻而易举地解决了。

2.3.2 古埃及的代数

古埃及纸草书上的"计算若干"问题就是方程问题,古埃及人解方程的方法是试算法。

例 2-4 求解方程 $x+\dfrac{x}{7}=24$。

分析 使用试算的方法求解,但也需要观察方程的特征。

解 先用 7 试算,令 $x=7$,则方程左边为 $7+\dfrac{7}{7}=8$,还不是 24,由于 8 乘以 3 才等于 24,故 x 的正确值是 7 乘以 3,即 21。

例 2-5 公元前 1950 年的纸草书中记载了如下问题：试将 100 单位的面积分为两个正方形，并使二者的边长之比为 4∶3。

分析 使用试算的方法求解，二者的边长之比为 4∶3 是选定试算数值的约束条件。

解 设两正方形的边长分别为 x 和 y，则有

$$\frac{x}{y} = \frac{4}{3}$$

又由题设，有

$$x^2 + y^2 = 100$$

先取 $x=4, y=3$ 试算，有

$$4^2 + 3^2 = 16 + 9 = 25$$

不是 100，因此 x 和 y 的取值必须修正，且需要增大。由于目标值是当前取值下求平方和结果的 4 倍，则当前值需要修正为 2 倍当前值。取 $x=8, y=6$ 试算，有

$$8^2 + 6^2 = 64 + 36 = 100$$

故方程的解为 $x=8, y=6$。

对古埃及解方程的思想方法小结如下。

(1) 这种试算的方法是现代数学中数值分析（数值计算方法）的先驱。对于无法用一般解法处理的高次方程，可以先取一组数值进行试算，再根据偏差情况修正取值，直至得出满足精度要求的方程近似解。

(2) 这种试算的方法适用的范围很广，包括线性方程和非线性方程。在某些情况下，该方法可以得到精确解，但一般只能得到近似解（在数值计算方法中，称为数值解）。

除了方程问题，古埃及纸草书中还记载并求解了等差数列、等比数列问题。

例 2-6 纸草书中问题：今将 10 斗麦子分给 10 人，每人依次递减 1/8 斗，问各得多少？

分析 这是已知一个等差数列前面若干项之和、项数、公差，求其各项的问题。

解 由等差数列前 n 项和公式

$$S_n = \frac{(a_1 + a_n)n}{2} = na_1 + \frac{n(n-1)}{2}d$$

其中，

S_n：前 n 项之和。

n：项数。

a_1：数列的第一项。

a_n：数列的最后一项。

d：数列的公差。

由题设,有
$$10 = 10a_1 + \frac{10 \times 9}{2} \times \left(-\frac{1}{8}\right)$$
解得 $a_1 = \frac{25}{16}$。

再由等差数列通项公式
$$a_n = a_1 + (n-1)d$$
即可求得其余各项。

2.3.3 古巴比伦的代数

古巴比伦数学中出现了用文字叙述的代数问题,古巴比伦人能求解一元二次方程,但由于没有负数的概念,负根不予考虑。

例 2-7 把正方形的面积加上正方形边长的三分之二得 $\frac{35}{60}$,求该正方形的边长。

分析 该问题等价于求解方程
$$x^2 + \frac{2}{3}x = \frac{35}{60}$$
下面给出古巴比伦人的解法。

解 1 的三分之二是 $\frac{40}{60}$,其一半是 $\frac{20}{60}$,将其自乘得 $\frac{6}{60} + \frac{40}{60^2}$,将其与 $\frac{35}{60}$ 相加得 $\frac{41}{60} + \frac{40}{60^2}$,其平方根是 $\frac{50}{60}$,再减去 $\frac{40}{60}$ 的一半得 $\frac{30}{60}$,得 $\frac{1}{2}$,即该正方形的边长为 $\frac{1}{2}$。

通过该例题可知:

(1) 古巴比伦人在计算时使用的是六十进制;

(2) 古巴比伦人已经知道某些类型的一元二次方程的求根公式,上述解法相当于将方程建模为 $x^2 + px = q$ 并得到根的计算公式
$$x = \sqrt{\left(\frac{p}{2}\right)^2 + q} - \frac{p}{2}$$
再将方程的系数代入公式中进行求解。

例 2-8 已知两个正方形的面积之和为 1000,其中一个正方形的边长是另一个正方形的边长的三分之二减去 10,求这两个正方形的边长。

分析 设较大正方形的边长为 x,则该问题等价于求解二次方程
$$x^2 + \left(\frac{2}{3}x - 10\right)^2 = 1000$$

下面给出古巴比伦人的解法。

解 平方 10 得 100,1000 减去 100 得 900,900 开平方得 30,较大正方形的边长为 30,另一正方形的边长为 10。

泥版书上并未说明是如何得到上述解法的。

在发现的泥板上,有数表不仅包含了 1 到 30 的整数的平方和立方,还包含这个范围内的整数组合 n^3+n^2,专家认为这种数表是用来解决形如 $x^3+x^2=b$ 的三次方程的。此外,在发现的泥板上,还有级数问题、非完全平方数的平方根的近似值等有价值的内容。

2.4 几何

2.4.1 古埃及的几何

古埃及人的几何知识丰富,在纸草书提及的几何问题中,大部分是计算土地面积、谷垛体积的,还有与金字塔有关的几何问题。古埃及人能计算三角形面积、圆的面积,他们的结论如下:

(1) 三角形的面积等于底与高的乘积的一半;
(2) 圆的面积等于直径的 8/9 的平方(由此可知圆周率被近似地取为 3.16);
(3) 直圆柱的体积等于底面积与高的乘积。

例 2-9 纸草书中问题:如果一个截顶金字塔的垂直高度为 6,底边为 4,顶边为 2,求其体积。

分析 目前已知的一个高为 h,底边长为 a 和 b 的正四棱台的体积公式是

$$V = \frac{1}{3}(a^2+ab+b^2)h$$

由此公式可算得体积为 56,下面给出纸草书中的解法。

解 4 的平方是 16,4 乘以 2 得 8,2 的平方是 4,把 16、8、4 相加得 28,取 6 的三分之一得 2,将 28 与 2 相乘得 56,即为体积值。

可见,古埃及人是通过具体问题说明了同一个体积计算公式。

2.4.2 古巴比伦的几何

古巴比伦人在公元前 2000 年至公元前 1600 年已经掌握了较丰富的几何知识,他们的几何学成就集中于几何图形或立体的面积、体积的计算,列举如下:

(1) 长方形、直角三角形、等腰三角形、直角梯形面积的计算;
(2) 长方体、特殊梯形为底的直棱柱、直圆柱体积的计算;
(3) 圆的周长、圆的面积的近似计算(取直径的 3 倍为圆的周长、取圆周长的

平方的 1/12 为圆的面积）；

（4）能将复杂图形拆成一些简单图形的组合。

由以上介绍可知：

（1）古巴比伦人善于将几何问题转化为代数问题，这是一个重要的思想方法；

（2）将复杂图形拆成一些简单图形的组合，利用简单图形的计算解决复杂图形的计算，是一个重要的思想方法。

但是，古巴比伦人的几何具有经验性，其结果均未经过证明，存在部分错误，如错误地认为圆台或棱台的体积是两底面积之和的一半与高的乘积。

2.5 古希腊的数学

2.5.1 古希腊数学概述

1. 古典时期古希腊数学学派及其成就

在公元前 6 世纪至公元前 3 世纪的古希腊数学古典时期，古希腊各地先后出现了许多数学学派，他们的研究工作使古希腊数学获得长足发展，其中最有影响的是爱奥尼亚学派、毕达哥拉斯学派、巧辩学派、柏拉图学派。古典时期古希腊数学学派及其成就如表 2-3 所示。

表 2-3 古典时期古希腊数学学派及其成就

学 派	创始人或代表人物	主 要 成 就
爱奥尼亚学派（米利都学派）	泰勒斯（Thales，约公元前 624—公元前 547）	泰勒斯被誉为"希腊科学之父"，他创立的爱奥尼亚学派（米利都学派）是古希腊历史上第一个数学学派。该学派将逻辑学中的演绎推理引入数学，奠定了演绎数学的基础，该学派的突出数学成就就是对数学命题进行演绎证明
毕达哥拉斯学派	毕达哥拉斯（Pythagoras，约公元前 580—约公元前 500）	毕达哥拉斯是古希腊哲学家、数学家、天文学家、音乐理论家，他创立了毕达哥拉斯学派，致力于哲学和数学研究。该学派的基本信条是"万物皆数"，对自然数进行分类研究，提出"美是和谐与比例"的科学美学思想并应用于音乐和天文学。在几何方面，研究了"黄金分割"，证明了多个几何命题。该学派相信任何量都可以表示成两个整数之比，他们称这样的量为可公度量，但是不可公度量的发现使"万物皆数"的信条受到了冲击，导致了数学史上的"第一次数学危机"
斯多葛学派	芝诺（Zeno，约公元前 490—约公元前 430）	针对有限与无限、离散与连续等人们认识上模糊不清的概念，提出了 45 个违背常理的悖论，把这些矛盾充分暴露出来，关于运动的三个悖论：二分法悖论、阿基里斯追乌龟悖论、飞矢不动悖论尤为著名

续表

学 派	创始人或代表人物	主 要 成 就
巧辩学派	希比亚斯(Hippias,约公元前5世纪)	提出三大几何作图问题：倍立方体(给定立方体的一边,求作另一立方体的边,使后者体积两倍于前者体积)、化圆为方(只允许用圆规和无刻度的直尺作一正方形使其与给定的圆面积相等)、三等分角(三等分任一已知角)。在解析几何创立后,三大几何作图问题均被证明无法用尺规作图解决
柏拉图学派	柏拉图(Plato,公元前427—公元前347)	柏拉图是古希腊哲学家、教育家,重视数学在培养人的思维能力方面的作用,强调要用数学解释宇宙,重视对立体几何的研究,提出了数学的演绎证明应遵循的逻辑规则,即"假设法",该方法是公理化方法的开端,是古希腊数学方法论的最高成就。该学派最杰出的数学家是欧多克索斯(Eudoxus,约公元前4世纪),在古希腊数学家中,他的地位和数学成就仅次于阿基米德。他的学生梅内克缪斯(Menaechmus,前4世纪)是圆锥曲线理论的创始人,形成了最早的圆锥曲线理论。柏拉图的学生亚里士多德(Aristotle,公元前384—公元前322)是古希腊哲学家、科学家、教育家、思想家,对数学的贡献是建立了形式逻辑学,为数学推理提供了逻辑依据;为欧几里得演绎几何体系的形成奠定了方法论基础

2. 亚历山大时期古希腊数学家及其成就

公元前334年起,马其顿国王亚历山大举兵东征,在埃及北部海岸建立了亚历山大城,后成为托勒密王国的首都,经历代托勒密国王的经营,成为当时地中海地区最大的城市。国家设立了研究机构,供养研究人员,汇聚了众多优秀数学家,亚历山大城成为当时的"智慧之都",亚历山大学派由此诞生。这个时期数学的发展有两个方向:一个是纯粹数学理论的研究,使之系统化,代表人物有欧几里得(Euclid)、阿波罗尼奥斯(Apollonius),另一个是以阿基米德(Archimedes)为代表,研究数学与天文学、物理学等学科的结合,不断开拓新领域。阿基米德、欧几里得、阿波罗尼奥斯并称为亚历山大时期三大几何学家,他们的工作使古希腊数学达到前所未有的最高水平,亚历山大时期是古希腊数学的黄金时期。亚历山大时期古希腊数学家及其成就如表2-4所示。

表2-4 亚历山大时期古希腊数学家及其成就

数 学 家	主 要 成 就
欧几里得(Euclid,约公元前330—公元前275)	在公元前300年左右完成了具有公理化结构和严密逻辑体系的数学经典《几何原本》

续表

数 学 家	主 要 成 就
阿基米德（Archimedes，公元前287—公元前212）	哲学家、数学家、物理学家；贡献领域包括平面几何、立体几何、等比级数求和、大数的记数法、圆周率推算等。善用穷竭法（十分接近现代的微积分），对穷竭法的运用代表了古代用有限方法处理无限问题的最高水平。此外，将运动观点引入数学，其思想方法在古代数学中是独树一帜的
阿波罗尼奥斯（Apollonius，约公元前262—约公元前190）	对圆锥曲线进行了系统的研究，代表性数学著作是《圆锥曲线论》，是古希腊继《几何原本》之后的又一力作

3. 后期希腊数学的数学家及其成就

自阿波罗尼奥斯之后，古希腊数学开始衰落，进入后期希腊数学阶段，但仍有一些数学成就。后期希腊数学的数学家及其成就如表 2-5 所示。

表 2-5　后期希腊数学的数学家及其成就

数 学 家	主 要 成 就
丢番图（Diophantus，约246—330）	丢番图是代数学的创始人之一，对代数学的发展起到了极其重要的作用，第一次系统地提出了代数符号，是技巧高超的解代数方程的大师，著有《算术》。古希腊数学重几何轻代数，丢番图意识到代数方法比几何的演绎证明更适合于解决实际问题，而代数方法更需要技巧性，这使得丢番图的数学研究工作在古希腊数学中独树一帜
托勒密（Ptolemaeus，约90—168）	古希腊数学家、天文学家、地理学家和占星家。著有三角学最早的系统性论著《天文学大成》。当时三角学尚未摆脱天文学而独立成为一门学科

古希腊数学的消亡是罗马人入侵导致的，公元前 146 年，罗马人征服了希腊本土，公元前 47 年，恺撒纵火焚毁亚历山大城，罗马统治者推崇基督教，以宗教湮没科学，使古希腊数学蒙受重大灾难，欧洲数学进入了漫长的黑暗时期。

2.5.2　《几何原本》简介

1.《几何原本》概述

《几何原本》是一部集前人思想和古希腊数学家欧几里得（Euclid）个人创造于一体的不朽之作，成书于公元前 300 年左右，是一部具有公理化结构和严密逻辑体系的数学经典，标志着人类首次完成了对空间的认识。

《几何原本》成功应用了公理体系，几何学因而成为在数学中最早建立公理体系的数学分支。《几何原本》首先给出一些基本定义，并把人们公认的一些事实确立为公理，然后以形式逻辑的方法用这些定义和公理研究各种几何图形的性质。该书系统地总结了古希腊前代学者的几何知识，集古希腊数学成果与精神于一身，确立了一套从定义、公理出发,论证命题得到定理的几何学论证方法,形成了一个严密的逻辑体系——几何学。

《几何原本》是古希腊数学的最高成就,是近代西方数学的主要源泉。《几何原本》几乎囊括了古希腊所有几何学和数论,把古希腊数学及其思想方法的特点发扬光大了。人们正是从这本书里认识到数学是什么、证明是什么,人们通过欧几里得几何的学习得到了逻辑思维的训练,从而步入科学的殿堂。

《几何原本》被称为"最成功的数学教科书",是一部极具生命力的经典著作。自问世之日起,《几何原本》在数学界产生了巨大而深远的影响,在长达2300多年的时间里,历经多次翻译和修订,在世界各地以各种不同文字共出了千余版,仅次于《圣经》,成为西方世界历史中翻版和研究最广的书。中国在明末清初时期,西方传教士带来了《几何原本》等数学著作,《几何原本》的译本得以在我国流传。

作为公元前300年左右成书的数学著作,《几何原本》并非完美无瑕,因受时代限制,《几何原本》存在部分证明遗漏或错误、基础部分不够严密等明显不足。1899年,20世纪最有影响力的数学家之一、德国数学家希尔伯特(D. Hilbert)出版了《几何基础》,对欧氏几何进行了公理化重建,不仅弥补了《几何原本》的全部缺陷,而且通过新的、完整的公理系统把欧氏几何建立在一个更高的层次上。

2. 《几何原本》的数学成就

《几何原本》取得多项数学成就,列举如下。

(1)《几何原本》是数学史上的一个伟大的里程碑,是几何学建立的标志。古希腊人追求理性、讲究逻辑,使几何学不再停留在经验层面上,而逐步提高到理性阶段,成为一门科学。

(2)《几何原本》是用公理化思想方法建立起演绎的数学体系的最早典范,标志着几何知识从零散、片断的经验形态转变为完整的逻辑体系,深刻影响了后世数学的发展。

(3)《几何原本》是一本论证性的数学教材,形成了"数学证明"的重要数学思想。它选择一些命题作为"要素",要素是指经常使用的重要定理,在证明其他命题时需要用到它们。选取一些命题作为要素要求作者具有高超的技巧,在欧几里得之前,人们在选择要素方面已经有很多尝试,欧几里得的工作是集前人工作之大成。

(4)《几何原本》提升了人们的理性推演的能力,其采用的演绎结构被移植到其他学科后也同样促进了这些学科的发展。

(5)《几何原本》对人类的科学思想产生了深刻、巨大的影响。

3. 《几何原本》的内容

《几何原本》全书共13卷,共475个命题,除了几何学外,还包括初等数论、比例理论等内容。其中，第 1 卷用 23 个定义提出了点、线、面、圆和平行线的概念，提出了 5 个公设和 5 个公理，研究了三角形全等的条件、三角形边和角的大小关系、平行线的理论、三角形和多角形等积的条件；第 2 卷研究多边形的等积问题；第 3、4 卷分别讨论了圆的问题及圆的内接和外切多边形；第 5 卷详细探讨了关于量的比例的理论；第 6 卷为相似多边形的理论；第 7、8、9 卷为数论；第 10 卷讨论了线段的加、减、乘以及开方运算，命名所得的特殊线段，并讨论了这些特殊线段之间的关系；第 11、12、13 卷主要是立体几何的内容。《几何原本》的内容如表 2-6 所示。

表 2-6 《几何原本》的内容

卷	命 题 数	主 要 内 容
1	23 个定义、5 个公设、5 个公理、48 个命题	全等形、平行线、毕达哥拉斯定理、初等作图法、等价形（面积相等的图形）和平行四边形
2	14	利用线段代替数来研究数运算的几何代数法，例如：两数相乘转化为两边长等于两数的矩形面积
3	37	圆以及与之相关的线和角等
4	16	圆的内接和外切多边形
5	25	比例理论，讨论量和量之比
6	33	利用比例理论讨论相似形
7、8、9	102	数论，把数看作线段，研究整数和整数之比的性质
10	115	对不可公度量进行分类[①]
11	39	讨论空间直线与平面的各种位置关系
12	18	讨论面积和体积
13	18	讨论五种正多面体

注①：毕达哥拉斯学派认为任何量都可以表示成两个整数之比（即某个有理量），在几何中相当于对于任何两条线段总能找到第三条线段作为单位线段，将所给定的两条线段划分为整数段，他们称这样的两条线段为"可公度量"，即有公共的度量单位的量，否则称为"不可公度量"。

欧几里得在第 1 卷给出了 23 个定义（见表 2-7）、5 个公设（Postulate）（见表 2-8）、5 个公理（Axiom）（见表 2-9）。

表 2-7 《几何原本》的 23 个定义（节选）

序号	定 义 内 容
1	点没有可以分割的部分
2	线只有长度而没有宽度
3	一线的两端是点
4	直线是它上面的点一样地平铺着的线
5	面只有长度和宽度
6	面的边缘是线

续表

序号	定 义 内 容
7	平面是它上面的线一样地平铺着的面
8	平面角是在一平面内但不在一条直线上的两条相交线相互的倾斜度
9	当包含角的两条线都是直线时，这个角叫作直线角（平角180°）
10	当一条直线和另一条直线相交，形成的邻角彼此相等时，这些等角的每一个叫作直角，而且称这一条直线垂直于另一条直线
11	大于直角的角叫作钝角
12	小于直角的角叫作锐角
13	边界是物体的边缘
14	图形是被一个边界或几个边界围成的
15	圆是由一条线围成的平面图形，其内有一点与这条线上的点连接成的所有线段都相等
16	而且把这个点叫作圆心

表 2-8 《几何原本》的 5 个公设

序号	公 设 内 容
1	由任意一点到另外任意一点可以画直线
2	一条有限直线可以继续延长
3	以任意定点为圆心、以任意长为半径，可以画圆
4	凡直角都彼此相等
5	同平面内一条直线和另外两条直线相交，若在某一侧的两个内角的和小于两个直角的和，则这两条直线经无限延长后在这一侧相交

注：①《几何原本》中的直线是指直线段；②第 5 条公设也称为平行公设、第五公设。

表 2-9 《几何原本》的 5 个公理

序号	公 理 内 容
1	等于同一量的量彼此相等
2	等量加等量，总量仍相等
3	等量减等量，余量仍相等
4	彼此能重合的物体是全等的
5	整体大于部分

欧几里得采纳了亚里士多德的观点：公理是适用于一切研究领域的原始假设，而公设则仅是适用于当前研究的特定学科的原始假设。因此，《几何原本》中的公设和公理的定义为：公设是在几何学里适用的不需要证明的基本原理；公理是在任何科学学科里都适用的不需要证明的基本原理。现代数学对此不再区分，将"公设"和"公理"看作同义词，都称为"公理"。至于什么是公理，恩格斯明确地指出："数学上的所谓公理，是数学需要用作自己出发点的少数思想上的规定。"

2.5.3 《几何原本》的数学思想方法

1. 公理化思想方法

公理化思想是指科学应始于基本原理,以它们为基础,并由之推导出一切结果。**公理化方法**是指从原始概念和不证自明的公理出发,利用逻辑推理建立演绎系统,定理的证明允许采用的论据只有公理和前面已经证明过的定理,这种知识体系与表述方法就是公理化方法。

公理化思想方法是现代数学的一种基本表述方法和发展方式,在数学史上始于欧几里得的《几何原本》。古希腊时期的数学主要研究几何,古希腊人不仅使几何形成了系统的理论,而且创造了研究数学的公理化方法。

根据亚里士多德的论述,一个完整的理论体系应该是一种演绎体系的结构,知识都是从初始原理中演绎出的结论(演绎法详见第 6 章)。欧几里得的《几何原本》恰好体现了这一思想,欧几里得用尽可能少的原始概念和一组不证自明的命题(5 个公设和 5 个公理),利用逻辑推理对当时的几何知识重新组织,建成了一个演绎系统,5 个公设和 5 个公理是全书其他命题证明的基本前提,以后各卷不再给出公设和公理,接着给出 23 个定义,然后逐步引入和证明定理,定理的引入是有序的,在一个定理的证明中,允许采用的论据只有公设、公理和前面已经证明过的定理。《几何原本》从原始概念和公设、公理出发,运用演绎方法将当时所知的几何学知识全部推导出来,这是一个十分伟大的成就,它的意义已不限于数学,已经成为展示人类智慧和认识能力的一个光辉典范。

《几何原本》的成功是公理演绎体系的成功,公理化思想方法使数学理论成为一个严谨的系统性理论,同时,它使人们能够在一定程度上超越当时的实践,充分发挥主观能动性,得到意义深远的理论结果,再利用这些成果指导实践,提高人们认识世界和改造世界的能力。

例 2-10 证明第 1 卷命题 5:在等腰三角形中,两底角彼此相等,并且若向下延长两腰,则在底边以下的两角也彼此相等。

分析 这个命题是要证明"等腰三角形的底角必相等",设三角形 ABC 是一个等腰三角形,边 AB 等于边 AC,且分别延长 AB 和 AC 至 AD 和 AE,则需要证明 $\angle ABC = \angle ACB$,且 $\angle CBD = \angle BCE$。此命题位于全书的开始部分,在证明中能使用的逻辑依据只有 5 个公设、5 个公理及前面 4 个命题:

命题 1 在一个已知的有限直线上作一个等边三角形。

命题 2 由一个已知的点(作为端点),作一条线段等于已知的线段。

命题 3 已知两条不相等的线段,从较长的线段上边截取一条线段使之等于另一条线段。

命题 4 如果两个三角形有两边分别等于两边,而且这些相等的线段所夹的角相等,那么,它们的底边等于底边,三角形全等于三角形,而且其余的角等于其余的角,即那些等边所对的角。

证 如图 2-1 所示,在 BD 上任取一点 F,在 AE 上取点 G 使得 $AG=AF$,连接 FC 和 GB(公设①)。

因为 $AF=AG$,且 $AB=AC$,两边 AF 和 AC 分别等于 AG 和 AB 且它们所夹的角是公共角 $\angle FAG$,所以 $FC=GB$ 且 $\triangle AFC \cong \triangle AGB$,其余角也分别相等,所以 $\angle ACF = \angle ABG$ 且 $\angle AFC = \angle AGB$(命题 4)。

又因为 $AF=AG$ 且 $AB=AC$,所以余量 $BF=CG$,已证 $FC=GB$ 且 $\angle BFC = \angle CGB$,所以 $\triangle BFC \cong \triangle CGB$,故 $\angle FBC = \angle GCB$ 且 $\angle BCF = \angle CBG$。

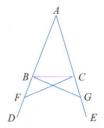

图 2-1 例 2-10 图示

上面已证 $\angle ABG = \angle ACF$ 且 $\angle CBG = \angle BCF$,因此余角 $\angle ABC = \angle ACB$,又 $\angle FBC = \angle GCB$,也就证明了 $\angle CBD = \angle BCE$。证毕。

上述证明过程看起来啰唆冗余,其实不然,仔细阅读证明过程,可以发现该证明非常严谨,证明思路简述如下:

(1) 为证明原命题,先引入辅助线 FC 和 GB,从而构建了两组三角形;

(2) 证明 $\triangle AFC$ 与 $\triangle AGB$ 全等,从而得出边、角的相等关系;

(3) 证明 $\triangle BFC$ 与 $\triangle CGB$ 全等,从而得出角的相等关系;

(4) 通过角的运算证出全部结论。

再仔细研究证明细节,还可发现:

(1) 某一条直线(线段),既可以看作某个三角形的边,也可以看作其他三角形的边;对于角,也是如此。需要用明确的总体思路去指引对这些几何元素的使用。

(2) 辅助线、构造的三角形只是证明的手段,最终获得边、角的数量关系后,它们在证明过程中归属于哪个三角形已经不重要了。

(3) 仔细观察图 2-1,可发现所绘制的三角形的两腰长度明显不等,但证明结果并不受此影响,这恰好说明证明是基于逻辑思维的,并不依赖感性认识和直觉,证明结果是确定无误的。

在欧洲中世纪,人们的数学水平普遍较低,许多学生初读《几何原本》的第 5 命题时,会觉得推理过程很难理解,因此这个命题被谑称为"驴桥",意为"笨蛋的难关"。这个命题的证明的确有些难度,即使今天的人们阅读起来,也需要进行一番思考。该证明创造性地引入辅助线和构建三角形,之后的证明过程中的每一步推理都有依据,而且只使用公设、公理及此前的 4 个命题作为依据,2300 多年前的著作就能有如此严密的逻辑推理,着实令人惊叹!

2. 抽象思想

古希腊人在数学研究方面的功绩之一是把数学变成抽象的科学,他们主张寻找事物的普遍性,从自然界和人的思想千变万化的过程中提炼出共同点和本质属性,这就是抽象的过程(关于抽象法,详见第 5 章),抽象这种数学思想方法是非常重要的。

《几何原本》研究的都是抽象的概念和命题,它所探讨的是这些概念和命题之间的逻辑关系,并从一些给定的概念和命题出发,演绎出另一些概念和命题。它不讨论这些概念和命题与现实生活之间的关系,也不考查产生这些数学模型的现实原型。例如,《几何原本》研究了矩形的性质,但从不讨论某个具体的矩形实物的性质,可见,《几何原本》研究的是抽象的矩形;再如,《几何原本》探讨了数(自然数)的若干性质,却从不涉及具体的数的计算及其应用。重视抽象理论、不重视(甚至排斥)数学理论的实际应用,是《几何原本》的显著特点。

3. 演绎推理、数学证明思想

《几何原本》是数学中最早形成的演绎体系。它以少数不加定义的原始概念和不加证明的公设、公理为基础,运用亚里士多德所创立的逻辑学,把当时所知的几何学主要命题(定理)全部演绎推导出来,形成一个井然有序的整体。需要注意:《几何原本》对原始概念,如点、线、面,虽然"定义"了,但后续推演却没有使用这些定义,且这些定义只是几何形象的直观描述,严格地说并不能算定义,因此一般仍将这三个概念看作不加定义的概念。

在《几何原本》中,除了推导时所需要的逻辑规则,每个定理的证明所采用的论据均是公设、公理或前面已经证明成立的定理,虽然《几何原本》在证明某些命题时使用了除公设、公理和逻辑之外的直观经验,但这只是个别现象,并不影响整个体系。

古希腊人根据几何材料的内在联系,基于概念、判断、推理等思维形式,逐步形成了"数学证明"的思想观念,这是重要的数学思想,是对数学认识的一个质的飞跃。美国数学史家克莱因(M. Kline,1908—1992)说:"希腊人坚持要演绎证明,这也确是了不起的一步,在世界上的几百种文明里,有的的确也搞出了一种粗陋的算术和几何,但只有希腊人才想到要完全用演绎推理来证明结论。"

例 2-11 证明第 9 卷命题 20:预先任意给定几个素数,则有比它们更多的素数。

证 如图 2-2 所示,设 A、B、C 是预先给定的素数,则可证有比 A、B、C 更多的素数。

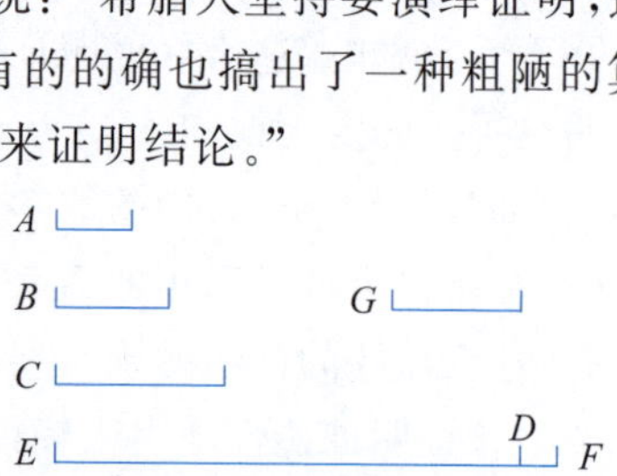

设 DE 是能被 A、B、C 量尽的最小数,设给

图 2-2 例 2-11 图示

DE 加上单位 DF,那么 EF 或者是素数,或者不是素数。

如果 EF 是素数,那么已经找到多于 A、B、C 的素数 A、B、C、EF。

如果 EF 不是素数,则 EF 能被某个素数量尽,设它被素数 G 量尽,可证 G 与素数 A、B、C 中的任何一个都不相同。因为如果 G 是 A、B、C 中的任何一个,由于 A、B、C 能量尽 DE,则 G 也能量尽 DE,但它也能量尽 EF,所以 G 能量尽其剩余的数,即能量尽单位 DF,但这是不可能的,因此 G 与素数 A、B、C 中的任何一个都不相同。由于假设 G 是素数,因此就找到了素数 A、B、C、G,它们的个数多于预先给定的 A、B、C 的个数。证毕。

这是数学中的一个非常重要的命题,它指出素数有无穷多个。在该证明中,虽然将数看成线段,但证明时并不依赖几何。欧几里得给出的证明已被数学家们普遍地认为是数学证明的典范。此证明用的是归谬法(反证法),可以用现代数学语言简述如下。

假设 $p_1, p_2, \cdots, p_n$ 是所有不同的素数,构造一个新的数 $p_1 p_2 \cdots p_n + 1$,如果这个新数是素数,由于这个素数大于原有 n 个素数中的任何一个,于是它就是 p_1,$p_2, \cdots, p_n$ 之外的新素数;如果这个新数是合数,它必然能被某一素数整除,但此素因数不可能是 $p_1, p_2, \cdots, p_n$ 中的任何一个,因为新的合数被这些素数除会有余数 1,这就必然会出现一个新素数。总之,只要有 n 个素数,就必定会有 $n+1$ 个素数,命题得证。

这个命题告诉人们:素数有无穷多个。

例 2-12 证明《几何原本》卷 1 的命题 47:在直角三角形中,直角所对边上的正方形等于两直角边上的正方形的和。

分析 此命题即勾股定理,下面给出欧几里得证法,由于原著的证明表述较烦琐,以下用更符合当今习惯的表述方式给出证明。

证 设 $\triangle ABC$ 为直角三角形且 $\angle ACB$ 为直角,以 $\triangle ABC$ 的三边为边分别向外作正方形 $ABED$、$BCGF$、$CAIH$,并过 C 点作 AB 的垂线 CJ,延长 CJ 交 DE 于点 K,连接 BI、CD,如图 2-3 所示。

因为 $IA = CA$,$AB = AD$,$\angle IAB = \angle CAD$

所以 $\triangle IAB \cong \triangle CAD$,从而 $S_{\triangle IAB} = S_{\triangle CAD}$

因为 $S_{\triangle IAB} = \frac{1}{2} AC^2$,$S_{\triangle CAD} = \frac{1}{2} S_{矩形ADKJ}$

所以 $S_{矩形ADKJ} = AC^2$

同理可证 $S_{矩形JKEB} = BC^2$

因为 $S_{正方形ADEB} = S_{矩形ADKJ} + S_{矩形JKEB}$

所以 $AB^2 = AC^2 + BC^2$,证毕。

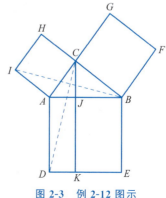

图 2-3 例 2-12 图示

2.6 中国的数学

2.6.1 中国古代数学概述

中国数学源远流长,成就卓著,以下按时间顺序简要概述中国古代数学的发展情况和主要成就。

1. 先秦时期中国的数学成就

先秦时期中国的数学成就如表 2-10 所示。

表 2-10 先秦时期中国的数学成就

成 就 名 称	主要数学成就
十进位值制记数法	能用一、二、三、四、五、六、七、八、九、十、百、千、万记十万以内的任何自然数。十进位值制记数法是古代世界中最先进、最科学的记数法,对世界科学和文化的发展有着不可估量的作用
算术四则运算	春秋时代(公元前 770—公元前 476),算术四则运算已经成熟,标志着乘除法运算法则成熟的"九九歌"已经普及
算筹	算筹是中国古代的计算工具,由长短、粗细相同的小棍子组成,比日常使用的筷子稍短稍细,一般长为 13~14cm,径粗 0.2~0.3cm,可用竹子、木头、兽骨等材料制成
诸子百家的数学思想	战国时期(公元前 475—公元前 221)的诸子百家的著作包含了理论数学的萌芽,其中墨家的《墨经》记载了许多几何概念、有穷和无穷的概念,如"或不容尺,有穷;莫不容尺,无穷也"。名家的《庄子》记载了无穷大、无穷小的概念和一些著名论断,如"一尺之棰,日取其半,万世不竭"
数学教育	周朝(公元前 1046—公元前 256)是中国历史上继商朝之后的第三个王朝。周朝记录教育制度的《周礼·地官》称贵族子弟的必修课是"六艺",分别是:礼、乐、射、御、书、数。其中数就是算学或数学之意

2. 汉唐时期,中国传统数学体系形成

汉唐时期中国的数学成就如表 2-11 所示。

表 2-11 汉唐时期中国的数学成就

成 就 名 称	主要数学成就
《算经十书》	《算经十书》是指汉唐时期一千多年间的十部著名数学著作,这些数学著作曾经是隋唐时期国子监(中国古代最高学府和教育管理机构)算学科的教科书,由唐朝天文学家、数学家李淳风(602—670)等共同审定。十部书的名称是:《周髀算经》《九章算术》《海岛算经》《张丘建算经》《夏侯阳算经》《五经算术》《缉古算经》《缀术》《五曹算经》《孙子算经》。《算经十书》是汉唐时期中国数学的最高成就

续表

成 就 名 称	主要数学成就
刘徽和祖氏父子的贡献	刘徽(约225—约295),中国魏晋时期数学家,于263年(三国两晋南北朝时期魏元帝景元四年)完成《九章算术注》,书中记载了刘徽在数学上的许多重要贡献,如提出"割圆术"、得到圆周率的精确近似值3927/1250(等于3.1416)、提出利用基本几何体求其他几何体体积的"棋验法"、球体积计算,在他的另一部著作《海岛算经》中提出多种勾股测量方法,并进一步发展了中国古代重差理论。 祖冲之(429—500),南北朝时期天文学家、数学家、机械制造专家和文学家,编制《大明历》,制造了指南车等,他的儿子祖暅(456—536)也精通历法、数学。他们都对《九章算术》及刘徽注本有深入研究,他们的著作《缀术》被收入《算经十书》作为数学教科书。祖冲之最突出的成就是将圆周率精确推算至小数点后第7位(3.1415926),由于中国古代习惯使用分数,祖冲之又给出圆周率的两个分数值:密率为355/113,约率为22/7。其中密率在欧洲由德国数学家奥托(1550—1605)于1573年得到,比祖冲之晚1100年之久。祖氏父子还解决了刘徽遗留下的"牟合方盖"体积计算问题。祖暅提出判断几何体体积相等的"祖暅原理",比17世纪意大利数学家卡瓦列里提出的"卡瓦列里原理"早了1100多年

3. 宋元时期,中国传统数学的兴盛时期

宋元时期是960—1368年,统治者改革旧的科举制度,鼓励发展科学技术,极大地推动了科技和文化的发展,传统数学处于兴盛时期,出现了许多杰出数学家,其中,秦九韶、李冶、杨辉、朱世杰并称"宋元数学四大家"。在数学研究内容上也出现了变化,这一时期以代数为研究中心。宋元时期中国的数学成就如表2-12所示。

表2-12 宋元时期中国的数学成就

成 就 名 称	主要数学成就
高次方程的数值解法	约1050年,北宋数学家贾宪在其著作《黄帝九章算经细草》中提出"增乘开方法",用于求解形如$x^n=A$的高次方程。原书佚失,但其主要内容被杨辉(约13世纪中叶)著作所抄录,因此传世。杨辉《详解九章算法》(1261)载有"开方作法本源"图,注明"贾宪用此术"。这就是著名的"贾宪三角",或称"杨辉三角"。《详解九章算法》同时录有贾宪进行高次幂开方的"增乘开方法"。1247年,南宋数学家秦九韶(1202—1261)完成了他的传世名著《数书九章》,在此书中他推广了"增乘开方法",创立了"正负开方术",得到一般形式的一元高次多项式方程的数值解法,是达到当时世界最高水平的重要贡献

续表

成就名称	主要数学成就
中国剩余定理	中国剩余定理研究一次同余方程组的解法,成书于 4～5 世纪的《孙子算经》记载了著名的"孙子问题",给出的解法虽然是针对具体问题的,但具有一般性,因此后人把这个命题及其解法称为"孙子定理"。秦九韶的《数书九章》中的"大衍求一术"使解决一次同余方程组的方法形成了系统的数学理论,达到了当时世界数学的最高水平。而在西方,直到 18 世纪,经欧拉、拉格朗日、高斯三代数学巨匠前后 60 余年的努力,才比较系统地建立起一次同余式的理论
"天元术"和"四元术"	"天元术"是利用未知数列方程的一般方法,与现代代数学中列方程的方法基本一致。1248 年,金朝数学家李冶(1192—1279)的著作《测圆海镜》《益古演段》,以及元代数学家朱世杰的《算学启蒙下卷》《四元玉鉴》,都系统地介绍了用"天元术"建立二次方程。 "四元术"是一种四元高次方程组解法。1303 年,元代数学家朱世杰(1249—1314)著《四元玉鉴》,以天、地、人、物四元表示四元高次方程组,其求解方法早于法国数学家贝佐特(Bezout)于 1775 年才系统提出的消元法近 500 年,是我国数学史上的光辉成就之一

4. 明清时期,中国传统数学的低谷期

从明朝开始,中国封建社会的统治阶级为了维护自身统治,在选拔人才时重文轻理,排斥数学、天文学等学问,中国数学由宋元时期的兴盛突然走向衰落。尽管明清时期中国传统数学步入低谷期,但也有一些数学成就。明清时期中国的数学成就如表 2-13 所示。

表 2-13　明清时期中国的数学成就

成就名称	主要数学成就
珠算	明朝中期,珠算在全国普及,彻底完成了由筹算向珠算的转变,珠算盘因携带方便、计算迅速准确,也成为当时世界上最好的计算工具
西方数学的翻译、整理和消化吸收	明末清初,西方数学通过传教、贸易通商等途径传入中国。1606 年,意大利传教士利玛窦口授、徐光启笔录,翻译欧几里得的《几何原本》前 6 卷。1613 年,利玛窦与李之藻以同样方式翻译《同文算指》,对算术影响很大,笔算的应用由此普及。清朝以后,西方科学知识译著大量出现,如英国传教士伟烈亚力与李善兰合作翻译《几何原本》后 9 卷、法国传教士协助编写《数理精蕴》,包括了几何与三角、代数、算术等,堪称介绍西方初等数学的百科全书。由于传教士自身科学文化水平有限,代表当时西方数学最高水平的解析几何理论、微积分理论均未能及时传入中国

续表

成就名称	主要数学成就
中国传统数学的复苏	清初数学家、天文学家梅文鼎(1633—1721)整理西方数学并融汇中西数学精髓,编著《梅氏历算全书》,涉及初等数学各个分支,为中国数学的发展起到承前启后的作用。王锡阐(1628—1682)编著《圆解》,为中国最早的三角学著作之一。梅、王之后,数学研究在中国掀起高潮,数学家和数学著作层出不穷,中国传统数学重获生机

1840年以后,西方科学文化进入中国,数学教科书随之西方化,中国数学开始走上了世界化道路,中国传统数学则几乎无人问津。

2.6.2 《九章算术》简介

1. 《九章算术》概述

《九章算术》是中国古代经典数学著作,被奉为"算经之首",其内容十分丰富,系统总结了中国在春秋战国、秦、汉时期数百年间的主要数学成就,是中国古代乃至东方的第一部自成体系的数学巨著,也是东方数学思想方法之源。《九章算术》自隋唐时期(581—907)流传海外至今已有多种语言译本,与古希腊的《几何原本》并称为世界两大数学体系的代表作。

《九章算术》的"算"是指算筹,"术"是指解题的方法,因而"算术"的含义是用算筹演算解题的原理和方法,又因其内容分为九章,故由此得名。刘徽为《九章算术》作注时说:"周公制礼而有九数,九数之流则九章是矣",又说"汉北平侯张苍、大司农中丞耿寿昌皆以善算命世。苍等因旧文之遗残,各称删补,故校其目则与古或异,而所论多近语也"。数学史学家据此认为:《九章算术》是由先秦的"九数"发展而来,经历代数学家补充、修订而逐步形成。西汉(公元前202—公元8年)的张苍(公元前256—公元前152年)、耿寿昌(生卒年不详)曾先后对其进行整理、校订,最后的编定者是耿寿昌,完成时间是公元前1世纪中叶,这一时期的版本大体已成定本,故一般认为《九章算术》的编著者是西汉的张苍、耿寿昌。《九章算术》最后成书于东汉初年(公元1世纪初),是几代学者智慧的结晶。在《九章算术》问世之前,虽然先秦典籍中也记录很多数学知识,但都没有《九章算术》系统,尤其不具有《九章算术》由浅入深、由简单到复杂的编排体例。现今流传的版本大多是数学家刘徽于公元263年为《九章算术》所作的注释版本。

《九章算术》全书分为9章,共收集246个数学问题并提供其解法,编排体例由问、答、术三个部分组成。"术"也即现代数学的"算法",这些算法要比欧洲同类算法早1500多年,《九章算术》的问世也标志着以计算与算法为核心的中国传统数学体系的形成。相对重演绎推理而轻实际应用的古希腊《几何原本》,中国《九章算术》的算法体系显示出了更大的实用价值,且其思想方法更具普适性和推广性。

《九章算术》是一部综合性的数学巨著,是当时世界上最简练有效的应用数学。同时,《九章算术》在数学上还有独到成就,不仅最早提到分数问题,也首先记录了"盈不足"等问题,《方程》一章还在世界数学史上首次阐述了负数及其加减运算法则。

中国自隋唐时期开始建立国立学校(国子监),其中设有算学科,《九章算术》被列为教科书,并尊其为数学群经之首。在民间,《九章算术》也广为流传。因此,《九章算术》对中国古代数学的影响巨大,长期被用作学习和研究数学的重要书籍。同时,《九章算术》在隋唐时期被传到朝鲜、日本等东方各国,是古代东亚各国通用的权威数学教科书,之后更远传至印度、阿拉伯和欧洲,现已译成日、俄、英、法、德等多种文字版本,对世界数学的发展影响深远,是一部世界级数学名著。

2.《九章算术》的数学成就

《九章算术》注重数学的实际应用,长于计算,取得多项领先于当时世界的数学成就。

(1) 世界上最早系统地叙述分数运算,给出了分数的约分、通分和四则运算法则。

(2) 提出求最大公约数的"更相减损术",与西方的"欧几里得算法"完全相同。

(3) 叙述了比例算法,当该算法传到欧洲时,引起了欧洲人的极大兴趣,并称之为"黄金算法",我国古代称这种算法为"今有术",它早于印度的"三率法"。

(4) 提出开平方、开立方算法。直到 15 世纪,阿拉伯数学家阿尔·卡西才提出开方的方法,欧洲则更迟。

(5) 采用假设的方法,将一般方程式转化为"盈不足问题",用"盈不足术"(即过剩与不足问题的算法)求解。这种算法约在 9 世纪传入阿拉伯,13 世纪由阿拉伯人传至欧洲。阿拉伯人和欧洲人称"盈不足术"为"契丹算法",即"中国算法"。

(6) 世界上最早提出"负数"概念,负数概念的提出是人类关于数的认识的一次重大飞跃。在印度,直到 7 世纪才出现负数的概念和记载,表示负数的梵文与汉字的"负"字相同,表明中国负数概念对印度数学有影响,而欧洲比印度还晚 1000 年,直到 17 世纪才有人提出负数的概念。

(7) 世界上最早提出"线性方程组"概念的著作,并系统总结了求解线性方程组的消元法,在西方被称为高斯消元法,直到 19 世纪才由德国数学家高斯给出。

(8) 复杂几何体体积的求法。

3.《九章算术》的内容

《九章算术》的内容涉及算术、代数、几何等多个领域,并与实际生产、生活紧密相连,充分体现了中国人的数学观。全书章与章之间、同章术与术之间、同术所驭算题之间都是按照由浅入深、由简到繁的顺序编排。

《九章算术》的每章都包括若干道问题，数目不等，大致从简到繁排列。全书共有 246 道题，每道问题后给出答案，一些问题后还给出"术"，各章内容如表 2-14 所示。

表 2-14 《九章算术》的内容

序号	章名	题(个)	术(条)	主要内容
1	方田	38	21	介绍各种形状土地面积的计算与分数的运算。"方"有单位面积的意思，"方田"则是计算一块田含多少个单位面积的方法。分数的运算包括分数的四则运算、约分、大小比较和求几个分数的算术平均数等
2	粟米	46	33	讨论各种粮食之间互相兑换的问题。"粟(音 sù)"是谷类。这类问题都通过比例来解决
3	衰分	20	22	内容较杂，其算法大多属于比例分配问题。"衰(音 cuī)"是按比例，"分"是分配
4	少广	24	16	开平方、开立方问题。"少"是多少，"广"是宽广。"少广"是由已知面积(体积)求其一边的宽广是多少的问题。本章给出了"开方术""开圆术""开立方术""开立圆术"四种重要算法
5	商功	28	24	各种土木工程中所提出的各类几何体体积的求解。"商"是商量或度量，"功"是工程
6	均输	28	28	主要讲处理行程和合理解决征税的数学问题
7	盈不足	20	17	主要讲用"盈不足术"解决应用问题，涉及的内容多与商业有关
8	方程	18	19	主要研究线性方程组的解法。"方"就是把一个算题用算筹列成方阵的形式，"程"是度量、程式之意。此外，本章还提出了正负数的不同表示法和加减运算法则
9	勾股	24	19	主要研究勾股定理及其应用。本章继承和发展了商高提出的"勾三股四弦五"规律，并给出了直角三角形相似法和出入相补原理

注：商高是西周(公元前 1046—公元前 771 年，中国奴隶社会的鼎盛时期)初数学家。商高在前 1000 年发现勾股定理并完成证明，此发现早于毕达哥拉斯定理 500 至 600 年，勾股定理是中国数学家的独立发现。据《周髀算经》记载，商高的数学成就主要有三方面：勾股定理、测量术和分数运算。

从《九章算术》的内容看，它是按应用问题及求解方法汇编的体例编撰而成的书，因此它是一个与社会实践紧密联系的开放体系。从篇章的名称来看，"方田""粟米""衰分""少广""商功""均输"各章都是当时社会生产和生活方面需要解决的数学问题，书中所涉及的具体问题，如田地测量、工程建设、交通运输、税收商业等，几乎包括了当时社会生产和生活的各个领域，通过这些篇章给出的算法，解决了当时社会生产和生活中的各种计算问题。"盈不足""方程""勾股"三章则分别研究了常用的数学模型及其用法,以解决实际问题。因此,《九章算术》的全部理论是以寻求各种应用问题的普遍解法为中心的,是一个具有浓厚"应用数学"色彩的开放性理论体系,这与《几何原本》追求逻辑推理的完美、重视数学的思维训练功能但不重视数学的实际应用形成了鲜明的对比。

2.6.3 《九章算术》的数学思想方法

《九章算术》的思想方法不仅对古代数学的发展产生了重大影响,而且是现代数学思想方法的一大源泉,随着计算机技术的发展和广泛应用,以算法和计算技术为核心的中国传统数学得到了充分肯定,人们发现:《九章算术》的思想方法与现代科学的主流思想竟然完全吻合!

1. 归纳思想

《九章算术》的表述体系是按照由个别到一般的推导方式建立起来的。该书的前六章按照应用领域对问题进行了由个别到一般的归纳。通常先举出社会生产和生活领域中的个别问题,从中归纳出某一类问题的一般解法,即"术",再把各种术汇总起来,得到解决该领域各种问题的方法,从而构成一章。该书的归纳特点还有另一层含义,即按照解决问题的数学方法进行归纳。许多不同领域的实际问题可能需要用相同的计算方法,从这些方法中提炼出数学模型,最后以数学模型立章撰写,该书的最后三章"盈不足""方程""勾股"就是如此。纵观全书,《九章算术》或者按"应用领域"归纳,或者按"数学方法"归纳,是一个开放的归纳体系。

2. 算法思想

《九章算术》采取问题集的形式编排全书,每章列举若干实际问题,对每个问题都给出答案,然后给出"术",作为这一类问题的共同解法。有的一题一术,有的多题一术,也有的一题多术。对于同类问题,只要按"术"给出的程序去做,就一定能求出问题的答案。用现代数学的语言表达,"术"就是算法。

算法是求解问题的具有完整而准确步骤的方法。

历代数学家受追求实用、讲究算法的传统数学思想的影响,使他们对《九章算术》的注、校主要集中在对"术"进行研究,即不断改进算法,因此可以说,内容的算法化是《九章算术》思想方法上的特点之一。

以《九章算术》第一章中的"约分术"为例进行说明。

按现代数学理解,约分术就是通分的运算法则。该术假设读者已具备正整数四则运算能力,其术文如下:"可半者半之,不可半者,副置分母、子之数,以少减多,更相减损,求其等也,以等数约之。"翻译成现代汉语就是:分母、分子若都是偶数则先同被 2 除;若不都是偶数,则用"更相减损"术求其"等数",即最大公约数,再用最大公约数同除分母、分子。所谓"更相减损"就是逐步减损、逐步相减,具体运算过程详见下例。

例 2-13 《九章算术》第一章第 6 题：又有九十一分之四十九，问约之得几何？

答曰：十三分之七。

分析 此问题的关键是求 91 与 49 的最大公约数（等数）。

解 逐步减损如下：

$(91,49) \to (42,49) \to (42,7) \to (35,7) \to (28,7) \to (21,7) \to (14,7) \to (7,7)$

因此最大公约数（等数）是 7，于是

$$\frac{49}{91} = \frac{49 \div 7}{91 \div 7} = \frac{7}{13}$$

请读者思考："更相减损"的原理是什么？

再以《九章算术》第一章中的"合分术"为例进行说明。

按现代数理理解，合分术就是分数相加的运算法则。该术指出：以诸分母与诸分子交互相乘，所得诸乘积相加之和作为被除数，而以诸分母相乘之积作为除数。以除数除被除数，若除之不尽，则以余数为分子，除数为分母，得一分数。若诸分数之分母相同，则可用分子直接相加。

例 2-14 《九章算术》第一章第 7 题：今有三分之一，五分之二。问合之得几何？

答曰：十五分之十一。

分析 按当今计算方法为 $\frac{1}{3} + \frac{2}{5} = \frac{1 \times 5}{3 \times 5} + \frac{2 \times 3}{5 \times 3} = \frac{5+6}{15} = \frac{11}{15}$，按合分术直接计算即可。

解 $\frac{1}{3} + \frac{2}{5} = \frac{1 \times 5 + 2 \times 3}{3 \times 5} = \frac{11}{15}$。

再介绍一下第七章的"盈不足术"。"盈"是"盈余""过剩""多"的意思，"不足"是"不够""少""亏"的意思，"盈不足术"是解决盈亏类问题的算法，其数学思想方法是：采用假设的方法构造等式，以对原计算问题进行求解。

例 2-15 《九章算术》第七章第 1 题：今有共买物，人出八，盈三；人出七，不足四。问人数、物价各几何？

答曰：七人，物价五十三。

分析 此问题如今可用方程组求解，设人数为 x，物价为 y，则根据题意有

$$\begin{cases} 8x - y = 3 \\ y - 7x = 4 \end{cases}$$

易得 $x=7, y=53$，与《九章算术》所给答案相同。但如果不用二元一次方程组，用"盈不足术"怎么解决这个问题呢？盈不足术的思路是基于已知条件，通过假设构造等式进行求解。

解 将问题中的具体数值去除,抽象为如下问题:有一些人合伙买一件物品,每人出 x_1 元,还盈余 y_1 元;每人出 x_2 元,还差 y_2 元。问人数、物价各为多少?

构造矩阵如下:

$$\begin{bmatrix} x_1 & x_2 \\ 1 & 1 \\ y_1(盈) & y_2(不足) \end{bmatrix}$$

此矩阵的第 1 行是每人出钱数,第 2 行是买物数,第 3 行是盈余或不足的钱数。按矩阵的列去解读,其含义为:每人出 x_1 元,买 1 件,还盈余 y_1 元;每人出 x_2 元,买 1 件,还差 y_2 元。

将矩阵的第 1 列元素都乘以 y_2,第 2 列元素都乘以 y_1,得到如下矩阵:

$$\begin{bmatrix} x_1 y_2 & x_2 y_1 \\ y_2 & y_1 \\ y_1 y_2(盈) & y_1 y_2(不足) \end{bmatrix}$$

由于矩阵第 1 列对应的交易盈余 $y_1 y_2$ 元,第 2 列对应的交易还差 $y_1 y_2$ 元,假设进行两次交易,分别对应矩阵的第 1、2 列,两次交易共购买 $y_1 + y_2$ 件物品,且盈余、不足抵消,实现了"不盈不亏"的交易。由于每人出钱 $x_1 y_2 + x_2 y_1$ 购买 $y_1 + y_2$ 件物品时实现了不盈不亏,则买 1 件物品时每人应出钱数为

$$\frac{x_1 y_2 + x_2 y_1}{y_1 + y_2} \quad\quad (*)$$

此外,根据题意可知人数应为两次交易总金额之差除以每人出钱之差,即

$$\frac{y_1 + y_2}{x_1 - x_2} \quad\quad (**)$$

于是,物价也可随之求出,即用人数乘以每人应出钱数,即

$$\frac{y_1 + y_2}{x_1 - x_2} \cdot \frac{x_1 y_2 + x_2 y_1}{y_1 + y_2} = \frac{x_1 y_2 + x_2 y_1}{x_1 - x_2} \quad\quad (***)$$

以上公式给出了"盈不足术"的求解步骤,利用此术求解原问题,可得:

$$\begin{bmatrix} 8 & 7 \\ 3 & 4 \end{bmatrix} \rightarrow \begin{bmatrix} 8 \times 4 & 7 \times 3 \\ 3 & 4 \end{bmatrix} \rightarrow \begin{bmatrix} 8 \times 4 + 7 \times 3 \\ 3 + 4 \end{bmatrix} \rightarrow \frac{53}{7}$$

$$\frac{3 + 4}{8 - 7} = 7$$

$$\frac{8 \times 4 + 7 \times 3}{8 - 7} = 53$$

以上结果分别为每人应出钱数、人数、物价。

3. 数学模型思想方法

《九章算术》普遍使用了数学模型思想方法。

数学模型是定量分析客观事物时,抓住主要矛盾、忽略次要因素,采用数学语言建立的各变量间关系的数学表达。数学模型的主要形式是所建立的描述已知量和未知量之间关系的数学关系式。

《九章算术》各章都是先从社会实践中选择具有典型意义的现实原型,并把它们表述成数学问题,然后通过"术"使其转化成数学模型。当然,有的章的论述是从数学模型到现实原型的过程,即先给出数学模型,然后给出可以应用该数学模型的现实原型。例如,"盈不足""方程""勾股"三章的标题就是数学模型的名称。

4. 负数思想

中国是世界上最早认识和使用负数的国家,最迟于公元前1世纪就应用了负数,而印度是7世纪、西方国家直到17世纪才接受了负数的概念。

负数是正数的相反数。用正数和负数可以方便地表示意义相反的数量。人们在实际生活、生产实践中经常会遇到各种意义相反的量。例如,在记账时有余有亏;在计算粮仓储存量时,有时要记进粮食,有时要记出粮食。为了方便,人们就考虑了用相反意义的数来表示,于是引入了正负数的概念。例如,把余钱、进粮食记为正数,把亏钱、出粮食记为负数。

据史料记载,我国在战国时期(公元前475—公元前221)就认识了负数。如李悝(约公元前455—395)在《法经》中写道:"衣五人终岁用千五百不足四百五十"。而在甘肃居延出土的汉简中,有"相除以负百二十四算"、"负二千二百四十五算"、"负四算,得七算,相除得三算"等类似叙述,这里把"负"与"得"相比,意为缺少、亏空,就是今天负数的雏形。

负数的加减法运算法则是《九章算术》给出的。原文如下:"正负数曰:同名相除,异名相益,正无入负之,负无入正之;其异名相除,同名相益,正无入正之,负无入负之。"这里的"名"就是"号","除"就是"减","相益""相除"就是两数的绝对值"相加""相减","无"就是"零"。翻译为现代汉语就是:"正负数的加减法则是:同符号两数相减,等于其绝对值相减,异号两数相减,等于其绝对值相加。零减正数得负数,零减负数得正数。异号两数相加,等于其绝对值相减,同号两数相加,等于其绝对值相加。零加正数等于正数,零加负数等于负数。"

刘徽在注释《九章算术》时,给出负数解释,"两算得失相反,要令正负以名之。"意为在计算过程中遇到具有相反意义的量,应用正负数加以区分。他还第一次给出区分正负数的方法:"正算赤,负算黑;否则以邪正为异。"即在算筹运算中,用红筹表示正数,用黑筹表示负数;亦可用斜放算筹表示负数,用正放算筹表示正数。这段关于正负数的运算法则的叙述是完全正确的,与现在的法则完全一致,负数的引入是我国数学家杰出的贡献之一!其中,用不同颜色的数表示正负数的习惯一直保留到现在,现在一般用红色表示负数,例如新闻上登载某国经济出现赤字,就表明该国财政支出大于财政收入,财政亏了钱。

相对中国古代数学家很早就形成负数概念并确立相关运算法则,其他古代文明迟迟未能提出负数的概念。对古代巴比伦的代数研究发现,巴比伦人在解方程中没有提出负数根的概念,即不用或未能发现负数根的概念。3 世纪的古希腊学者丢番图的著作中也只给出了方程的正根。15 世纪以后,法国数学家丘凯(N. Chuquet)、德国数学家施蒂费尔(M. Stifel)都称负数为"荒谬之数"。意大利数学家卡尔达诺(G. Cardano)在其《大术》中承认了负根,但却认为负数是"假数"。直到 1572 年,意大利数学家邦贝利(R. Bombelli)在其《代数学》中才给出了负数的明确定义。然而在 17 世纪以前,西方有不少数学家不承认负数,如法国数学家韦达(F. Viete)在解方程时极力回避负数,并把负根统统舍去。由于把零看作"无",因而难以理解比"无"还要"少"。如法国数学家帕斯卡(B. Pascal)认为从 0 减去 4 是纯粹胡说。而帕斯卡的朋友阿润德则提出一个有趣的说法来反对负数:若(−1):1=1:(−1),则较小数与较大数之比等于较大数与较小数之比,这岂不荒谬?直到 1629 年,荷兰数学家吉拉德(A. Girard)才使用负数解决几何问题,并在其《代数新发现》中用"−"表示负数和减法运算。吉拉德的符号得到公认,一直沿用至今。

负数概念在西方被认可经历了很长时间,与中国数学家不同的是,西方数学家更关注负数存在的合理性,随着 19 世纪实数理论的建立,负数在逻辑上的合理性才真正确立起来。负数概念的率先提出和相关运算法则的确立是中国古代数学家奉献给数学科学的一份瑰宝。

中国古代物质文明和精神文明丰富多彩、灿烂辉煌,在科学技术领域也遥遥领先。英国科学史学家李约瑟(J. Needham)说:"中国古代的发明和发现往往是超过同时代的欧洲,特别是 15 世纪以前更是如此,这可以毫不费力地加以证明","在 3—13 世纪,中国保持一个让西方人望尘莫及的科学知识水平"。中国古代的科学技术长期处于世界领先地位,在天文学、数学、农学、医药学等领域取得了众多卓越成就。《九章算术》就是中国人在数学领域的杰出科技成果,是一部与《几何原本》交相辉映的东方数学经典,它是中国传统数学体系的构造蓝本,更是中国人聪明才智的完美体现!中国古代数学家的智慧穿越两千年,至今仍闪耀着光彩,他们早已屹立在数学世界的最高舞台!

2.7 印度和阿拉伯的数学

古希腊文明终止于公元前 146 年,随着古希腊文明衰落、欧洲进入了接近千年的文明衰落的中世纪(5 世纪后期到 15 世纪中期),欧洲数学归于沉寂,幸运的是,在世界的东方,古希腊残留的火种得到了保存,印度和阿拉伯的数学家们担负起数学财富继承与传播的历史使命。

2.7.1 印度的数学

3世纪至12世纪是印度数学的繁荣期。印度的数学取得了很大成就，但其局限性表现在未能脱离天文学和宗教而独立存在，因此未能形成完整的理论体系，此外，其数学著作中的语言含糊而神秘，缺乏清晰的概念和严格的证明。

1. 算术

古印度人较早地引入了负数。婆罗摩笈多（Brahmagupta）在628年左右系统地给出了负数四则运算的正确法则，婆什伽罗（Bhaskara）也在其著作《根的计算》中进一步讨论了负数。

古印度人较早地引入了分数。在天文学中的分数沿用了古巴比伦的六十进制记号，其他应用领域都用整数之比表示分数，并且会对分数进行四则运算。

开平方、开立方的方法最早见于阿耶波多（Aryabhata）的著作，当开方不尽时，用近似值表示。在阿耶波多的著作中还给出了一些级数求和的公式，例如：

$$1^2 + 2^2 + 3^2 + \cdots + n^2 = \frac{1}{6}n(n+1)(2n+1)$$

$$1^3 + 2^3 + 3^3 + \cdots + n^3 = (1+2+3+\cdots+n)^2 = \frac{1}{4}n^2(n+1)^2$$

婆什伽罗研究了无理数的运算，并给出具体运算法则和公式，例如：

$$\sqrt{a} + \sqrt{b} = \sqrt{\left(\sqrt{\frac{a}{b}} + 1\right)^2 b}, \quad \text{其中} a > b > 0$$

2. 代数

古印度数学家使用缩写文字和记号来表述代数方程，但不同数学家使用的记号不相同。

由于引入了负数，所以允许方程的某些系数为负，因此他们将一元二次方程归结为如下标准形式：

$$ax^2 + bx = c$$

婆罗摩笈多求得这个方程的一个根

$$x = \frac{\sqrt{4ac + b^2} - b}{2a}$$

这与现代的求根公式完全相同（只是舍弃了另一个根）。

古印度数学家还研究了双二次方程、一些特殊的三次方程和不定方程，在11世纪研究了二项式展开，并发现了组合数公式。

3. 几何与三角

古印度人在几何方面的研究较少,主要是一些常见图形和几何体的面积、体积的计算,水平远不如古希腊人。但是,古印度人继承并发展了古希腊人的三角学研究,婆罗摩笈多首次利用内插法编制了一个正弦表,所用的内插公式在计算效能上与牛顿-斯特林公式是等价的。

2.7.2 阿拉伯的数学

阿拉伯人对数学的研究始于 8 世纪中叶,以翻译和学习古希腊的数学经典为主,随后在消化吸收这些著作的基础上进行独立的数学研究。阿拉伯人在数学方面取得了显著成就,虽然其创造性和深刻性比不上古希腊数学,但相对于当时的欧洲和地中海区域而言,他们的数学水平是更高的。更重要的是,他们保存和传播了数学财富,对欧洲乃至整个世界的数学发展作出了巨大贡献。

1. 算术与代数

9 世纪阿拉伯数学家阿尔·花拉子米(Al-Khwarizmi)在算术和代数方面成就卓著。

花拉子米的算术方面的原著已失传,现仅存拉丁文译本,其内容主要是介绍印度数码、十进位值制记数法、算术运算规则等。

在代数方面,花拉子米的《代数学》(原名《还原和对消的科学》)将代数学确立为一个独立的数学分支,内容包括现代数学意义下的初等代数、各种实用算术问题、各种应用问题。其中,初等代数部分最有价值,讨论了 6 种类型的一次或二次代数方程的解法。

花拉子米对二次方程只取正根,放弃负根和零根。由于方程的系数、方程的根都限于正数范围内,所以无法将 6 种类型的代数方程统一起来。但是,在花拉子米的著作中,一个代数式中的项既可以指数也可以指几何量,这是优于古希腊代数的地方。更重要的是,花拉子米采用演算与论证并举的方式解释解方程的过程,例如,对形如 $x^2+px=q$ 的一类方程,他通过正方形和矩形的面积公式得出解答,如下例所示。

例 2-16 解方程 $x^2+px=q$。

解 1 在边长为 x 的正方形的 4 条边上向外作边长为 x 和 $\dfrac{p}{4}$ 的矩形,再在图形的四角作边长为 $\dfrac{p}{4}$ 的四个小正方形,全图成为边长为 $x+\dfrac{p}{2}$ 的大正方形(见图 2-4)。

由此可推得

$$\left(x+\frac{p}{2}\right)^2 = x^2 + 4\left(\frac{p}{4}\right)x + 4\left(\frac{p}{4}\right)^2 = x^2 + px + \frac{p^2}{4}$$

由于 $x^2+px=q$,所以

$$\left(x+\frac{p}{2}\right)^2 = q+\frac{p^2}{4}$$

故

$$x = \sqrt{q+\frac{p^2}{4}} - \frac{p}{2}$$

解 2 构造图 2-5 所示的图形。

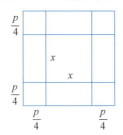

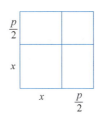

图 2-4 例 2-16 图示(1)　　图 2-5 例 2-16 图示(2)

由

$$\left(x+\frac{p}{2}\right)^2 = x^2 + 2\left(\frac{p}{2}\right)x + \left(\frac{p}{2}\right)^2 = x^2 + px + \frac{p^2}{4} = q + \frac{p^2}{4}$$

结果与解 1 相同。

代数(algebra)一词就是来自《代数学》的原书名"还原和对消的科学"中"还原"和"对消"两词的组合,在传抄过程中逐渐演化成 algebra 一词。"还原"是指在方程的一边去掉一项就必须在另一边加上这一项,这样才能把方程的平衡还原,它就是现代代数术语"移项";而"对消"是指在方程两边消去相同的项或合并同类项,它就是现代代数术语"化简"或"合并同类项"。可见花拉子米在代数学发展史上的地位和重大影响。

约 1079 年,奥马·海雅姆(Omar Khayyami)著《代数学》,书中系统研究了一元三次方程,首次明确提出用两条圆锥曲线的交点来求解一般的一元三次方程,这是对古希腊圆锥曲线论的发展,也是阿拉伯数学的重大成就之一。阿布·瓦法(Abul-Wafa)在他的著作《算术的应用》一书中,解一元二次方程时应用了负数。

2. 几何与三角

阿拉伯数学家在翻译和注释《几何原本》等古希腊著作的基础上开展了几何研究,许多阿拉伯数学家对平行公设问题进行了探讨,因而成为探索平行公设问题的先驱。

1427 年,阿尔·卡西(Al-Kashi)同时使用六十进制与十进制小数计算圆周率,精确到小数点后第 16 位($\pi=3.1415926535897932$),他也是在中国境外最早使用十进制小数的学者。

在三角学方面,巴塔尼(al-Battani)用代数方法得出三角函数关系式,还研究了三角形的解法,其基本方法是通过作高线将一般问题转化为直角三角形问题来解决。

阿布·瓦法在三角学方面的成就集中在他所著《天文全书》之中,书中有关于正弦的半角和倍角公式,并且给出了正弦加法定理的一种新的证明;与巴塔尼同时引入正切和余切的定义并由他自己引入了正割和余割的概念;给出了间隔为 15°的正切函数表,还用新的方法给出了间隔为 15°的正弦函数表;计算 0.5 的正弦值精确到 12 位小数;关于球面三角法,他给出了任意三角形的正弦定理的新证法。

三角学的系统化最终由纳西尔丁(Nasir ad-Din)完成,他的著作《横截线原理》和《论四边形》最早将三角学作为独立的学科进行论述,将平面三角学和球面三角学加以系统化,使三角学终于脱离了天文学。他的著作在 15 世纪传入欧洲,对欧洲三角学的发展产生了重要影响。

问题研究

1. 查阅原著,进一步了解《几何原本》的内容和思想方法。

2. 勾股定理是数学定理中证明方法最多的定理之一,查阅资料了解除本章例题之外的其他证法。

3. 试证明 $\sqrt{2}$ 是无理数。

4. 查阅原著,进一步了解《九章算术》的内容和思想方法。

5. 试用《九章算术》的"约分术"求 24 和 15 的最大公约数。

6. 试用《九章算术》的"合分术"求 $\frac{2}{3}+\frac{4}{7}+\frac{5}{9}$。

7. 试用《九章算术》的"盈不足术"求解该著作的如下问题:今有共买鸡,人出九,盈十一;人出六,不足十六。问人数、鸡价各几何?

8. 对圆周率的研究是数学史上的一道亮丽的风景线,查阅资料,比较中国的刘徽、古希腊的阿基米德、阿拉伯的阿尔·卡西在研究圆周率的思想方法上的异同。

第3章 近代数学成就及其思想方法

从17世纪初到19世纪末近三百年的时间属于数学史的近代期,这一时期数学发展迅速,实现了由常量数学到变量数学的转变。本章列举近代数学的若干重大成就,并分析其数学思想方法。

3.1 解析几何

3.1.1 解析几何的创立

14至16世纪的欧洲文艺复兴运动促进了思想解放、科技发展和生产力发展。16至17世纪,随着生产和科技的发展,航海、力学、天文学等领域提出大量需要解决的数学问题,其中一大类问题与各类曲线、曲面有关。例如,德国天文学家开普勒(J. Kepler)用椭圆曲线描述行星绕日运动的轨道,意大利天文学家、物理学家伽利略(G. Galilei)用望远镜进行天文观测而涉及透镜曲面的研究。他们都采用数学方法研究这些实际问题,显示了数学中曲线和曲面理论的应用价值与进一步研究的必要性,同时也打破了古希腊数学重理论、轻应用的传统。另外,在数学领域内部,法国数学家韦达(F. Viete)等系统地引入符号,建立了符号代数,为新的数学分支——解析几何的诞生做了必要准备。

17世纪初,法国数学家笛卡儿(R. Descartes)和费马(P. Fermat)等首先认识到用"变动的观点"来研究曲线的必要性。1637年,笛卡儿在总结此前一些新思想的基础上进行了创造性工作,出版了《几何学》一书,宣告了解析几何的诞生,也标志着近代数学的开端。费马也是解析几何的创始人之一,只不过他于1629年写的关于解析几何的专著《平面和立体的轨迹引论》直到1679年才发表,因此笛卡儿著作的影响更大,一般认为解析几何为笛卡儿首创。

笛卡儿和费马的原始工作中存在不完善的地方,如其理论中没有负数的概念(负数的概念17世纪才引入欧洲,19世纪才得到最终认可),也没有y轴,从而没有负的横坐标和纵坐标,所以坐标系是局部的,不是直角坐标系。此外,论著的表述也不够清晰。

解析几何创立后,经许多数学家的逐步改进,最后由瑞士数学家欧拉(L. Euler)于1748年在他的著作《无穷小分析引论》中给出现代形式的解析几何的系统描述。其后,法国数学家蒙日(G. Monge)和他的学生对欧拉的工作进行了重要补充,丰富了平面解析几何的基本内容。1788年,法国数学家拉格朗日(J. L. Lagrange)提出向量的概念,之后,英国数学家吉布斯(J. W. Gibbs)和海维赛德(O. Heaviside)创立向量代数,向量成为空间解析几何的重要研究工具。

3.1.2 解析几何创立的重大意义

解析几何的创立在数学史上具有划时代的意义。

(1) 开创不同数学分支相结合的思想,使几何与代数相结合。首先,在西方数学中,如下保守的观念在相当长的一个时期处于统治地位:①在古希腊数学中,几何至高无上,一切数学问题都要用几何方法去解决;②几何与代数各自发展、互相分离或只有局部关联。解析几何的创立与发展打破了西方数学几何化的传统观念,实现了思想解放。其次,解析几何开创了用代数方法解决几何问题的新途径,实现了几何与代数的实质性结合,这是思想观念上的一次革命,且这一结合也有利于双方的发展。事实上,几何对象可以用代数式表达,几何的研究目标可以通过代数达到;反过来,几何不仅为抽象的代数式和方程提供形象而直观的模型,而且几何思想方法向代数渗透也促进了代数学研究的深入和发展。例如,线性代数中的"线性"与"空间"的概念并不是代数学本身固有的,而是来自几何语言并赋予了新的含义。

(2) 开创变量数学,是初等数学到高等数学的转折点。初等数学所考虑的对象都是常量,解析几何通过引进坐标系这一具有普遍意义的方法,用代数方程来描绘几何曲线,解决了一系列复杂问题。笛卡儿提出了"变量"的概念,把方程中用字母表示的未知量看成变化的量(变量),把原来静态的曲线视为物体运动的轨道(动点的轨迹),体现了动态的思想。例如,对 xOy 平面上的抛物线 $y=ax-bx^2$(其中 a、b 为正常数),若把 x、y 替换为 t、s,可以改写成 $s=v_0 t-\frac{1}{2}ct^2$,若把 t 看作时间,s 看作物体运动的路程,它就是物体运动的轨道(把 a 改写为 v_0,代表初始速度,$c=2b$ 代表加速度)。同时,变量 s 与 t 有依赖关系,如果 t 的值发生变化,则 s 的值也随之而变化,这里就包含了变量和函数的思想,这是新的思想方法。恩格斯对此作了高度评价:"数学的转折点是笛卡儿的变量,有了变数,运动进入了数学,有了变数,辩证法进入了数学。"

解析几何为微积分的创立奠定了基础,变量和函数成为微积分的主要研究对象，而后衍生出众多变量数学(复变函数论、微分方程、变分学等)，开辟了17到19世纪以变量数学为中心的数学时代，因此解析几何是数学史从初等数学时期发展为高等数学时期的转折点。

(3) 对近代和现代数学的发展产生了深远影响。解析几何在思想方法上具有显著优点，因而被迅速地应用到各个科学领域，它拓宽了数学研究的范围，加强了数学与其他学科的相互结合和联系。解析几何对近代和现代数学的发展产生了深远影响，列举如下。

① 解析几何为微积分的创立奠定了基础。

② 平面解析几何到三维空间解析几何的推广，是二维向量空间到三维向量空间几何学的发展，启示了 n 维空间及无穷维的泛函空间及相应几何理论的建立。

③ 解析几何为后来产生的代数几何和微分几何学提供了前期准备。

④ 向量代数和随后发展的向量分析在物理学上有重要应用。

⑤ 解析几何在当今也为几何定理的机器证明提供了启示。

⑥ 解析几何是近代数学统一化的第一次尝试，促进了数学理论的发展及其应用，对19至20世纪出现的数学统一化思想的形成产生了深远影响。

3.1.3 解析几何的思想方法

1. 数形结合思想

解析几何是用代数方法研究几何问题的数学分支。在这之前，代数与几何是相互独立的，或至多是形式上的互相借用，这个特点在西方数学中很明显。但在中国古代数学中，数形结合较密切，但与解析几何比起来，只能算是简单的结合。在解析几何中，代数与几何的结合是有机结合，笛卡儿提出的坐标法体现了解析几何的数形结合思想，具体如下。

(1) 通过坐标系建立几何点与实数(组)的对应关系。

通过数轴将直线上的点与实数建立一一对应关系；通过平面(空间)坐标系将平面(空间)的点与由实数组成的有序数组之间建立一一对应关系。

(2) 通过坐标系建立几何图形与代数方程的对应关系。

在平面坐标系中将平面曲线与带有2个未知数的代数方程建立对应关系；在空间坐标系中将曲线(包含直线)、曲面(包含平面)与带有3个未知数的代数方程建立对应关系。曲线、曲面可以用代数方程来表示，反之，一个代数方程也表示某一曲线、曲面。

思想(1)是思想(2)的基础，思想(2)是思想(1)的发展，有了这个发展，才有可能用代数方法研究几何问题。基于这两个数学思想，还可以进一步形成变量与动点、函数与运动曲线对应的思想。

2. 化归思想

化归是把未知问题转化、归结为已知问题,把待解决问题转化、归结为已解决问题,从而解决原问题的思想方法。形与数之间的可转化性提供了解决数学问题的一种化归途径,解析几何巧妙地将几何问题化归为代数问题。

3. 一般化方法

解析几何创立以前,解决每一个数学问题都要用特定的方法去个别处理,在许多情况下需要高度的技巧,而解析几何用"统一的语言"来表述对象,把几何问题转化为代数问题,这样就可以通过标准化的代数方法解决几何问题,从而为解决几何问题提供一种一般化的方法。这种一般化方法更具优势的是:能求出具有某种性质的曲线或曲面,能解决各种轨迹问题,可以通过方程对曲线、曲面进行归类。例如,虽然古希腊数学家阿波罗尼奥斯(Apollonius)对圆锥曲线有过系统研究,但把各种圆锥曲线统一处理并发展成一般二次曲线统一理论则是应用了解析几何的方法才得以实现的。

例 3-1 如图 3-1(a)所示,在 $\triangle OAB$ 中,$OA \perp OB$,$OA = \sqrt{3}$,$OB = 1$,$AC = 2CB$,求 OC 的长。

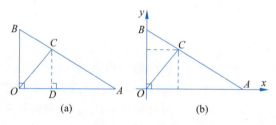

图 3-1 例 3-1 图示

解 1 如图 3-1(a),作 $CD \perp OA$ 交 OA 于点 D。

因为 $OA \perp OB$

所以 $AB = \sqrt{OA^2 + OB^2} = \sqrt{3+1} = 2$

因为 $AC = 2CB$,$AC + CB = AB$

所以 $AC = \dfrac{2}{3} AB = \dfrac{4}{3}$

因为 $CD \perp OA$,$OA \perp OB$

所以 $\triangle ACD \sim \triangle ABO$

所以 $\dfrac{AD}{AO} = \dfrac{AC}{AB} = \dfrac{CD}{BO}$

所以 $AD = \dfrac{AC}{AB} \times AO = \dfrac{2\sqrt{3}}{3}$,$CD = \dfrac{AC}{AB} \times BO = \dfrac{2}{3}$

所以 $OD = OA - AD = \sqrt{3} - \dfrac{2\sqrt{3}}{3} = \dfrac{\sqrt{3}}{3}$

所以 $OC = \sqrt{OD^2 + CD^2} = \sqrt{\dfrac{3}{9} + \dfrac{4}{9}} = \dfrac{\sqrt{7}}{3}$

解 2 如图 3-1(b)所示,以 O 点为原点建立平面直角坐标系 xOy,由已知条件,易知图中 C 点的坐标为:$C\left(\dfrac{\sqrt{3}}{3}, \dfrac{2}{3}\right)$,由于 O 点的坐标为 $O(0,0)$,故由平面直角坐标系中任意两点的距离公式可得 O 点与 C 点之间的距离(记为$|OC|$)为

$$|OC| = \sqrt{\left(\dfrac{\sqrt{3}}{3} - 0\right)^2 + \left(\dfrac{2}{3} - 0\right)^2} = \sqrt{\dfrac{3}{9} + \dfrac{4}{9}} = \dfrac{\sqrt{7}}{3}$$

在此例中,解 1 采用平面几何方法求解,解 2 采用解析几何方法求解,与平面几何方法相比,解析几何方法的求解过程更简洁。由解题过程可见,解析几何其实就是"建系法",建立坐标系并得到各点坐标后,可以利用已有公式,通过计算解决问题。

例 3-2 已知圆 $C_1:(x-2)^2 + (y-3)^2 = 1$,圆 $C_2:(x-3)^2 + (y-4)^2 = 9$,$M$ 和 N 分别是圆 C_1 和 C_2 上的动点,P 是 x 轴上的动点,求 $|PM| + |PN|$ 的最小值。

分析 如图 3-2(a)所示。

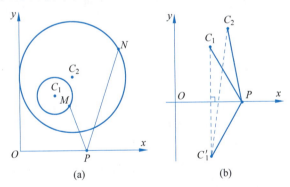

图 3-2 例 3-2 图示

(1) 图中有 3 个动点 P、M、N,由于点 M 和 N 互不影响,相互独立,所以有
$$\min(|PM| + |PN|) = \min(|PM|) + \min(|PN|)$$

(2) 先假定固定点 P,则 $\min(|PM|) = |PC_1| - 1$,$\min(|PN|) = |PC_2| - 3$,由于圆心 C_1 和 C_2 是固定的,最小距离的具体数值仅由点 P 决定。

(3) 再考虑点 P 为动点,则原来的关于三个动点 P、M、N 的问题转化为关于一个动点 P 的问题。

解 如图 3-2(a)所示,对于 x 轴上的某一点 P,有
$$|PM| \geqslant |PC_1| - 1$$
$$|PN| \geqslant |PC_2| - 3$$
因此
$$|PM| + |PN| \geqslant |PC_1| + |PC_2| - 4$$
问题转化为求 x 轴上的动点 P 使得 $|PC_1| + |PC_2|$ 最小。

如图 3-2(b)所示,圆心 C_1 关于 x 轴的镜像对称点 C_1' 的坐标为 $(2, -3)$,且有 $|PC_1| = |PC_1'|$,因此求 $|PC_1| + |PC_2|$ 的最小值即求 $|PC_1'| + |PC_2|$ 的最小值,而根据"两点之间直线段最短",可知连接点 C_1' 和 C_2 的直线段的长度 $|C_1'C_2|$ 就是所求的最小值,即
$$|PC_1| + |PC_2| \geqslant |C_1'C_2| = \sqrt{(3-2)^2 + (4-(-3))^2} = \sqrt{50} = 5\sqrt{2}$$
于是
$$\min(|PM| + |PN|) = 5\sqrt{2} - 4$$

3.2 微积分

3.2.1 微积分的创立

微积分是微分学和积分学的总称,是研究连续变量的数学理论。

16 世纪的欧洲处于资本主义萌芽时期,生产力得到极大发展,生产和科学技术中遇到大量问题,只用初等数学的方法已无法解决,要求数学突破只研究常量的传统范围,寻找能够描述和研究运动、变化过程的新数学工具,这是促进无限和极限思想发展、建立微积分的历史背景。

在 16 和 17 世纪,各科学领域所提出的数学问题的共性是研究变量及其相互关系,这是 16 和 17 世纪数学研究的中心课题,因此近代期的高等数学又称为变量数学。在这些问题中,与物体运动变化有关的问题有:

(1) 非匀速运动物体轨迹的数学描述,如抛射体的运动轨迹;

(2) 变速运动物体的速度、加速度和路程的求解,如已知变速运动物体在某段时间内经过的路程,求物体在任意时刻的速度和加速度,或由速度或加速度求路程;

(3) 求曲线在任一点的切线,如求运动体在其轨迹上任一点的运动方向;

(4) 求变量的极值,如求抛射体的最大射程、最大高度等;

(5) 计算曲线的长度、曲边形的面积、曲面体的体积、物体的重心等。

这几大类问题中,一部分是"积分问题",如问题(2)的"由速度或加速度求路程"、问题(5)。积分问题就是求总量,尤指求非均匀变化量的总量。围绕着"求积

问题"酝酿了积分思想,形成了一系列的"求积术"。在几何方面,是求曲线的长度、曲线包围的平面区域的面积、曲面包围的空间立体的体积;在力学方面,是求非匀速运动物体经过的路程、物体的重心、液体的压力等。另一部分问题是"微分问题",如问题(2)的"求物体在任意时刻的速度和加速度"、问题(3)。微分问题就是求变化率,尤指求非均匀变化量的变化率。微分思想的酝酿主要围绕着求曲线的切线问题展开。笛卡儿用"重根法"、费马借助微小增量、英国数学家巴罗(I. Barrow)等利用"特征三角形"方法分别求出曲线的切线,形成了许多"切线术"。

以上数学家的工作为微积分的创立奠定了基础,但他们的工作是局部的、具体的、分散的,许多基本概念有待明确,更重要的是,要把对个别例子适用的具体方法提炼成普遍的、一般化的方法,同时要建立"求积术"与"切线术"之间的联系,形成一般理论,这项关键性工作最后由英国物理学家、数学家牛顿(I. Newton)和德国哲学家、数学家莱布尼兹(G. W. Leibniz)分别独立地完成。牛顿称微积分为"流数术",莱布尼兹则分别用"求差计算"和"求和计算"分别表示微分法和积分法。牛顿以运动学为原型来研究问题,《流数法》等著作写于 1669—1676 年,但发表时间为 1704—1736 年;莱布尼兹从几何学的角度来研究问题,著作《数学笔记》等完成于 1673—1676 年,发表于 1684—1686 年,在历史上曾有微积分发明权之争,最终人们公认两人同为微积分的创始人。

3.2.2 微积分概要

若以牛顿和莱布尼兹的工作为标志,微积分产生于 17 世纪 70 年代,经过 18 世纪的研究讨论,于 19 世纪下半叶经"分析学的严密化运动"改造,才定型为今天的形式。

微积分的主要研究对象是函数 $y=f(x), a \leqslant x \leqslant b$ 的变化规律,尤指非均匀函数的变化规律。例如,研究变速运动物体的位移变化规律、研究非均匀物质细棒的质量变化规律。微积分从两个角度展开研究:一个是微观角度,另一个是宏观角度。在微观角度,研究函数的变化快慢,即变化率;在宏观角度,研究函数值的变化大小,即改变量。

现以非匀速运动为例来说明微积分的研究方法和理论成果。

已知运动路程 s 和时间 t 的关系 $s=s(t)$,要求任意时刻 t 的瞬时速度,那么考虑在时间段 $(t_0, t_0+\Delta t)$ 内走过的路程 Δs 的平均速度,即 $\dfrac{\Delta s}{\Delta t}$,当时间增量 Δt 无限缩小时,这个比率就近似等于时刻 t_0 的瞬时速度,在数学上把它看成 s 对于 t 的微商(现称之为导数),并记作 $\dfrac{\mathrm{d}s}{\mathrm{d}t}$。进一步,若把这里的时间 t 与路程 s 推广到两个一般的相互依赖的变量 x 与 y，就得到 y 对 x 的变化率，即微商 $\dfrac{\mathrm{d}y}{\mathrm{d}x}$ 的一般定义。

自变量 x 的改变量 Δx 称为 x 的微分，记作 $\mathrm{d}x$，即 $\mathrm{d}x=\Delta x$；把乘积 $\dfrac{\mathrm{d}y}{\mathrm{d}x}\cdot\Delta x$ 称为变量 y 的微分，记作 $\mathrm{d}y$，根据莱布尼兹的符号设计，刚好有 $\mathrm{d}y=\dfrac{\mathrm{d}y}{\mathrm{d}x}\mathrm{d}x$，这与把 $\mathrm{d}x$ 与 $\mathrm{d}y$ 看成一般的数（分母不为零）时的运算法则一样。求微商或微分的运算称为微分运算。

在历史上，牛顿和莱布尼兹都从"无穷小"概念出发，再用它来定义极限与微商，但由于无法把无穷小的概念解释清楚而陷入了逻辑混乱。

牛顿和莱布尼兹都得出结论：积分是微分的逆运算。牛顿认为：积分就是由变量已知的变化率求变量本身的方法，这就是现在所说的不定积分问题（已知函数的导数去求原函数）。在上述变速运动的例子中，若已知瞬时速度与时间的关系，积分就是求从某个时刻 t_0 到任意时刻 t 所走过的路程。这个问题相当于已知速度与时间的关系曲线 L，求 L 下方的曲边梯形的面积。积分是微分的逆运算的另一解释是莱布尼兹提出的，他说的积分是指定积分，其解释相当于现在用微元法求面积的思路：对一个量进行微分，相当于把这个量无限细分、化整为零，积分则恰好相反，是将无限多个微分进行累积、积零为整，二者恰好是相反的过程。

积分与微分的互逆关系表示为

$$\dfrac{\mathrm{d}}{\mathrm{d}x}\left(\int f(x)\mathrm{d}x\right)=f(x),\quad \mathrm{d}\left(\int f(x)\mathrm{d}x\right)=f(x)\mathrm{d}x$$

$$\int F'(x)\mathrm{d}x=F(x)+C,\quad \int_a^b F'(x)\mathrm{d}x=F(b)-F(a)$$

在被积函数连续的情况下，上面几个公式等价，统称为"牛顿-莱布尼兹公式"，现在的数学教材通常把牛顿-莱布尼兹公式表述为最后一个式子。

设函数 $f(x)$ 在 $[a,b]$ 上连续，则 $f(x)$ 在 $[a,b]$ 上有原函数；设 $F(x)$ 是 $f(x)$ 在 $[a,b]$ 上的一个原函数，则

$$\int_a^b f(x)\mathrm{d}x=F(b)-F(a)$$

牛顿-莱布尼兹公式揭示了微分法与积分法的关系，故被称为"微积分的基本定理"。

牛顿、莱布尼兹在建立微积分理论时在数学思想方法上的异同点如表 3-1 所示。

表 3-1　牛顿、莱布尼兹在微积分思想方法上的异同点

相 同 点	不 同 点
都把个别的、具体的、零散的研究进行概括提高,把微积分建立在一般问题和符号运算的基础上,使微积分成为能解决一般问题的普遍方法	所使用的术语、记号不同。当 x 是 t 的函数时,牛顿把 x 的导数表示为 $\dot{x}$,采用这种记号者称为"点派";莱布尼兹则用 $\mathrm{d}x$ 和 $\mathrm{d}t$ 表示微分,用 $\dfrac{\mathrm{d}x}{\mathrm{d}t}$ 表示导数,采用这种记号者被称为"d 派"。莱布尼兹设计的微积分数学符号被更广泛地使用
都发现了前人没发现的"微分与积分之间存在互逆关系",从而建立起微积分基本定理,并得出牛顿-莱布尼兹公式,不过他们都没有给出证明。	在微积分理论完善和应用方面,牛顿较多地研究微积分在各领域的实际应用,而莱布尼兹则注重系统地建立微积分运算的法则和公式
都把微分学建立在对"无穷小"运算的基础上,先有微分(牛顿称之为"瞬")的概念,然后再定义微商,在做具体运算时,无穷小时而非零,时而又等于零,所以都遇到了困难,受到广泛批评。他们创立的微积分和现今的微积分不同,不是从"极限"理论出发,而是从概念不清的"无穷小"出发,这是一个严重的缺陷	实际问题原型不同。牛顿从力学角度出发,以物体运动速度为模型来建立微分学,运动的观点明确;莱布尼兹利用"特征三角形"(或称"微分三角形"),以曲线的切线为模型来建立微分,几何特征明显。牛顿以流数(导数)为基础,即以求导运算及其逆运算来解决各种问题,侧重于研究不定积分运算,莱布尼兹从微分出发,把独立的微分 $\mathrm{d}x$、$\mathrm{d}y$ 看成基本量,把导数定义为两个微分的商 $\dfrac{\mathrm{d}y}{\mathrm{d}x}$,称之为微商,把求积(定积分)看作对无穷小量求和,侧重于研究定积分运算

3.2.3　微积分创立的重大意义

微积分的创立是 17 世纪数学最重要的成果,对数学的发展影响深远、意义重大。

(1) 分析学成为数学的主要分支。有学者认为,17、18 世纪的数学史几乎全部是微积分的历史,当时绝大部分数学家都被这新兴的、有无限发展前途的学科所吸引,在这方面作出重要贡献的,首先是伯努利家族、欧拉和拉格朗日等,在 17~18 世纪数学家们工作的基础上,19 世纪产生复变函数论,20 世纪产生实变函数论、泛函分析等,形成一个庞大的分析学体系。

分析学是以微积分为基本工具,以函数、映射、关系等为主要研究对象,以极限理论为基础的众多数学经典分支及其现代拓展的统称,简称分析,包括数学分析、微分方程、变分法、复变函数论、实变函数论、泛函分析等。

分析学在内容、思想方法及应用范围上迅速占据了数学的主导地位,成为数学的主要分支。

（2）为数学其他分支和其他科学技术研究提供了新的工具。微积分在自身不断完善的过程中，与应用相结合，派生出许多新的分支学科，如在 17～18 世纪产生的微分方程、级数论、变分学、微分几何等，这些分支都因当时物理学、天文学、航海、声学、热学、工程技术等方面的需求而产生。

（3）微积分具有重要性和应用广泛性。导数、积分分别是处理均匀量的除法和乘法在处理相应的非均匀量中的发展。除法和乘法应用广泛、非常重要，但除法和乘法仅适用于均匀量计算，对于科学、工程、经济等领域大量存在的非均匀量计算，则必须用导数和积分来求解，由除法和乘法的重要性和应用广泛性，显然可以得出微积分的重要性和应用广泛性。

3.2.4 微积分的思想方法

1. 变量数学思想

微积分研究的是动态变化的量，而之前的数学只研究静态的固定不变的量，微积分的创立完成了由常量数学到变量数学、由初等数学到高等数学的转变，解析几何是这种转变的开始，而微积分则彻底实现了这种转变！

2. 无限思想

中国古代、古希腊都有极限思想的萌芽，极限、微积分的思想酝酿了两千多年。古希腊哲学家芝诺（Zeno）的二分法悖论和阿基里斯追乌龟悖论、中国《庄子·天下篇》中"一尺之棰，日取其半，万世不竭"的记载都蕴含了早期极限思想的萌芽，我国古代数学家刘徽用"割圆术"求圆的面积、古希腊数学家阿基米德用"穷竭法"求曲边图形的面积，都是朴素的极限思想的运用。

但是，这些古代数学家只停留于有限的逼近，下面以刘徽的割圆术为例进行说明。

刘徽割圆术（公元 3 世纪） 设有一圆，首先作内接正六边形，将其面积记为 A_1，再作内接正十二边形，将其面积记为 A_2，再作内接正二十四边形，将其面积记为 A_3，如此下去，每次边数加倍，一般地，将内接正 $6 \times 2^{n-1}$ 边形的面积记为 A_n，$n \in \mathbf{N}^+$，这就得到了一系列内接正多边形的面积

$$A_1, A_2, A_3, \cdots, A_n, \cdots$$

当 n 越大，内接正多边形与圆的差别就越小，从而以 A_n 作为圆面积的近似值也就越精确。

刘徽割圆术虽然可以将圆的面积计算得很精确，但无论 n 的取值如何大，只要 n 取定了，A_n 终究只是正多边形的面积，还不是圆的面积。这种方法止步于有限逼近，没有突破有限，进入无限。

微积分则是研究和处理无限的问题：设想 n 无限增大，内接正多边形的边数

无限增加，在这个过程中，内接正多边形无限接近于圆，同时 A_n 也无限接近于某一确定的数值，这个确定的数值就理解为圆的面积，这个确定的数值在数学上称为数列 $A_1,A_2,A_3,\cdots,A_n,\cdots$ 当 $n\to\infty$ 时的极限。

上述 n 无限增大条件下 A_n 的极限的概念体现了哲学上"量变到质变"的过程：随着 n 的增大，内接正多边形越来越接近于圆，所得面积仍为正多边形的面积，这是量的积累；当 $n\to\infty$ 时，所得面积已经是圆的面积，这是质的飞跃！

3. 化归思想方法

微积分最重要的思想是将非线性函数转化为线性函数（以直代曲），无论是从微观还是从宏观角度，都是利用均匀变化（线性函数）来研究和解决非均匀变化（非线性函数），是利用已知来研究未知，这就是化归思想方法。

例 3-3 变速直线运动物体的瞬时速度。

解 对于变速直线运动物体，在微小时间段内，把非均匀变化的位移近似地看作均匀变化，这样就可以利用处理均匀变化的除法得到某一时刻 t_0 的瞬时速度的近似值（均匀化）：

$$\frac{\Delta s}{\Delta t}=\frac{s(t_0+\Delta t)-s(t_0)}{\Delta t}\approx v(t_0)$$

然后通过求极限，使近似值转化为精确值（精确化）：

$$v(t_0)=\lim_{\Delta t\to 0}\frac{\Delta s}{\Delta t}=\frac{\mathrm{d}s}{\mathrm{d}t}$$

例 3-4 非均匀物质细棒的线密度。

解 对于非均匀物质细棒，在微小的小段内，把非均匀变化的质量近似地看作均匀变化，这样就可以利用处理均匀变化的除法得到某一点 x_0 的线密度的近似值（均匀化）：

$$\frac{\Delta m}{\Delta x}=\frac{m(x_0+\Delta x)-m(x_0)}{\Delta x}\approx\mu(x_0)$$

然后通过求极限，使近似值转化为精确值（精确化）：

$$\mu(x_0)=\lim_{\Delta x\to 0}\frac{\Delta m}{\Delta x}=\frac{\mathrm{d}m}{\mathrm{d}x}$$

求导数是从微观的角度研究变化率，上述例子中的求导过程都可以概括为"均匀化—精确化"两个步骤。

例 3-5 变速直线运动物体从 $t=a$ 到 $t=b$ 的位移。

解 为求变速直线运动物体的位移，先对时间进行"划分"，将 $[a,b]$ 分成 n 个小区间，营造微小时间段条件，然后"均匀化"，将微小时间段上非均匀变化的位移近似地看作均匀变化，然后利用处理均匀变化的乘法

$$\Delta s_k \approx v(\xi_k)\Delta t_k \quad (\xi_k \text{ 是第 } k \text{ 个微小时间段内的一点})$$

得到这一小段时间内的位移的近似值,然后通过"合并""精确化",将其加起来求极限,使近似值转化为精确值:

$$s = \lim_{d \to 0}\sum_{k=1}^{n} v(\xi_k)\Delta t_k = \int_a^b v(t)\mathrm{d}t$$

就得到从 $t=a$ 到 $t=b$ 的位移(d 是最大的小时间段,使其趋于 0 可保证各小时间段都趋于 0)。

例 3-6 非均匀物质细棒从 $x=a$ 到 $x=b$ 的总质量。

解 为求整个细棒的质量,首先通过"划分",将 $[a,b]$ 分成 n 个小区间,营造微小段条件,然后"均匀化",将微小段上非均匀变化的质量近似地看作均匀变化,然后利用处理均匀变化的乘法

$$\Delta m_k \approx \mu(\xi_k)\Delta x_k \quad (\xi_k \text{ 是第 } k \text{ 个微小段内的一点})$$

得到这一小段内的质量的近似值,然后通过"合并""精确化",将其加起来求极限,使近似值转化为精确值:

$$M = \lim_{d \to 0}\sum_{k=1}^{n} \mu(\xi_k)\Delta x_k = \int_a^b \mu(x)\mathrm{d}x$$

就得到从 $x=a$ 到 $x=b$ 的总质量(d 是最大的小段,使其趋于 0 可保证各小段都趋于 0)。

求积分是从宏观的角度研究总量,上述求积分的过程都可以概括为:"划分—均匀化—合并—精确化"四个步骤。

从以上例子可以看出,这些问题涉及不同类型的问题(变速运动、非均匀物质)、不同范畴的问题(微观、宏观),但都是通过均匀去研究和处理非均匀,思想方法都是:局部均匀化求近似、利用极限得精确。对于求导数这一微观问题,仅需要"均匀化—精确化"两个步骤;对于求积分这一宏观问题,步骤多出了两步,为"划分—均匀化—合并—精确化"四个步骤,其中,"划分"是为"均匀化"创造条件的,而"合并"是问题本身的需要,因此,最本质的思想仍然是"均匀化"和"精确化"。

3.3 分析学的严密化

3.3.1 无穷小悖论

19 世纪初,微积分的理论框架和基本内容已经确立,微积分与力学、天文学等科学技术相结合,发挥了很大作用。但是,微积分自身的一些基本概念,如无穷小、微商等,都尚未摆脱它们的物理或几何原型,带有经验性、直观性,存在逻辑上的缺陷,是不严密的。

微积分把"无穷小量"看作数学研究对象,这的确是数学思想上的一次革命。当时,把导数看成两个无穷小量的比值,把积分看成无穷小量之和,然而,"无穷小量"是什么? 这在当时是说不清的,它似乎是零,又似乎不是零。

例 3-7　用牛顿的"流数术"求 x^2 的导数。

解　先将 x 取一个不为 0 的增量 Δx,由
$$(x+\Delta x)^2 - x^2 = (\Delta x)^2 + 2x\Delta x$$
再被 Δx 除,得
$$\frac{(\Delta x)^2 + 2x\Delta x}{\Delta x} = 2x + \Delta x$$
最后令 $\Delta x = 0$,求得导数为 $2x$。

这个结果是正确的,但推导过程存在着明显的偷换假设的错误:在除法部分假设 Δx 不为 0,而在最后 Δx 又被突然地取为 0。那么 Δx 到底是不是 0 呢? 牛顿也未能自圆其说。

微积分创立初期的不严密问题不仅造成逻辑上的混乱,而且动摇了人们对微积分的正确性的认识,引起整个 18 世纪来自各方面的严厉批评,特别是遭到英国唯心主义哲学家、大主教贝克莱(G. Bekkeley)等的强烈攻击,他说微积分的推导是分明的诡辩,这就是数学史上的"无穷小悖论"。

无穷小悖论　究竟无穷小量 Δx 是否等于零? 如果是零,怎么能用它作除法呢? 如果不是零,计算和函数变形时又怎么能把包含着它的那些表征微小量的项去掉呢?

无穷小悖论导致了在 18 世纪后半叶形成的"第二次数学危机"。

贝克莱之所以激烈地攻击微积分,一方面是他要为宗教服务,另一方面也由于当时的微积分缺乏坚实的理论基础,连大数学家牛顿也无法解决基本概念中的混乱。

3.3.2　分析学严密化运动

为了克服"第二次数学危机",数学家们开展了数学史上称为"分析学严密化运动"的数学研究工作,经过众多数学家的努力,微积分理论才得以严密化。

分析学严密化又称为分析学算术化,指的是以实数理论为基础建立微积分体系的思想方法。

分析学严密化运动的历史表明:微积分的理论基础是极限理论,而极限理论的理论基础是实数理论。分析学的严密化正是以实数理论为基础建立极限理论和微积分理论。

分析学严密化运动在 18 世纪末就已经开始酝酿。19 世纪初,法国的柯西(A. L. Cauchy)、德国的高斯(J. C. F. Gauss)和挪威的阿贝尔(N. H. Abel)等著名大数

学家用严格的极限理论取代了牛顿与莱布尼兹的无穷小方法,对分析学的严密化运动作出了突出贡献。而作为极限理论基础的实数理论则是由德国数学家魏尔斯特拉斯(K. T. W. Weierstrass)和康托尔(G. Cantor)等于1870年左右最终建立,从而宣告分析学严密化运动的彻底胜利!

尽管微积分创立初期有许多不足,但它经受住了实践的检验,在广泛的应用中体现了价值,解决了许多长期难以解决的问题,促进了科学技术的进步,所以它最终得到人们的信任和支持。对此,贝克莱后来也不得不在事实面前低头,他说:"流数术是一把万能的钥匙,借着它,近代数学家打开了天体以至大自然的秘密"。

分析学严密化运动具有重大意义。

(1) 分析学严密化运动使分析学的基本概念得到了精确定义,分析学在克服自身的矛盾中前进了一大步,排除了其中的错误和含糊不清之处。

(2) 分析学严密化运动促进了实数理论的建立,使实数本身的概念得到了精确定义,使分析学建立在严密的逻辑基础之上。

(3) 分析学严密化运动促进了集合论的提出。

3.3.3 分析学严密化的思想方法

1. 极限思想

微积分的理论基础是极限理论,确定了以极限理论为基础建立微积分理论的思想是分析学严密化运动的最重要的成果。

1821年,法国数学家柯西出版了著作《分析教程》,他认识到函数不一定要有解析表达式,他首先给出了极限的描述性定义,并抓住极限概念,指出无穷小量和无穷大量都不是固定的量而是变量,无穷小量是以零为极限的变量,并用其定义了导数和积分等概念,成功地用现代极限理论说明导数的本质,他将导数明确定义如下:

$$f'(x) = \lim_{h \to 0} \frac{f(x+h) - f(x)}{h}$$

这样就澄清了以往对无穷小量似零非零的模糊认识,并将极限和连续性二者作为分析学严密化的基础,奠定了现代分析体系。

但是,柯西对极限的定义是描述性的,他把变量定义成"依次取很多不同值的量",把极限定义为:"当同一个变量逐次所取的值无限趋近于一个固定的值,最终使它的值与该定值的差要多小有多小,那么最后该定值就成为这个变量的极限",这种描述性定义是不严格的、不令人满意的。

极限的严格定义最终由德国数学家魏尔斯特拉斯给出,魏尔斯特拉斯提出了所谓的"ε-δ 语言",并用它定义极限以及所有相关的基本概念,"ε-δ 语言"克服了

第3章 近代数学成就及其思想方法

"lim 困难",用 ε-δ 语言定义连续函数的极限如下。

$\forall \varepsilon > 0, \exists \delta > 0$,使得当 $0 < |x - x_0| < \delta$ 时,有 $|f(x) - A| < \varepsilon$,则 $\lim\limits_{x \to x_0} f(x) = A$。

其含义是:设函数 $f(x)$ 在 x_0 的某去心邻域内有定义,则任意给定一个正实数 $\varepsilon > 0$(不管 ε 有多小),如果能找到正实数 $\delta > 0$,使得当 $0 < |x - x_0| < \delta$ 时,不等式 $|f(x) - A| < \varepsilon$ 恒成立,则称 A 是函数 $f(x)$ 当 x 趋近于 x_0 时的极限,记为 $\lim\limits_{x \to x_0} f(x) = A$。

魏尔斯特拉斯给出了现在通用的极限、连续的定义,并把导数、积分严格地建立在极限的基础上,极限理论的创立使得微积分从此建立在一个严密的基础之上。

若采用第1章数理逻辑中介绍的量词符号,则分析学严密化后极限的具体定义如下。

数列的极限 设 $\{x_n\}$ 为一数列,则数列极限 $\lim\limits_{n \to \infty} x_n = a$ 定义为

$$\lim_{n \to \infty} x_n = a \Leftrightarrow \forall \varepsilon > 0, \exists N \in \mathbb{Z}^+, 当 n > N 时, 有 |x_n - a| < \varepsilon$$

$\lim\limits_{n \to \infty} x_n = a$ 也可记为 $x_n \to a$(当 $n \to \infty$)。

自变量趋于有限值时函数的极限 设函数 $f(x)$ 在点 x_0 的某一去心邻域内有定义,则函数极限 $\lim\limits_{x \to x_0} f(x) = A$ 定义为

$$\lim_{x \to x_0} f(x) = A \Leftrightarrow \forall \varepsilon > 0, \exists \delta > 0, 当 0 < |x - x_0| < \delta 时, 有 |f(x) - A| < \varepsilon$$

定义中,$0 < |x - x_0|$ 表示 $x \neq x_0$,所以 $x \to x_0$ 时 $f(x)$ 有没有极限与 $f(x)$ 在点 x_0 是否有定义无关。$\lim\limits_{x \to x_0} f(x) = A$ 也可记为 $f(x) \to A$(当 $x \to x_0$)。

自变量趋于无穷大时函数的极限 设函数 $f(x)$ 当 $|x|$ 大于某一正数时有定义,则函数极限 $\lim\limits_{x \to \infty} f(x) = A$ 定义为

$$\lim_{x \to \infty} f(x) = A \Leftrightarrow \forall \varepsilon > 0, \exists X > 0, 当 |x| > X 时, 有 |f(x) - A| < \varepsilon$$

$\lim\limits_{x \to \infty} f(x) = A$ 也可记为 $f(x) \to A$(当 $x \to \infty$)。

从上述极限定义可以看出:

(1) 极限是用运动的观点看问题,且极限与无限密切相关;

(2) 极限含有"无限接近、永不到达"的意思,如果某一函数在其自变量的某个变化过程中,函数值无限接近某一确定的数 A,那么 A 就称为在这一变化过程中函数的极限。

极限是微积分的一系列重要概念的基础,这些重要概念,如函数的连续性、导数等都是借助极限来定义的。

极限思想是一种重要的数学思想,所谓极限思想,是指用极限概念分析和解决问题的数学思想,其一般步骤为:对被考查的未知量,先设法构建一个与它的变化

有关的另一变量,确认此变量在无限变化过程中被考查未知量的趋势性结果,如果这个趋势性结果无限接近某一值,再用极限方法通过推导和计算得出被考查未知量所无限接近的值。

从哲学观点看,极限概念体现了量变到质变的辩证规律,这是人类对数学认识的一个重大进步。因此,微积分的产生是数学史上的分水岭,是真正的里程碑!

柯西给出的导数定义与现今数学教科书中的导数定义完全一致,下面用其求解若干实际函数的导数。

例 3-8 根据导数定义求下列函数的导数。

(1) $f(x)=C(C$ 为常数$)$

(2) $f(x)=x$

解 (1) $f'(x)=\lim\limits_{h \to 0}\dfrac{f(x+h)-f(x)}{h}=\lim\limits_{h \to 0}\dfrac{C-C}{h}=0$

(2) $f'(x)=\lim\limits_{h \to 0}\dfrac{f(x+h)-f(x)}{h}=\lim\limits_{h \to 0}\dfrac{x+h-x}{h}=1$

例 3-9 根据导数定义求 $f(x)=x^2$ 的导数。

解 $f'(x)=\lim\limits_{h \to 0}\dfrac{f(x+h)-f(x)}{h}=\lim\limits_{h \to 0}\dfrac{(x+h)^2-x^2}{h}=\lim\limits_{h \to 0}\dfrac{2hx+h^2}{h}=\lim\limits_{h \to 0}(2x+h)=2x$

请读者思考例 3-9 与牛顿的"流数术"求导方法的异同。

2. 化归思想

19 世纪下半叶,人们普遍把函数概念和动点运动轨道曲线这一几何概念联系在一起。并且认为由于动点必须经过它的轨道上任两点之间的每个点,因此曲线是连续的,又因为动点在它的轨道上的每一点都有确定的运动方向,因此曲线在每一点处都有切线。正是出于这种直观的思考,当时几乎所有的数学家都相信:函数的连续性是函数的可微性的充分条件,任何连续函数除个别点外都是可微的,连高斯、柯西和狄利克雷这样的大数学家也从未对此持不同意见。

1861 年,魏尔斯特拉斯给出了一个处处连续但处处不可微的函数——魏尔斯特拉斯函数,这一函数立刻震惊了整个数学界,该函数如下:

$$w(x)=\sum_{n=0}^{\infty}a^n\cos(b^n\pi x)$$

其中 b 是一个奇整数,$0<a<1$,且 $ab>1+\dfrac{3}{2}\pi$。

这个函数使人们感到需要彻底摆脱几何直觉的依赖,重新考查分析学的基础,分析学的进一步发展需要有逻辑严谨的实数理论作为基础。当时微积分已经诞生,微积分计算需要数学界给实数下一个明确的定义,实数理论的建立已经不可回避。

魏尔斯特拉斯在对分析学的基础做深入考察的基础上提出如下观点和方案。

(1) 实数是极限和连续性的算术基础,是全部分析的本源,要使分析学的逻辑基础严密化,就必须抛弃对实数的直观理解,构建实数体系的严密逻辑基础。

(2) 构建实数体系基础最可靠的办法是按照严密的推理将实数归结为有理数,即借助于有理数来构造实数。

(3) 有理数可由整数导出,整数是算术中最直观可信的概念,这样就可以把分析的基础最终建立在整数的基础上。

魏尔斯特拉斯的这一方案被称为"分析算术化纲领",这一纲领体现了化归思想。

根据这一纲领,戴德金(J. W. Dedekind)、康托尔(G. Cantor)、魏尔斯特拉斯(K. T. W. Weierstrass)都提出了自己的实数理论:

(1) 戴德金的有理数分割理论。

(2) 康托尔的有理数序列理论。

(3) 魏尔斯特拉斯的有界单调序列理论。

康托尔、魏尔斯特拉斯的方法基本上依据同一原理,都是用"有理数列"(基本序列)来定义实数,而戴德金则通过引入"有理数分割"的概念来定义无理数,并据此建立实数理论。实数的这三大派理论,从不同方面深刻揭示了无理数的本质,证明了实数系的完备性。

实数的定义及其完备性的确立,标志着由魏尔斯特拉斯倡导的"分析算术化运动"大致宣告完成。由无理数引发的持续两千年的数学危机得以解决,两千多年来存在于算术与几何之间的鸿沟得以完全填平,无理数不再是"无理的数"了。之后,意大利数学家皮亚诺(G. Peano)对自然数也给出了皮亚诺公理,至此,分析学的严密化运动取得了圆满成功。

由于提出"分析算术化纲领",在实数理论的基础上,人们得以完成分析学严密化运动所提出的任务,魏尔斯特拉斯因而被称为"现代分析学之父"。

3.4 非欧几何

3.4.1 第五公设难题

欧氏几何自公元前3世纪创立以来,直到公元19世纪初,两千多年过去了,数学家们都相信它是真理,是唯一正确的几何,但是人们也不得不承认其中的第五公设不尽如人意,不仅叙述啰唆,而且也不那么不证自明。

继 17 世纪解析几何和微积分创立之后,到 18 世纪,数学科学已初具规模,新的数学分支纷纷脱颖而出,无数难题得以解决,数学家们创立了复杂艰深的数学理论,但是在看上去很简单的欧氏几何第五公设问题面前却一筹莫展,法国数学家达朗贝尔(d'Alembert)在 1759 年无奈地宣称:第五公设问题是"几何原理中的家丑"。

为消除这一家丑,数学家们一直在努力,努力途径有两条。

(1) 尝试用更简明的语言来叙述第五公设,给出替代性陈述。然而,所有这些替代性陈述并不比《几何原本》的第五公设更好,直到 18 世纪,苏格兰数学家普莱菲尔(Playfair)才总结出一个比较简单的替代性公设:"过已知直线外一点能且只能作一条直线与已知直线平行",如今的数学教材就采用这样的叙述来代替第五公设。

(2) 证明第五公设的非独立性,即可由其他公设和公理推导出第五公设,从而取消它的公设资格。

18 世纪之前的证明都采用直接证明法,众多数学家尝试用前 4 个公设、5 个公理以及由它们推导出的命题来证明第五公设,但都未成功,这引起了数学家们对"第五公设难题"的讨论。

第五公设 同平面内一条直线和另外两条直线相交,若在某一侧的两个内角的和小于两个直角的和,则这两条直线经无限延长后在这一侧相交。

第五公设图示如图 3-3 所示。

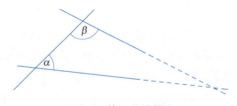

图 3-3 第五公设图示

18 世纪初,意大利数学家萨凯里(G. Saccheri)试图用反证法证明第五公设,即从第五公设的否命题出发推导出矛盾,他得到这样一个结论:在平面上存在两条直线 l_1 和 l_2,它们在一个方向无限地互相接近,而在相反方向无限地分开,这样,直线 l_1 和 l_2 将在无穷远点 P_∞ 有共同的垂线,萨凯里认为这是不可能的,是"矛盾",以为自己证明了第五公设。其实,由于人们始终坚信欧氏几何是物理空间的唯一正确的理想化,这里的矛盾仅是与欧氏几何的相应命题矛盾,而不是反证法所要推导出的矛盾,因此,萨凯里并没有证明出第五公设。

反证法 假设原命题不成立,经过正确的推理,最后得出矛盾,因此说明假设错误,从而证明原命题成立的证明方法。

反证法没有直接证明原命题成立，而是推翻原命题的否命题，根据排中律，既然原命题的否命题为假，原命题便是真的，所以反证法是一种间接证明的方法。

事实上，在萨凯里推导出来的一系列结论之间并没有逻辑矛盾，他只因所得结论不合乎常理就认为是有矛盾的，他的思想受到欧氏几何的束缚，未能认识到这些不符合人的直觉的结论其实属于一种新的几何。德国数学家兰伯特（J. Lambert）也作了类似证明，虽然推导出的命题更多，但是仍没有摆脱欧氏几何的束缚。

第五公设难题在大数学家高斯那里才算取得突破，高斯研究了这个困扰数学界大约两千年的难题，还亲自进行实地测量，考察我们生存的空间是否存在有非欧几何性质的可能性，从而用新的几何思想解决第五公设难题。1813年，高斯已经形成了一套关于新几何的思想，他称之为"反欧几里得几何"，后又改称"非欧几里得几何"，并坚信这种新几何在逻辑上是相容的，但高斯生前并未公开发表这一成果。

3.4.2 非欧几何的创立

非欧几何是指不同于欧几里得几何学的几何体系，一般是指罗巴切夫斯基几何（双曲几何）和黎曼几何（椭圆几何），它们与欧氏几何最主要的区别在于公理体系中采用了不同的平行公理。

1. 罗氏几何

俄国数学家罗巴切夫斯基（Н. И. Лобачевский）也曾想采用途径（2）证明第五公设的非独立性，遭到失败后，他认识到必须放弃第五公设并采用新的公设，他提出的新公设是：过直线外一点可以作两条或两条以上的直线与原直线平行，这个新公设是第五公设的反命题。但是，经过严格论证，新公设与其他公设并不矛盾，由此出发进行逻辑推导可得出一系列新定理，并形成了一个逻辑上无矛盾的新的几何理论，罗巴切夫斯基称之为"想象的几何"或"泛几何"，后来人们称之为"罗巴切夫斯基几何"或"罗氏几何"，这是第一种非欧几何。

1840年，罗巴切夫斯基的专著《平行线理论的几何研究》发表，在国际上产生了影响。为了让人们直观地理解这种新几何，罗巴切夫斯基用下面的例子说明：设 C 是直线 AB 外的一点，则通过 C 的直线可分为两类：一类与 AB 相交，另一类与 AB 不相交，而直线 p 和 q 属于后一类且构成两类的边界，此外，夹在直线 p 和 q 间的通过 C 的直线也属于后一类，都是 AB 在新意义下的平行线。显然，欧氏几何下的平行线也是 AB 在新意义下的平行线。罗氏几何的平行线如图 3-4 所示。

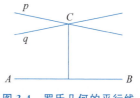

图 3-4　罗氏几何的平行线

罗氏几何得出许多反直觉的结论，例如：三角形的

三个内角之和 θ 小于 $180°$,且 θ 随着三角形面积的增大而减少,而当三角形面积趋于 0 时 θ 趋于 $180°$。正因为这些反直觉的结论,罗氏几何并没有欧氏几何那样容易被人们接受,而且不仅罗氏几何最初不能被人们接受,罗巴切夫斯基本人也遭到了广泛的反对和指责。

人们后来才知道,罗氏几何与欧氏几何并不矛盾,只是适用范围不同而已,欧氏几何是日常小范围条件下现实空间的反映,而罗氏几何是天文学上大尺度宇宙空间(弯曲空间)的反映。德国数学家克莱因(C. F. Klein)和法国数学家庞加莱(J. H. Poincare)先后给出了非欧几何的模型,对转变人们的认识起到了关键作用。

罗氏几何的公理系统及数学思想如下。

(1) 第五公设是不能证明的。

(2) 欧氏几何的基础命题加上某条公理的否定公理以后,可以产生另一种与欧氏几何不同的、但逻辑上不矛盾的、完整且富有内容的新几何学。

(3) 罗氏公理系统和欧氏公理系统的不同仅在于第五公设,罗氏几何除了第五公设外,采用了欧氏几何的一切公设和公理,因此凡不涉及第五公设的几何命题,在欧氏几何中若是正确的,则在罗氏几何中也同样是正确的;凡涉及第五公设的几何命题,在罗氏几何中都有新的具体意义。

2. 黎曼几何

1854 年,高斯的学生、德国数学家黎曼(G. F. B. Riemann)发表了文章《论作为几何学基础的假设》,采用"同一平面上任意两条直线必有一个交点"(高斯的"过直线外一点,没有直线与已知直线共面而不相交")的假设代替第五公设,建立了一种新的非欧几何学,称为黎曼几何。

黎曼几何的公理系统及主要结论如下。

(1) 欧氏几何第五公设被否定了,没有平行线。

(2) 直线可以任意延长被否定了,每一条直线都存在一个这条直线能够延长的最大长度,从而直线不能把平面分成两半。

(3) 过给定的两点总可以作一条以上的直线。

(4) 三角形内角和大于 $180°$,且超出的量与三角形面积成正比。

黎曼提出的全新的几何思想保留了欧氏几何的其他公设与公理,是经过严密逻辑推理而建立起来的几何体系,这种几何否认平行线的存在,是另一种全新的非欧几何。

上述是狭义黎曼空间上的几何学。之后,黎曼把"高斯曲率"推广为"黎曼曲率",建立了广义黎曼几何。广义黎曼空间包含了具有零曲率的欧氏空间、具有负曲率的罗巴切夫斯基空间、具有正曲率的狭义黎曼空间,至此,欧氏几何、罗氏几何、黎曼几何得到了统一。

曲率是描述曲线在某一点的弯曲程度的数值。

曲率在数值上应该如何定义？

(1) 对于圆，根据观察，随着圆的增大，圆周曲线越来越平坦，弯曲程度趋于减小，改变圆的大小的是半径，半径变小，圆变小，曲线变弯，曲率变大，由于曲率与半径成反比，故定义圆的曲率为

$$K = \frac{1}{r}$$

(2) 对于一般曲线，各个位置上的弯曲程度不同，计算某一位置的曲率，就要在其左、右各取一个点，这3个点确定了一个圆，将左、右两个点不断向中间靠拢，最终得到的圆称为密切圆，在曲线较平坦的地方，密切圆半径较大，在曲线较弯曲的地方，密切圆半径较小，因此可以以密切圆的曲率来定义曲线的曲率。

如图3-5所示，设曲线为 $y = f(x)$，由微分几何的理论推导，在曲线上点 (x_0, y_0) 处，密切圆半径为

$$r = \frac{[1 + (f'(x_0))^2]^{\frac{3}{2}}}{|f''(x_0)|}$$

曲率 K 为

$$K = \frac{1}{r} = \frac{|f''(x_0)|}{[1 + (f'(x_0))^2]^{\frac{3}{2}}}$$

进一步的知识可查阅微分几何。

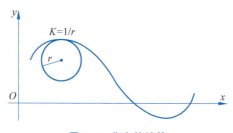

图 3-5　曲率的计算

3. 非欧几何的类型

按几何特性（曲率），非欧几何的类型可以概括如下（见图3-6）。

(1) 坚持第五公设，则得到欧氏几何。在欧氏几何中，过直线 AB 外一点 C 可作一条平行线。

(2) 以"可以引最少两条平行线"为新公设，则得到罗氏几何（也称双曲几何）。在罗氏几何中，过直线 AB 外一点 C 可作多条平行线。

(3) 以"一条平行线也不能引"为新公设，则得到黎曼几何（也称椭圆几何）。在黎曼几何中不承认平行线的存在。

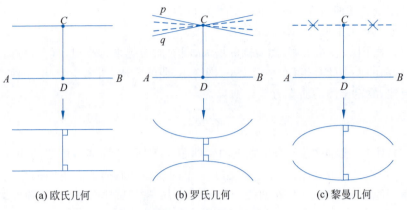

(a) 欧氏几何　　　　(b) 罗氏几何　　　　(c) 黎曼几何

图 3-6　不同的平行公设得到不同的几何

(4) 如果完全去掉第五公设，就得到更加一般化的几何理论。这种几何不仅可以囊括前面提到的三种几何，而且允许空间的不同位置有不同的曲率（前三种几何学都是常曲率空间中的几何学，对应的曲率分别为 0、负常数和正常数）。

非欧几何创立的同时，困扰数学家们两千多年的欧氏几何第五公设难题也被完全解决：它是独立的公理，不能被证明，也不能取消，只能用它的等价命题代替，如果用否定它的其他命题代替，则产生非欧几何。

非欧几何与欧几何虽然结果不同，但它们都是无矛盾的几何学，非欧几何甚至还可以在欧氏几何的某些曲面上表现出来。1868 年，意大利数学家贝尔特拉米（E. Beltrami）发表了一篇论文《非欧几何解释的尝试》，证明非欧几何可以在欧几里得空间的某些曲面上实现。图 3-7 中，依次为欧氏几何、罗氏几何、黎曼几何空间，三角形内角和分别等于、小于、大于 180°。

(a) 欧氏几何　　　　(b) 罗氏几何　　　　(c) 黎曼几何

图 3-7　几种几何空间

既然非欧几何可以在欧几里得空间的某些曲面上实现，非欧几何命题就可以"翻译"成相应的欧氏几何命题，如果欧氏几何没有矛盾，非欧几何也就没有矛盾。

3.4.3　非欧几何的数学思想

非欧几何打破了两千多年来欧氏几何一统天下的局面，它的诞生是数学史上的一次重大革命。20 世纪最有影响力的数学家之一、德国数学家希尔伯特

(D. Hilbert)称赞道：19世纪最有启发性、最重要的数学成就当推非欧几何的发现！非欧几何所蕴含的数学思想是非常深刻的，在数学史上具有重大意义。

(1) 打破了几何空间的唯一性，扩大了几何学的研究对象。非欧几何改变了欧氏几何是描述物质世界唯一真理的看法，打破了几何空间的唯一性，反映了空间形式的多样性，使人们解放思想、开阔眼界，并使人们对空间观念的认识产生了飞跃，大大推动了数学的发展。非欧几何使几何学的研究对象由图形的性质扩大到更一般的空间形式，几何学的发展由此进入了一个以抽象为特征的崭新阶段。人们认识到：作为数学研究对象之一的空间形式需要重新理解，空间形式远非欧氏几何的三维空间，数学开启了研究各种空间的新时代。非欧几何最重要的应用领域是物理学，对20世纪初物理学中关于空间和时间的物理观念产生了重大影响。按照相对论的观点，宇宙结构的几何学不是欧氏几何学，而恰恰是非欧几何学，非欧几何在20世纪初被现代物理学的开创者、物理学家爱因斯坦(A. Einstein)等用于研究广义相对论，非欧几何可用于刻画范围很大的空间，而在小范围上，它的结果与欧氏几何相同，非欧几何为广义相对论提供了思想基础和有力工具。

(2) 表明数学的逻辑推理对现实直观具有相对独立性。非欧几何的创立说明数学的逻辑推理可以独立于现实直观而进行，而人们感官体会到的不一定是真理，这使人们改变对数学的认识和理解，引发人们对数学本质的深入探讨。物理学家杨振宁的规范场论和数学中的纤维丛理论的深刻联系就是一个例证。1946年，美国数学家斯丁路特、美籍华裔数学家陈省身、法国数学家艾勒斯曼共同提出纤维丛理论。1954年，杨振宁创立了规范场论，1974年，杨振宁在同陈省身的交谈中发现，大约30年前就创立的纤维丛理论正是他想表达规范场的数学工具，陈省身建立的整体微分几何学恰为杨振宁所创立的规范场论提供了合适而精致的数学框架。杨振宁曾对陈省身说："非交换的规范场与纤维丛这个美妙的理论在概念上的一致，对我来说是一大奇迹。特别是数学家在发现它时没有参考物理世界，你们数学家是凭空想象出来的。"陈省身却立刻加以否认："不，不，这些概念并非凭空想象，它们是自然的，也是真实的！"

(3) 使公理化思想方法进一步完善和发展。非欧几何的创立是对欧氏几何公理体系的反思引发的，这使后辈数学家注意对几何基础乃至整个数学基础的研究。非欧几何使人们认识到：人们误以为固定不变的公理体系是可以改变的！非欧几何是改变欧氏几何公理体系中的第五公设得到的，这就表明公理系统也有很大的人为任意性，公理只不过是推导结论的逻辑演绎基础而已，这一点对数学的发展、数学思想的演变有十分重大的影响。

3.5 群论

3.5.1 高次代数方程求解难题

方程一直是古代数学的主要研究内容之一。对于一元二次方程,公元前的中国人和巴比伦人就已经掌握了求正根的方法,9世纪的阿拉伯数学家阿尔·花拉子米进一步给出了完整的求根公式,13世纪,中国宋代数学家秦九韶发现了高次方程的数值解法。16世纪意大利数学家费罗(S. D. Ferro)、费拉里(L. Ferrari)先后给出了三次和四次方程的一般解法,这自然促使后来的数学家们努力寻求四次以上方程的求根公式。然而,数学家们经过了近3个世纪的努力仍未能解决此问题。

18世纪末,高斯证明了"代数学基本定理"。

代数学基本定理 任何复系数一元 n 次多项式方程在复数域上至少有一根($n \geq 1$),由此推出,一元 n 次复系数多项式方程在复数域内有且只有 n 个根(重根按重数计算)。

注意: "一元 n 次复系数多项式方程正好有 n 个复数根"似乎是一个更强的命题,但实际上是"至少有一个根"的直接结果,因为有一个根 x_a,只要不断把多项式除以 $(x-x_a)$,即可从有一个根推出有 n 个根。

代数学基本定理也称为高斯-洛特定理(由德国数学家洛特1608年提出、高斯1799年证明),是数学中的一个基本定理,这个定理在代数乃至整个数学中起着基础作用,高斯开创了近、现代数学关于"存在性"证明的先河,这是一个重要的数学思想。

第一个明确宣布"不可能用根式解四次以上方程"的是法国数学家拉格朗日。1770年,拉格朗日发表了《关于代数方程解的思考》,他讨论了人们所熟知的解二、三、四次方程的方法,并指出这些成功解法所需的条件对于五次以及更高次的方程是不可能发生的。拉格朗日发现方程的根的置换极为重要,甚至认为这是解决问题的关键,他首先提出了"群"的初步思想,给出了"置换群"的概念,并试图证明"高于四次的方程的一般解法不存在",然而,经过顽强努力,拉格朗日不得不放弃了,他说这个问题"好像是在向人类的智慧挑战"!

3.5.2 阿贝尔的贡献及其数学思想

1. 阿贝尔的贡献

在拉格朗日的文章发表过后的半个多世纪,挪威青年数学家阿贝尔(N. H. Abel)在认真钻研拉格朗日等著作的基础上,着手研究五次方程求解的可能性问题,起初他以为五次方程可能有根式解,但很快遇到了困难。

根式解是指对代数方程的系数通过有限步加、减、乘、除、开正整数次方表示的解。

如果一个代数方程的所有解均为根式解,就称这个方程存在根式解。例如,一元二次方程 $ax^2+bx+c=0$ 的根式解为

$$x_{1,2}=\frac{-b\pm\sqrt{b^2-4ac}}{2a}$$

1823 年,阿贝尔意识到一般五次方程可能不存在类似于二、三、四次方程那样的求根公式,因为如果这类公式总是存在的,它们又互不相关,那么这些公式就应该有无穷多个,这显然是不可能的,要么这些公式最终被统一起来,要么从某次方程起不存在类似的求根公式。既然过去寻找五次方程求根公式均已失败,那为什么不考虑证明五次方程没有根式解呢?1824 年,年仅 22 岁的阿贝尔自费出版了一本小册子《论代数方程,证明一般五次方程的不可解性》,在这篇论文中,阿贝尔严格地证明了:如果方程的次数 $n \geqslant 5$,并且将系数看成字母,那么任何一个由这些字母组成的根式都不可能是方程的根。这样,命题"五次和高于五次的一般方程没有根式解"被阿贝尔证明了,他的结论现称"阿贝尔定理"。

阿贝尔定理 对于 5 次及以上的一元高次方程没有通用的代数解法,即通过各项系数经过有限次四则运算、乘方和开方运算。

阿贝尔证明出了拉格朗日未能证明的结论,他的证明使从 16 世纪起就困扰着数学家们的难题最终被解决!遗憾的是,这一伟大成就并没有立刻给阿贝尔带来荣誉。自费出版的小册子受到篇幅的限制,他的重要思想无法全面展开,因此难以被人们理解。

2. 阿贝尔的数学思想

(1) 阿贝尔定理的结论连同他在证明过程中所引入的"域""不可约多项式"(当时的名称不同)的概念是非常重要的,这个定理是数学史上第一个证明的"不可能性问题",由此开创了证明某些情况下不可能的数学思想。

(2) 阿贝尔的工作揭示了高次方程与低次方程的根本不同,寻找高次方程的一般根式解的努力不需要继续了。我们现在已经知道:对于一元多项式方程,一次方程有分式解,二次、三次、四次方程都有根式解,五次及以上的方程没有通用的根式解,但是它们可能有实数解,还可以用二分法、牛顿法、拟牛顿法、弦截法等数值计算方法求得数值解。

3.5.3 伽罗瓦群论及其数学思想

1. 伽罗瓦群论

阿贝尔的工作宣告了高于四次的一般代数方程不能用根式求解,但代数方程

可解性理论的研究并未大功告成,更艰巨的工作还在后面,因为有一些特殊的高次方程还是可以用根式求解的,如何区分能够用根式求解和不能用根式求解的方程仍然是一个未解决的问题。阿贝尔未完成的事业由一位极富传奇色彩的法国青年数学家伽罗瓦(E. Galois)完成了。

"群"的思想是拉格朗日最先提出的,群的概念是非常深刻的,它需要以高度抽象的形式来表达,下面给出现代数学中的相关定义。

代数运算 设 A 是一个非空集合,若对 A 中任意两个元素 a、b,通过某个法则"·",有 A 中唯一确定的元素 c 与之对应,则称这个法则"·"为集合 A 上的一个代数运算。元素 c 是 a、b 通过"·"作用的结果,记为 $a \cdot b = c$。

由定义可知代数运算具有封闭性。

群 设 G 是一个非空集合,"·"是 G 上的一个代数运算,即对所有的 $a, b \in G$,有 $a \cdot b \in G$,如果 G 的运算还满足:

(G1) 结合律: $\forall a, b, c \in G$,有 $(a \cdot b) \cdot c = a \cdot (b \cdot c)$;

(G2) $\exists e \in G$,使 $\forall a \in G$,有 $e \cdot a = a \cdot e = a$;

(G3) $\forall a \in G$, $\exists b \in G$,使得 $a \cdot b = b \cdot a = e$。

则称 G 关于运算"·"构成一个群,记作 $(G, \cdot)$,在不至于引起混淆的情况下也可简记为 G。

对上述定义解释如下:

(1) 代数运算的要求(封闭性),连同(G1)至(G3),共 4 条,合称为**群的公理**。

(2) G 中存在元素 e,使 G 中任意元素 a 与之相乘(包括左乘和右乘)的结果都等于 a 本身,元素 e 称为单位元(幺元)。这里,同时列写左乘和右乘也表明不要求"·"运算满足交换律。

(3) 对 G 中任一元素 a,在 G 中存在元素 b,满足 $a \cdot b = b \cdot a = e$,$b$ 称为 a 的逆元,记作 a^{-1}。

上述解释中,"元"是"元素"的简称。

例 3-10 "变换群"的例子。

解 变换群是一些变换的集合,例如,将一个等边三角形变换到自身共有 6 种变换:旋转 120°、旋转 240°、旋转 360°(即不动变换)以及关于三条高线的反射,这 6 种变换构成的集合就是一个群。如果把两个元素的乘积定义为连续施行这两个变换,则它满足群的公理:①任意两个元素之积仍是群中的一个元素(封闭性);②积的运算满足结合律;③有一个单位元(即不动变换);④群中每个元素都有一个逆元(此处是指逆变换)。

将群的概念发展成理论并成功地用于解决问题的首创者是伽罗瓦,他在研究代数方程的根式解,即在解决阿贝尔遗留下来的问题的过程中创立了群论。

在解决"四次以上的多项式方程的根式解的存在性"问题上,伽罗瓦的思想方法可以归纳如下。

第 1 步,把 $n(n \geqslant 5)$ 次方程 $f(x)=0$ 的 n 个根组成的 $n!$ 个排列构成的集合记作 A,那么 A 是一个置换群;把方程 $f(x)=0$ 的系数 $a_1, a_2, \cdots, a_n$ 经过有限次加、减、乘、除后得到的所有的表达式的集合记作 B,那么 B 是一个域(现称为方程的基本域)。

第 2 步,考虑 B 的某些元素构成的满足一定条件的子域 B_1(现称为伽罗瓦域);再考虑 A 的一个子群 A_1(现称为伽罗瓦群),使得 A_1 和 B_1 之间可以建立一一对应的关系。

第 3 步,证明方程 $f(x)=0$ 存在根式解当且仅当伽罗瓦群 A_1 可解(群可解指的是一种特定意义下的分解),即把被考虑方程是否存在根式解的问题转化为群 A_1 是否可解的问题。

第 4 步,给出以下一系列方法:①在不知方程 $f(x)=0$ 的根的情形下构造一般或特殊的伽罗瓦群的方法;②对于伽罗瓦群给出判断其可解的方法;③如果方程 $f(x)=0$ 存在根式解,给出把方程的根表示出来的方法。

第 5 步,证明对一般的方程 $f(x)=0$,相应的伽罗瓦子群 A_1 不可解,因此一般的四次以上方程没有根式解。

最后这个结论和阿贝尔得到的结论一样,即把阿贝尔定理作为他的结论的一个直接的推论。伽罗瓦的群论方法彻底解决了四次以上代数方程的可解性问题,即可以用群论方法来判断任何一个代数方程能否用根式求解。

伽罗瓦群论十分深刻,由于他的数学思想远远超前于他所处时代的其他数学家们,他生前所撰写的论文都或被遗失,或不能被当时的权威人士理解,均未能公开发表。

2. 伽罗瓦群论的数学思想

(1) 抽象思想。伽罗瓦在拉格朗日和阿贝尔的工作基础上,深入研究了代数方程的根的置换群的结构,提出"伽罗瓦群""正规子群""不变子群""同构""域"等全新概念,体现了"群"的抽象思想。伽罗瓦留给世界的最珍贵的概念是群。群到底是什么?群是定义了一种代数运算的非空集合,满足封闭性、结合律、存在幺元、逆元,群是一种代数结构(代数系统)。

代数系统是定义了代数运算的非空集合,简称代数系。代数系统也称为**代数结构**,是抽象代数的主要研究对象。

群是一个完全抽象的概念,表现在:集合中的元素不一定是数,也可以是函数、矩阵、变换或其他对象;非空集合上定义的运算也不一定是通常的加、减、乘、除等运算,完全可以是别的运算方法。不限定元素(数学的对象)是数,也不限定运算一定是通常的运算,这样,通过群就把数学的研究领域大大拓展了。

(2) 化归思想。伽罗瓦继承了拉格朗日问题转化的思想(化归思想),并把这一思想进行了发展,将代数方程根式可解问题的研究转变为对代数结构的研究,导致了抽象代数学科的诞生。

(3) 类比与联想思想方法。伽罗瓦建立群论也是应用类比与联想思想方法的结果(关于"类比与联想",详见第 5 章)。

3. 伽罗瓦群论的贡献和价值

(1) 创立群论,为抽象代数做了奠基性工作。伽罗瓦用群论彻底解决了"高次代数方程是否根式可解"问题,但他为解决这一问题所发展出来的方法要远比解决这一问题本身更重要!现在人们称他发展出来的一整套关于群和域的理论为伽罗瓦理论(Galois Theory),并将他创造的群称为伽罗瓦群(Galois Group)。伽罗瓦因而成为群论的创立者。群和域都是抽象代数的基本内容,因此,伽罗瓦为抽象代数做了重要的奠基性工作。抽象代数的诞生宣告代数学不再以方程论为核心研究内容,而转向代数结构的研究,这不仅促进了代数学,而且促进了整个数学的发展。

(2) 群论有重要的应用价值。群论是数学发展的里程碑,被认为是数学史上最具开创性的成就之一,群论不仅有理论意义,而且有重要的应用价值。现在,它不仅应用于整个数学,而且应用到物理、化学、生物等学科,在众多科技领域都能看到伽罗瓦群论高雅而美丽地存在着。

3.6 欧氏几何的公理化重建

3.6.1 欧氏几何的重建

1.《几何原本》存在的问题

欧几里得的《几何原本》(简称《原本》)是一部伟大的著作,两千多年来被当成数学教材的典范,但《原本》仍然存在一些缺陷。

(1) 没有基本概念。《原本》试图对书中所有的概念都给予定义,例如,把点定义为"没有可以分割的部分",把线定义为"只有长度而没有宽度",把面定义为"只有长度和宽度",而什么是"部分""长度""宽度"还得定义,结果不是无穷倒退,就是逻辑循环,不能建立严格的数学体系。其实,《原本》的做法是最终归结到"直观显然"。

(2) 许多定义含糊不清。由于把本来不该定义的基本概念加以定义,所以这种所谓"定义"只能以直观为基础而无法将概念明确界定。如把直线定义为"它上面的点一样地平铺着的线",把平面定义为"它上面的线一样地平铺着的面",而什么是"平铺"却说不清,它只是一种直观感觉的结果而已。

（3）公理不足或多余。《原本》中"凡直角都彼此相等"是多余的公设，因为它从未被用过。《原本》中却没有"运动公理""连续公理""顺序公理"。许多问题由此产生：没有运动公理就使得图形通过移动来证明全等的做法缺乏根据；没有连续公理就使得两条直线交点的存在性得不到逻辑保证；没有顺序公理就使得可能推出"任意三角形都是等腰的""直角等于钝角"等错误结论。

在数学史上，这些缺陷从 4~5 世纪起就不断受到一些数学家的关注，但没有引起人们的普遍重视，直到 19 世纪，人们的数学水平提高了，特别是在分析学的严密化运动、非欧几何的产生之后，《原本》存在的问题才凸显出来。

2. 希尔伯特发表《几何基础》

为克服《原本》存在的问题，数学家们开始了欧氏几何的重建工作。

1882 年，德国数学家帕施（M. Pasch）发表《新几何讲义》，对欧氏几何的重建做了许多工作，如在直线上给出了顺序公理等，尤其重要的是，帕施关于选定"基本概念"的必要性和公理的作用等方面的思想具有很高的价值。之后，意大利数学家皮亚诺等也做了重要工作。希尔伯特在继承和发展这些思想的基础上对《几何原本》进行重建，在 1899 年出版的《几何基础》中提出了全新的欧氏几何系统，与 19 世纪末其他人给出的各种公理系统相比，《几何基础》对概念陈述最清楚、结构最规范、思想也最接近欧氏公理系统。

公理系统是公理的集合，从其中一些或全部可以经逻辑推导得出定理。公理系统也称为公理化系统、公理体系、公理化体系。

《几何基础》首先给出三个不加定义的概念：点、线、平面，这些基本概念由公理来规定；接着提出 3 个基本关系：结合关系、顺序关系和叠合关系；然后提出 20 个公理，并将它们归为 5 组：结合公理（8 个）、顺序公理（4 个）、叠合公理（5 个）、平行公理（1 个）、连续公理（2 个）。基于这个公理系统，欧氏几何的所有命题都可以经过逻辑推导得出。其中，点、线、平面三个基本概念是完全形式化的东西，不依赖于直观，正如希尔伯特所说的："《几何基础》中的点、线和平面，可以分别用桌子、椅子和茶杯或者任何其他三种东西代替"，同样，推导过程也完全建立在基本概念和公理之上，决不依赖于直观。

《几何基础》不仅弥补了《原本》的全部缺陷，而且通过新的、完整的公理系统把欧氏几何建立在一个更高的层次上。

3.6.2 公理化方法成为重要数学思想方法

按现代数学观点，《原本》的公理是不够严密的，希尔伯特在《几何基础》中将公理化思想明确而严格地确立下来，他对公理化提出了 3 条逻辑上的要求。

（1）独立性，即各个公理相互独立，不能由一个推导出另一个。

（2）无矛盾性，即各个公理之间没有矛盾，从一个公理推出的结果不能与另一个公理矛盾。

（3）完备性，即通过它能推出该学科已有的全部重要命题。

《几何基础》被公认是用公理化方法建立数学体系的典范，对现代数学的发展产生了深远的影响，从此公理化方法成为数学的一种重要思想方法，数学的许多分支都采用这种方法建立它们的体系。在数学学科之外，理论力学、量子力学等都有公理化的成果出现。

3.6.3 不完备性定理

以希尔伯特为首的形式主义者主张给出一组公理，然后在此基础上推导出整个数学，从而只要证明这组公理的独立性、无矛盾性和完备性，就可以将整个数学大厦建立起来了，希尔伯特本人就秉持这种思想对《原本》进行了重建，并在《几何基础》中提出了全新的希尔伯特公理系统。令这位数学泰斗意料之外的是，1931年，美籍奥地利裔数学家哥德尔（K. Godel）提出了著名的"不完备性定理"，他指出：不仅是数学全部，甚至只是一个有意义的数学分支，也不能由一个公理系统概括起来，且不能通过增加公理的方法实现完备性，这就从理论上粉碎了形式主义者的梦想。

哥德尔不完备性定理使数学基础研究发生了划时代的变化，该定理不仅成为逻辑学里最深刻的定理，还和塔尔斯基（A. Tarski）的形式语言理论、图灵机判定问题一起被誉为现代逻辑科学在哲学方面的三大成果，被看作现代逻辑史上的一座重要的里程碑。

哥德尔证明了任何一个形式系统，只要包括了简单的初等数论描述，而且是自洽的，它必定包含某些用系统内所允许的方法既不能被证明为真也不能被证明为假的命题。

不完备性第一定理　任意一个包含一阶谓词逻辑与初等数论的形式系统都存在一个命题，它在这个系统中既不能被证明为真也不能被证明为假。

不完备性第二定理　如果系统 S 含有初等数论，当 S 无矛盾时，它的无矛盾性不可能在 S 内证明。

哥德尔不完备性定理的通俗解释是：任何包含自然数在内的公理体系总有一个命题既不能证其真也不能证其假。这个定理从理论上宣告了对全部数学进行公理化是不可能的。

3.7 概率论

3.7.1 概率论的创立

1. 确定数学和随机数学

人们在实践活动中会遇到两类截然不同的现象：确定现象和随机现象。确定现象是在一定的条件下必然会发生某种结果或者必然不会发生某种结果的现象。例如，在标准大气压下，水加热到 100℃时必然会沸腾。确定现象的条件和结果之间存在必然联系，即当条件具备时，某种结果必然发生。在数学学科中，人们常把研究确定现象数学规律的数学分支称为确定数学，代数、几何、分析等均属于确定数学的范畴。随机现象是在一定条件下可能发生某种结果，也可能不发生某种结果的现象。例如，投掷一枚硬币，可能出现正面，也可能出现反面，预先做出确定的判断是不可能的。对于这类现象，由于条件和结果之间不存在必然联系，因此不能用确定数学加以定量描述。但是，随机现象并不是杂乱无章的现象，就单次事件而言似乎没有什么规律，但当同类事件大量发生时，在总体上却呈现出规律性。

由于确定数学无法定量地揭示随机现象的规律性，数学家们寻求建立一门适用于分析随机现象的数学，由此创立了随机数学——概率论与数理统计，其中，概率论是数理统计的基础。

2. 概率论的产生和发展

概率是反映随机事件出现的可能性大小的数值，也称为或然率。

概率论是研究随机现象数量规律的数学分支。

概率论的产生和发展有着悠久的历史，它的起源与保险、博弈问题等实际需求有关。

14 世纪，随着欧洲商业贸易和航海事业的发展，出现了海上保险业务。16 世纪，保险业务已经扩大到人寿、水灾和火灾等方面。保险的对象都是不确定性事件，为了保证保险公司盈利，同时又使人们愿意投保，就需要根据对大量随机现象的规律性的分析来创立保险的一般理论，这些实际需求推动了对随机现象规律的研究。

17 世纪中叶，法国数学家帕斯卡(B. Pascal)和费马(P. de. Fermat)解决了合理分配赌注问题。荷兰数学家惠更斯(C. Huygens)在其《论赌博中的计算》一文中明确提出"数学期望"的概念，这三人的研究实质都是利用排列组合的方法求某种条件下的数学期望值。

18 世纪是概率论的正式形成和发展时期。

1713 年，瑞士数学家雅各布·伯努利(J. Bernoulli)出版了概率论史上的第一本专著《推想的艺术》，建立了概率论的第一个极限定理"伯努利大数定律"，从此，概率论从对特殊问题的求解发展到一般的数学理论。

大数定律是一种描述当试验次数很大时所呈现的概率性质的定律。注意：大数定律并不是经验规律，而是严格证明了的定理，但它是一种自然规律，因此通常不称为定理，而是称为定律。

伯努利大数定律 设 μ 是 n 次独立试验中事件 A 发生的次数，且事件 A 在每次试验中发生的概率为 p，则对任意正数 ε，有公式：

$$\lim_{n \to \infty} P\left(\left|\frac{\mu}{n} - p\right| < \varepsilon\right) = 1$$

该定律的含义是：当试验次数足够多时，事件发生的频率无限接近于该事件发生的概率。在抽样调查中，用样本的成数去估计总体的成数，其理论依据即在于此。

1718 年，法国数学家亚伯拉罕·棣莫弗（Abraham de Moivre）在他的《机会论》一书中提出了概率乘法法则，以及"正态分布"和"正态分布律"的概念，为概率论的"中心极限定理"的建立奠定了基础。

1812 年，法国数学家拉普拉斯（P. S. Laplace）在他的《分析概率论》中全面总结了当时概率论的研究成果，明确给出概率的古典定义，拉普拉斯建立了一些基本概念，如"事件""概率""随机变量""数学期望"等，从而完善了古典概率论，更重要的是，他在概率论中引入分析学工具，如差分方程、母函数等，从而实现概率论由单纯的组合计算向分析方法的过渡，将概率论的研究推向一个新阶段，拉普拉斯因此被认为是科学概率论的最卓越的创立者。

3.7.2 概率论的思想方法

（1）利用偶然认识必然的数学思想。概率论揭示了偶然性与必然性之间的辩证关系。偶然性事件在个别试验中毫无规律可言，但在大量试验中却呈现出某种规律性，这种规律性就是这类事件所蕴含的必然性。概率论是从数量角度研究大量偶然性事件的规律的数学，从事物的偶然性中揭示出事物发展的必然性，偶然性服从于现象内部蕴藏的必然性。

（2）从局部到总体的归纳方法。概率论的任务是通过对随机样本的分析来推断总体特征。样本是总体的一部分，因此，概率论采用了从局部到总体的归纳方法，统计推断是归纳方法在随机数学中的创造性应用。一般地，从局部到总体、从特殊到一般的归纳方法不能保证其结论的正确性，但是统计推断的"局部"是随机样本，具有任意性，所以可以保证从这种"局部"推断出的总体特征的可信性。

例 3-11 甲、乙两人各自独立射击一次，甲射中目标的概率是 0.8，乙射中目标的概率是 0.9，则至少有一人射中目标的概率是多少？

分析 先计算两人均射不中的概率，其对立事件的概率即为所求。

解 设 A 为甲射中，B 为乙射中，则 $P(A) = 0.8$，$P(B) = 0.9$，至少有一人射

中目标的概率是
$$1-P(\overline{A} \cap \overline{B})=1-(1-0.8)\times(1-0.9)=0.98$$

例 3-12 设 50 件产品中,45 件是正品,5 件是次品,从中任取 3 件,求其中至少有 1 件是次品的概率。

分析 先计算对立事件的概率。

解 设 3 件产品中至少有 1 件是次品的事件为 A,则其对立事件 $\overline{A}$ 为 3 件产品都为正品,所以有
$$P(A)=1-P(\overline{A})=1-\frac{C_{45}^3}{C_{50}^3}\approx 0.28$$

例 3-13 从装有 2 个白球、3 个黑球的口袋中任取 3 个球,设取出白球的个数为 x,求 x 的概率分布和数学期望。

分析 x 的可能值为 0、1、2。

解 (1) 由题意,可得
$$P(x=0)=\frac{C_2^0 C_3^3}{C_5^3}=0.1$$
$$P(x=1)=\frac{C_2^1 C_3^2}{C_5^3}=0.6$$
$$P(x=2)=\frac{C_2^2 C_3^1}{C_5^3}=0.3$$

(2) x 的数学期望
$$E(x)=0\times 0.1+1\times 0.6+2\times 0.3=1.2$$

问题研究

1. 查阅资料,了解魏尔斯特拉斯函数的函数图像,并基于计算机仿真方法进行验证。

2. 查阅资料,了解戴德金的有理数分割实数理论、康托尔的有理数序列实数理论、魏尔斯特拉斯的有界单调序列实数理论。

3. 查阅资料,理解曲率计算中密切圆半径计算公式的推导。

4. 查阅资料,了解"高斯曲率"和"黎曼曲率"的区别。

5. 简述欧氏几何、罗氏几何、黎曼几何三者的区别和联系。

6. 查阅资料,了解杨振宁的规范场理论与纤维丛理论的深刻联系,进而了解现代物理学与几何学现代分支(如微分几何)的密切关联。

7. 查阅资料,进一步理解哥德尔的不完备性定理。

第4章 现代数学基础及其思想方法

现代数学以德国数学家康托尔在19世纪末创立集合论为起点,集合论的思想和概念渗透到几乎所有数学分支,成为现代数学的通用语言和严格的公共基础。20世纪上半叶,法国布尔巴基学派提出结构主义,认为数学研究的核心是结构,他们的成果很有启发性,促进了人类数学思想的进步。19世纪末以来,代数、分析、几何三大数学分支都各有突破,抽象代数、泛函分析、拓扑学相继创立并迅速发展,体现了数学的深刻变化,抽象代数、泛函分析、拓扑学被称为现代数学的三大支柱。本章介绍这些内容,并分析其思想方法。

4.1 集合论

4.1.1 集合论简介

集合论是研究无穷集合的结构、运算及性质的数学理论,其发展历史可以分为朴素集合论(1873年诞生,康托尔创立)和公理化集合论(20世纪20年代多位数学家建立)两个阶段。

集合论的最初理论称为朴素集合论或古典集合论、康托尔集合论,是19世纪70年代由德国数学家康托尔(G. Cantor)创立的。在朴素集合论中,集合是指符合某种特征或规律的事物的总体。朴素集合论因自身不够完善,在20世纪初陷入"罗素悖论"等困境,尽管如此,现代数学的发展依然证实:康托尔集合论是自古希腊时代以来两千多年,人类认识史上第一次给无穷建立起抽象的形式符号系统和确定的运算规则,并从本质上揭示无穷的特性、使无穷的概念发生革命性变化的数学理论!

为解决罗素悖论等问题,20世纪20年代,许多数学家共同努力,将朴素集合论重新构建为公理化集合论,排除了多个悖论,集合论获得新生,得到广泛认可。如同公理化重建后的欧氏几何中的点、线、面一样,在公理化集合论中,集合和集合成员并不被直接定义,而是确定一些约束集合和集合成员性质的公理。

集合论的概念、理论与思想方法已渗透到数学的所有领域,数学各分支的研究对象或者本身都是带有某种特定结构的集合(如群、环),或者可以通过集合来定义的(如自然数、实数、函数),从这个意义上说,集合论已经成为现代数学的通用语言,是现代数学的公共基础。

集合论的应用非常广泛。在数学内部,集合论作为通用语言和公共基础,在数学中处于基石的地位,已应用于所有数学分支。例如,集合论的思想方法渗入数学分析,产生了实变函数论。在数学之外,集合论在计算机科学、逻辑学等领域都有广泛应用。

4.1.2 对无穷集合的早期探索

1. 芝诺悖论

公元前 5 世纪的古希腊哲学家芝诺(Zeno)提出多个悖论,其中二分法悖论、阿基里斯追乌龟悖论、飞矢不动悖论尤为著名,这三个悖论都与"无穷"或"无穷集合"直接相关。

阿基里斯追乌龟悖论 阿基里斯是古希腊神话中善跑的英雄,他的速度是乌龟的 10 倍,乌龟在前面 100m 跑,他在后面追。追者首先必须先到达被追者的出发点,当阿基里斯追到 100m 时,乌龟已经又向前爬了 10m,于是,一个新的起点产生了,阿基里斯必须继续追。当他跑完乌龟爬的这 10m 时,乌龟已经又向前爬了 1m,阿基里斯只能再追向那个 1m 的起点。乌龟会制造出无穷多个起点,它总能在上个起点与自己之间制造出一段距离,无论这个距离有多小,但只要乌龟不停地奋力向前爬,阿基里斯就永远也追不上乌龟!

这个悖论也可表述为"如果慢跑者在快跑者前面一段距离,则快跑者永远也追不上慢跑者",这显然是错误的。

为反驳这一悖论,先算一下追上乌龟所需的时间。

算例 1 设阿基里斯的速度是 10m/s,乌龟的速度是 1m/s,乌龟在前面 100m,设追上乌龟所需时间为 t,由

$$10t = t + 100$$

可算得阿基里斯会在第 100/9s 追上乌龟。

既然都算出了追上乌龟所需的时间,还有什么理由说阿基里斯永远也追不上乌龟呢?这是因为:求追赶所需时间是从阿基里斯已经追上乌龟这个结果推向过程的,即先假定阿基里斯最终追上了乌龟,才求得出追赶时间。但芝诺悖论的实质是要求我们证明为何能追上!

阿基里斯追乌龟悖论的逻辑推理过程如图 4-1 所示。

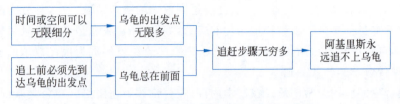

图 4-1 阿基里斯追乌龟悖论的逻辑推理过程

仔细分析可发现：悖论本身的逻辑推理并没有错，问题出在"乌龟总在前面"是否成立？芝诺采用了与我们不同的"离散时间系统"，由于时间系统不同，最终导致计算结果大相径庭。

人们习惯于将运动看作时间的连续函数，即采取连续时间系统，芝诺却采取了离散时间系统，即无论将时间间隔取得多么小，间隔内仍有无限多的时间点。按照悖论的逻辑，时间可以无限细分，给人们一种永远也过不完的印象，但无限多的时间间隔，加起来得到的连续时间是否也是无限的？

算例 2 先过 1/2s，再过其一半，即 1/4s，再过其一半，即 1/8s，⋯，试求加起来的总时间。

解 由无穷级数求和公式，这是公比为 $\dfrac{1}{2}$ 的等比级数，其和为

$$\frac{1}{2}+\frac{1}{4}+\frac{1}{8}+\cdots=\frac{\dfrac{1}{2}}{1-\dfrac{1}{2}}=1$$

算例 2 中，先要过 1/2s，再过一半，即 1/4s，再过一半，即 1/8s，这样下去似乎永远都过不完这 1s，因为无论时间如何短也可以继续细分，但真的永远也过不完这 1 秒了吗？显然不是。尽管看上去我们要过 1/2s、1/4s、1/8s⋯，似乎永远无穷无尽，但时间是匀速的，1/2s、1/4s、1/8s，时间是越来越短的，看上去无穷无尽，其实加起来只有 1s。这个例子说明：看上去无限多的时间间隔，加起来得到的连续时间只是个有限值。

再用高等数学知识（极限、无穷级数）定量分析一下这个问题。

算例 3 设阿基里斯开始跑时乌龟已经爬了 $s_1(\text{m})$ 到达 A_1 点，阿基里斯追到 A_1 点时，乌龟又向前爬了 $s_2(\text{m})$ 到达 A_2 点，假设阿基里斯的速度是乌龟的 10 倍，则阿基里斯追到 A_n 点时，乌龟向前爬了

$$s_{n+1}=\frac{1}{10}s_n$$

递推上式得

$$s_n = \left(\frac{1}{10}\right)^{n-1} s_1$$

当 n 越大,阿基里斯与乌龟的距离 s_n 越小,而且将无限地小下去,无限地接近于零,即 $\lim\limits_{n\to\infty} s_n = 0$,也就是阿基里斯追上了乌龟。

为精确求出阿基里斯追上乌龟的位置,用无穷级数求和的方法计算。

算例 4 阿基里斯在追乌龟的过程中共跑了

$$\begin{aligned} s &= s_1 + s_2 + s_3 + \cdots + s_n + \cdots \\ &= s_1 + \frac{1}{10} s_1 + \left(\frac{1}{10}\right)^2 s_1 + \cdots + \left(\frac{1}{10}\right)^{n-1} s_1 + \cdots \\ &= s_1 \left[1 + \frac{1}{10} + \left(\frac{1}{10}\right)^2 + \cdots + \left(\frac{1}{10}\right)^{n-1} + \cdots \right] \\ &= \frac{10}{9} s_1 \end{aligned}$$

即追到离起点 $\frac{10}{9} s_1$ 处已经追上了乌龟。

若乌龟在前面 100 米跑,则追上的位置是 $\frac{10}{9} s_1 = \frac{1000}{9}$(m),这与算例 1 的阿基里斯在第 100/9 秒追上乌龟所跑的距离 $\frac{100}{9}$ s × 10 m/s = $\frac{1000}{9}$ m 完全一致。综上,阿基里斯追乌龟悖论是不成立的。

分析这个悖论,可获得如下关于"无穷"的数学思想上的启示。

(1)从有限到无限,事物实现了由量的积累到质的飞跃的过程,很多在有限情况下成立的结论在无限情况下就不再成立了。同时,如果用有限的方法去解决涉及无限的问题也往往会得出荒谬的结果。

人们接触到的运算常常局限于有限步骤,逻辑推理也常常在有限的范畴里,然而,从近似到精确、从有限到无限的过程中,许多在有限下成立的结论发生了变化,甚至彻底改变。在微积分中,这样的例子很多,因为微积分是以极限理论为基础的,极限运算实现了事物由量变到质变的飞跃。微积分中经常犯的错误就是把有限情况下的运算规则随意地推广到无限情况。在现代数学中,有限和无限之间是一道分水岭,如有限维空间和无限维空间是完全不同的,在无限维空间中会产生很多不同于有限维空间的现象。

(2)"无限"可以用"有限"来定量刻画。例如,无穷级数求和的计算结果表明:无限项之和可能是一个有限值。

例 4-1 "有理数之和是有理数"成立吗?

解 该命题在有限情况下成立,有理数与有理数之和一定还是有理数,如

$\frac{1}{2}+\frac{1}{3}=\frac{5}{6}$,但是,无限个有理数相加就可能是无理数,如 $3+0.1+0.04+0.001+0.0005+0.00009+0.000002+0.0000006+\cdots=\pi$。

例 4-2 $\frac{1}{1^2}+\frac{1}{2^2}+\frac{1}{3^2}+\cdots=?$

解 该问题是数学史上著名的数论问题——巴塞尔问题,该问题于 1644 年由瑞士数学家雅克·伯努利提出,大数学家欧拉于 1735 年解决,结果是:

$$\frac{1}{1^2}+\frac{1}{2^2}+\frac{1}{3^2}+\cdots=\frac{\pi^2}{6}$$

有人评论说这个结果是错误的,等式左侧是有理数,而右侧是无理数,怎么可能相等? 但事实是,有限情况下成立的结论不一定能推广到无限情况下。

例 4-3 由不等式

$$\frac{1}{2}<1$$

$$\frac{1}{2}+\frac{1}{4}<1$$

$$\frac{1}{2}+\frac{1}{4}+\frac{1}{8}<1$$

$$\vdots$$

能否推出 $\frac{1}{2}+\frac{1}{4}+\frac{1}{8}+\cdots<1$?

解 算例 2 已经给出: $\frac{1}{2}+\frac{1}{4}+\frac{1}{8}+\cdots=1$,故 $\frac{1}{2}+\frac{1}{4}+\frac{1}{8}+\cdots<1$ 不成立。

例 4-4 无限多个数组成的集合一定存在最大数和最小数?

解 在有限个数组成的集合 $\{a_1,a_2,\cdots,a_n\}$ 里一定存在最大数和最小数,但无限多个数组成的集合不一定存在最大数和最小数,如开区间 $(0,1)$ 这个集合,虽然是有界集合,但既不存在最大数,也不存在最小数。

2. 潜无穷和实无穷

在数学史上,人们在探索"无穷"概念时有两种截然不同的观点:一种是无穷过程,称为潜在无穷(潜无穷),另一种是无穷整体,称为实在无穷(实无穷)。**潜无穷**也称为潜无限,是将无穷看作一种永无终止的过程。**实无穷**也称为实无限,是将无穷看作一种已经完成了的对象来加以考察。

古希腊哲学家亚里士多德(Aristotle)是数学史上明确区分潜无穷和实无穷的第一人。他认为只存在潜无穷,如正整数是潜无穷的,因为任何正整数加上 1 总能得到一个新的正整数。哲学权威亚里士多德把无穷限于潜无穷,影响对无穷集合的研究达两千多年之久。

5世纪,《几何原本》的著名评述者、希腊数学家普罗克鲁斯(Proclus)在研究直径分圆问题时,注意到圆的一根直径将圆分成两个半圆,由于直径无穷多,所以必须有两倍无穷多的半圆。为解释这个在许多人看来是一个矛盾的问题,他指出:任何人只能说有很大数目的直径或者半圆,而不能说一个实实在在无穷多的直径或者半圆,也就是说,无穷只能是一种观念,而不是一个定量的数。其实,他是接受了亚里士多德的潜无穷观念,对这种对应关系采取了回避态度。

到了中世纪,随着无穷集合的不断出现,"部分能同整体构成一一对应"这个事实也越来越明显地暴露出来,例如,把两个同心圆上的点用公共半径联结起来,就构成两个圆上的点之间的一一对应关系。

3. 近代学者对无穷集合的探索

17世纪开始,数学家把无穷小量引进数学,构成"无穷小演算",这就是微积分最早的名称。所谓积分法无非是无穷多个无穷小量加在一起,而微分法则是两个无穷小量相除。由于无穷小量运算的引进,"无穷"进入了数学,虽然它给数学带来前所未有的繁荣和进步,它的基础及其合法性仍然受到许多数学家的质疑。德国大数学家高斯也是一个潜无穷论者。高斯在1831年7月12日给他的朋友舒马赫尔的信中说"我必须最最强烈地反对你把无穷看作一件完成的东西来使用,因为这在数学中是从来不允许的。无穷只不过是一种谈话方式,它是指一种极限,某些比值可以任意地逼近它,而另一些则容许没有限制地增加。"这里的极限概念是指一种潜在的无穷过程。高斯反对那些使用无穷概念、使用无穷记号的人,反对把无穷当成普通数一样考虑。法国大数学家柯西(A. L. Cauchy)也不承认无穷集合的存在,他认为部分同整体构成一一对应是自相矛盾的事。

数学家们接触到无穷,却又无力把握和认识它,这是向人类提出的尖锐挑战。面对这一挑战,集合论的先驱者为解决无穷问题进行了不懈努力。

1638年,近代科学的开拓者伽利略(G. Galilei)注意到:全体正整数与它们的平方数可以是一一对应的,其实质是这两个集合的"大小"是相等的,这也是数学上"整体等于部分?"这一经典悖论的来源。

整体等于部分悖论 全体正整数与它们的平方数,哪个多、哪个少?整体等于部分悖论图示如图4-2所示。

$$\{1,\quad 2,\quad 3,\quad \cdots,\quad n,\quad \cdots\}$$
$$\updownarrow\quad \updownarrow\quad \updownarrow\qquad\quad \updownarrow$$
$$\{1,\quad 4,\quad 9,\quad \cdots,\quad n^2,\quad \cdots\}$$

图4-2 整体等于部分悖论图示

分析学严密化的先驱捷克数学家波尔查诺(B. P. J. N. Bolzano)也是一位探索

实无穷的先驱,他明确谈到实无穷集合的存在,强调两个集合等价的概念,也就是后来的一一对应的概念。他指出:无穷集合的子集等价于其整体。例如:0 到 5 的实数 [0,5] 通过公式 $y=\dfrac{12}{5}x$ 可以与 0 到 12 的实数 [0,12] 构成一一对应,虽然集合 [0,5] 包含于集合 [0,12],如图 4-3 所示。

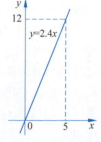

图 4-3 线段与其一部分构成一一对应

波尔查诺为无穷集合指定了"超限数",使不同无穷集合的超限数不同。不过,后来康托尔指出:波尔查诺指定无穷集合超限数的具体方法是错误的。因此,波尔查诺关于无穷集合研究的哲学意义大于数学意义,但不可否认,波尔查诺是集合论的先驱。

4.1.3 康托尔集合论及其思想方法

1. 康托尔集合论的创立

康托尔集合论是康托尔在参与分析学严密化运动过程中逐步建立起来的。在分析学严密化运动中康托尔对实数理论的建立作出了重大贡献,此后,他继续做出了在数学史上具有划时代意义的、更伟大的工作—创立集合论。

19 世纪,由于分析学的严格化和函数论的发展,数学家们提出了一系列重要问题,并对无理数理论、不连续函数理论进行认真考察,这方面的研究成果为康托尔后来的工作奠定了思想基础。康托尔在解决黎曼提出的关于函数的三角级数表示的唯一性问题的过程中认识到无穷集合的重要性,并开始进行无穷集合的理论研究。

1870 年和 1871 年,康托尔两次在《数学杂志》上发表论文,证明了函数 $f(x)$ 的三角级数表示的唯一性定理。1872 年他在《数学年鉴》上发表了一篇名为"三角级数中一个定理的推广"的论文,把唯一性结果推广到允许例外值是某种无穷集合的情形,为描述这种集合,他首先定义了点集的极限点,然后引进了点集的导集和导集的导集等重要概念,这是从唯一性问题的探索向点集论研究的开端,并为点集论奠定了理论基础。

康托尔称集合为一些确定的、不同事物的总体,这些事物人们能意识到并且能判断一个给定的事物是否属于这个总体。他还指出,如果一个集合能够和它的一部分构成一一对应,它就是无穷集合。他又给出了开集、闭集和完全集等重要概念,并定义了集合的交、并运算。

康托尔敏锐地察觉到了需要对无穷集合进行分类。他以一一对应为原则,将有穷集合的元素个数的概念推广到无穷集合,提出了集合等价的概念。两个集合只有当它们的元素间可以建立一一对应才称为是等价的,这样就第一次对各种无穷集合按它们"元素的多少"进行了分类。他还提出了"可列"的概念,将能与正整数集 $N = \{1, 2, 3, \cdots\}$ 建立一一对应关系的任何一个集合都称为可列集合。

知识拓展:可列集

可列集:如果一个无限集中的元素可以按某种规律排成一个序列,也即可以对这个集合的元素标号表示为 $\{a_1, a_2, \cdots, a_n, \cdots\}$,则称其为可列集。

1873年11月,康托尔给数学家戴德金(J. W. Dedekind)写信,说他发现有理数集是可列的,但实数集是否可列还不知道。1873年12月,他再次给戴德金写信,说他已经成功证明了实数集是不可列的,正是这一发现,标志着集合论的诞生!人们把康托尔给戴德金写信提出集合论思想的1873年12月7日定为集合论的诞生日。

1874年,康托尔在《数学杂志》上发表论文,证明了有理数集是可列的,后来他还证明了所有代数数的全体构成的集合也是可列的。

知识拓展:代数数、超越数

代数数是指任何整系数多项式的复根。超越数是指不是代数数的数,例如:圆周率 π、自然对数的底数 e。

由于实数集是不可列的,而代数数集合是可列的,于是康托尔得出必定有超越数存在的结论(超越数的存在是由法国数学家刘维尔(J. Liouville)在1844年最早证明的)。同年又构造了实变函数论中著名的"康托尔集",从而给出测度为零的不可数集的一个例子。他还巧妙地将一条直线上的点与整个平面的点一一对应,甚至可以将直线与整个 n 维空间进行点的一一对应。

从1879年到1883年,康托尔写了6篇系列论文,论文总题目是"论无穷线形点流形",其中前4篇讨论了集合论的一些数学成果,第5篇论文后来以书名为《一般集合论基础》的单行本出版,第6篇论文是第5篇的补充。在这6篇系列论文中,康托尔阐述了实数和直线上的点之间的一一对应关系,对直线上的点作了深刻研究,从而奠定了"超限集合论"的基础,1889年,他又发展了基数理论,提出了著名的"连续统假设"。

知识拓展:流形、连续统假设

流形是局部具有欧几里得空间性质的空间,在数学中用于描述几何形体。

连续统假设:在可列集基数和实数基数之间没有别的基数。

基数是度量集合大小的量,也称为势。

连续统:通常称实数集(直线上点的集合)为连续统。

连续统假设是康托尔的猜测,在1900年第二届国际数学家大会上,希尔伯特把康托尔的连续统假设列入20世纪有待解决的23个重要数学问题之首,又被称为"希尔伯特第一问题"。1938年哥德尔证明了连续统假设和世界公认的ZFC公理系统不矛盾。1963年美国数学家科恩(P. J. Cohen)证明连续假设和ZFC公理系统是彼此独立的,因此,连续统假设不能在ZFC公理系统内证明其正确与否。

2. 康托尔集合论的思想方法

(1) 度量集合大小的一一对应思想。假定集合 A 包含 m 个(两两不同的)元素,集合 B 包含 n 个(两两不同的)元素,显然,A 与 B 可以建立一一对应当且仅当 $m=n$,即它们的元素个数相等。康托尔正是抓住"一一对应"这个基本数学思想来定义一般集合的大小的,称可以建立一一对应关系的任意两个集合为具有相同的"基数",并以此为等价关系将集合进行分类。基数的概念是有限集的"元素个数"概念的推广,有限集 M 的基数就是 M 中元素的个数。在康托尔之前,无穷是一个模糊概念,人们无法区分两个无穷集的大小。1873年,康托尔发现实数集与正整数集之间不存在一一对应关系,由此意识到可以用一一对应作为度量无穷集合大小的尺度,他把集合的大小称为集合的基数或集合的势。对于无穷集合,把与正整数集 $N=\{1,2,3,\cdots\}$ 具有相同基数的集合称为可列集(可数集),它们的基数为 $\aleph_0$ (读作"阿列夫零"),他还证明了区间 $[0,1]$ 的基数 $\aleph$ (读作"阿列夫")大于 $\aleph_0$,即 $[0,1]$ 不可以和 N 建立一一对应;而且,对任意一个基数,都存在比它大的基数,从而不存在最大的基数。康托尔还推广了有限序数和有穷基数的概念,建立了无穷序数和无穷基数(超穷数)的概念,并定义了相应的算术运算。

知识拓展

序数是日常使用的第一、第二等表示次序的数的推广。

(2) 实无穷思想。在19世纪以前,人们只承认潜无穷,即只承认无穷的过程,但不承认最后的飞跃——极限的实现。康托尔肯定了实无穷,他用大量事实论证了:包括微积分在内的数学若要获得进展,必须肯定实无穷。例如,正整数全体是实无穷,闭区间上的实数全体、圆周上的点全体是实无穷。不仅如此,他对无穷进行分类,并把无穷当成实在的数进行运算,这就是所谓的"超穷算术"。特别地,他引进了关于基数的算术,基数的运算与人们熟悉的自然数运算有根本的区别。例如,若把 $\aleph_0$ 加上自然数 n,则

$$\aleph_0 + n = \aleph_0$$

此外,还有 $\aleph_0 + \aleph_0 = \aleph_0$,$\aleph_0 \cdot \aleph_0 = \aleph_0$,$\aleph + \aleph_0 = \aleph$,等等。

(3) 论证了无限集与有限集的本质区别。康托尔指出:有限集的整体大于其中一部分,但对于无限集,一定会出现整体等于其中一部分的现象。无限集 S 可以且至少与它的一个真子集 S_1 的基数相等,即 S 可与 S_1 建立一一对应。一个集为无限集的充要条件是整体(的基数)可以等于其一部分(的基数),利用基数可以区分有限集和无限集。

例4-5 整数集可以与其中的奇数(偶数)全体构成的子集建立一一对应,从而

具有相同的基数$\aleph_0$。

例 4-6 试举例证明开区间(0,1)与实数集的基数相同。

解 函数$y=\cot(\pi x)$, $x \in (0,1)$实现了(0,1)的点与实数集的点之间的一一对应,因此(0,1)与实数集的基数相同。

康托尔集合论的提出是数学思想的一个飞跃,大数学家希尔伯特称赞康托尔的超穷算术是"数学思想的最惊人的产物,在纯粹理性的范畴中人类活动的最美的表现之一"。

4.1.4 公理化集合论及其思想方法

1. 康托尔集合论陷入困境

集合论大大冲击了传统观念,很难被当时的数学家们所接受,遭到许多人的猛烈抨击,其中,抨击得最激烈的是柏林学派的代表人物之一、康托尔的老师、当时享有盛名的柏林大学负责人、构造主义者、德国数学家克罗内克(L. Kronecker)。克罗内克认为,数学的对象必须是可以构造出来的,不能用有限步骤构造出来的都是可疑的,不应作为数学的对象,他反对无理数和连续函数的理论,严厉批评康托尔的无穷集合和超穷数理论不是数学而是神秘主义。克罗内克也坚决反对康托尔出任柏林大学教授,尽管著名数学家魏尔斯特拉斯支持康托尔,但也无济于事,这导致康托尔不久在忧郁中去世。

20世纪之初提出的罗素悖论也使人们对集合论产生了严重怀疑。

康托尔在创立集合论时,对集合进行了定义:"集合是一些明确的事物的总体",并给出如下说明:一个事物属于或不属于某个集合,二者必居其一,而且每一个集合x不属于自己,即$x \notin x$。

1903年,英国哲学家、数学家罗素(B. A. W. Russell)针对康托尔的集合定义,提出了一个揭示康托尔集合论中逻辑矛盾的悖论,其基本思想是:对于任意一个集合x, x要么是自身的元素,即$x \in x$;要么不是自身的元素,即$x \notin x$(注:若元素o是集合A的元素,则记为$o \in A$。由于集合也可看作一个元素,因此上述关系也可用于集合与集合之间的关系),可将所有不是自身元素的集合构成一个集合S,即$S=\{x \mid x \notin x\}$。

罗素悖论 构造一个集合S: S是由所有不属于自身的集合所组成,即$S=\{x \mid x \notin x\}$,其中x是任意一个集合,那么S是否属于S?

根据排中律,一个元素或者属于某个集合,或者不属于某个集合。因此,对于一个给定集合,问是否属于它自己是有意义的。但对这个看似合理的问题的回答却会陷入两难境地。如果S属于S,根据S的定义,S就不属于S;反之,如果S不属于S,同样根据定义,S就属于S。对这个问题,不论回答是或不是都将导致逻辑上的矛盾。

1918年,罗素又把这个悖论用通俗语言表述成"理发师悖论"。

理发师悖论　在一个孤立的小村庄里居住的每个人都要理发,那里唯一的理发师宣称他"替且只替那些不替自己理发的人理发",那么,这个理发师的头发由谁来理呢？

如果这位理发师不替自己理发,那么他也是那些不替自己理发的人,他就要为自己理发；如果他替自己理发,那么他不是那些不替自己理发的人,他就不能为自己理发。不论他替或不替自己理发都将产生矛盾。

罗素悖论简明地揭示了集合论的基本逻辑矛盾,立即引起广泛关注,引发了"第三次数学危机",这个危机使康托尔集合论陷入巨大困境。

2. 公理化集合论

20世纪初,集合论这一开创性成果逐渐被广大数学家们接受,人们发现：从自然数与康托尔集合论出发可建立起整个数学大厦,因而集合论成为现代数学的基石。"一切数学成果可建立在集合论基础之上"这一发现使数学家们为之陶醉,集合论终于获得了广泛赞誉。然而,罗素悖论等一些问题和矛盾尚未解决,为解决这些问题,20世纪20年代开始,数学家们开始对集合论进行公理化重建,集合论也由朴素集合论发展为现在普遍公认的公理化集合论。

鉴于康托尔关于"集合"的定义和"属于"的解释这两个环节出问题导致产生了罗素悖论,公理化集合论的数学思想是：将"集合"和"属于"均当成不加以定义的基本概念。这就如同在中国象棋中,不去定义什么是"车、马、炮",而只规定车、马、炮的游戏规则一样。

解决罗素悖论的集合论公理系统主要有两个,一个是1908年由德国数学家策梅洛(E. Zermelo)提出,后经弗伦克尔(A. Fraenkel)等改进的系统,称为ZFC公理系统；另一个是由冯·诺依曼(J. V. Neumann)1925年提出,经保罗·博内斯(P. Bernays)和哥德尔(K. Gödel)修改而成的NBG公理系统,后来人们证明二者是等价的。

ZFC(Zermelo-Fraenkel-Axioms with Choice)公理系统　ZF公理系统给出了9条公理来规定集合的各种运算规则,且为避免逻辑错误,全部采用形式逻辑的语言表述,在此基础上再加上选择公理,就构成了ZFC公理系统。

NBG(von Neumann-Bernays-Gödel)公理系统　首先由冯·诺伊曼在20世纪20年代公式化,在1937年开始由保罗·博内斯修改,在1940年由哥德尔进一步简化的集合论公理系统。

3. 公理化集合论的思想方法

根据ZFC公理系统或NBG公理系统,罗素悖论和其他有关悖论都可以被排

除，事实上，罗素悖论是由于承认 $S=\{x\,|\,x\notin x\}$ 是一个集合引起的。

在 ZFC 公理系统中，由分类公理，存在集合 $S=\{x\,|\,x$ 是一个集合$\}$ 在 ZF 系统中可以被证明是矛盾的，因此罗素悖论在该系统中被避免了。

在 NBG 公理系统中，该系统的标志特征是类（class）和集合（set）的分离，且有结构性限制防止推测"所有类的类"或"所有集合的集合"，这样也就避免了罗素悖论。

朴素集合论和公理化集合论的区别在于，前者把集合作为所谓的集合元素或集合成员这类对象的搜集（collection），对集合未有形式化的理解，而后者只使用明确定义的公理以及从中证明的关于集合和成员关系的种种事实。其中，公理源自人们对集合对象的搜集和对它们的理解，并被谨慎地构建，以避免已知的各种悖论。公理化使集合论获得了新生！

曾提出悖论的罗素也称赞康托尔的工作"可能是这个时代所能夸耀的最巨大的工作"，希尔伯特高度赞扬康托尔的集合论是"数学天才最优秀的作品""人类纯粹智力活动的最高成就之一"！

4.2 结构主义

20 世纪 30 年代，几名在巴黎高师数学系就读的学生决定抛弃当时守旧的教材，重新编写一部符合当时数学发展趋势的新教材，他们组织讨论班、招募新成员，创建了法国布尔巴基学派。布尔巴基并不是某个人的名字，而是数学家团体所共用的笔名，其笔名全名为：尼古拉斯·布尔巴基（Nicolas Bourbaki），这批年轻人日后都成长为非常重要的数学家，包括韦伊、嘉当、迪厄多内、格罗腾提克等。布尔巴基学派认为：数学研究的核心就是结构，可以按结构的不同，对数学对象进行归类，纯粹数学最基本的结构有 3 个：代数结构、序结构、拓扑结构，这三大基本结构被称为母结构。

4.2.1 代数结构

数学对象千差万别，其数学运算也千差万别，例如：
(1) 集合的运算：∩、∪、……
(2) 逻辑命题的运算：∧、∨、¬、→、……
(3) 向量的运算：+、−、•、……
(4) 矩阵的运算：+、−、×、……
(5) 数集的运算：+、−、×、÷、……

但研究发现：不同数学对象的不同运算却可能遵循完全相同的形式规则。关于运算及其规则的思考引出代数结构的理论。

在非空集合 S 上定义一种或几种元素合成法则,合成法则满足一组公理,则称这个集合连同定义在其上的合成法则为一个**代数结构**。在代数结构中,集合的元素并非彼此孤立、毫无联系的,而是可以通过某种合成法则联系起来。**合成法则**是指可以将集合中任意两个元素转化为一个元素的人为规定的方法。最典型的合成法则是运算,但合成法则并不仅仅限于运算,例如,复合函数就是两个函数之间的合成。

例 4-7 对实数集合,加法是一种合成法则,实数集合赋予了加法后就成为一种代数结构。

例 4-8 对于函数组成的集合,按函数的复合可以构成一种代数结构。

例 4-9 对于几何图形组成的集合,按几何图形的变换可以构成一种代数结构。

注意,代数结构的合成法则需要满足封闭性、结合律。

封闭性是指对任意 $a,b \in S$,都有 $a \cdot b \in S$,其中,"·"是某一合成法则。

例 4-10 正数集合对于减法不封闭;无理数集合对于加法不封闭。

结合律是指对任意 $a,b,c \in S$,都有 $(a+b)+c=a+(b+c)$,其中,"+"是某一合成法则。

例 4-11 加法满足结合律,所以 $a+b+c$ 无歧义。

交换律是指对任意 $a,b \in S$,都有 $a+b=b+a$,即 a 与 b 合成的结果等于 b 与 a 合成的结果。为纪念英年早逝的数学天才阿贝尔,也把满足交换律称为"满足阿贝尔的"。

例 4-12 数的加法满足交换律,矩阵的乘法不满足交换律。

4.2.2 序结构

序是顺序、次序的意思。称由集合连同在其上规定的元素序关系为一个**序结构**。

在序结构中,集合中的元素是有先有后的。例如,对于某条公交线路,若将各个站点构成一个集合,在规定了行驶方向后,这个集合就是一个序结构。

数学中最常见的序结构是数轴,将所有实数构成一个集合,任意两个实数均可以比较大小,相对靠左侧的小,靠右侧的大,所以实数集连同大小关系就是一种典型的序结构。除了数的大小关系之外,其他一些关系也可以生成序结构。

例 4-13 集合之间的包含关系,如 $\{1\} \subset \{1,2\} \subset \{1,2,3\}$,是一种序结构。

以下是无法建立序结构的例子。

例 4-14 复数集中无法建立实数那样的大小关系,无法建立序结构。

例 4-15 集合$\{1,2\}$和$\{2,3\}$之间,无法建立序结构。

设 A 是集合,若 A 上的二元关系"$\leqslant$"满足以下条件,则称"$\leqslant$"是 A 上的偏序关系：

(1) 自反性：$a \leqslant a, \forall a \in A$；

(2) 反对称性：$\forall a, b \in A$，若 $a \leqslant b$ 且 $b \leqslant a$，则 $a = b$；

(3) 传递性：$\forall a, b, c \in A$，若 $a \leqslant b$ 且 $b \leqslant c$，则 $a \leqslant c$。

具有偏序关系"$\leqslant$"的集合 A 称为**偏序集**，记作$(A, \leqslant)$。记号"$\leqslant$"读作"小于或等于"或"含于"。设$(A, \leqslant)$是偏序集，若 $\forall a, b \in A$，都有 $a \leqslant b$ 或 $b \leqslant a$，则称$(A, \leqslant)$是**全序集**。

例 4-16 实数集按照实数的大小关系构成的是全序集。

例 4-17 复数集按照实数的大小关系构成的是偏序集。

关于序结构，有许多非常深刻的问题。

例 4-18 是不是所有的区间都存在最小的数？

解 不是，例如 $\min[0,1] = 0$，但 $\min(0,1)$ 不存在。

例 4-19 是不是任意由自然数组成的集合都存在最小的数？

解 是，这个性质称为自然数的**良序性**。

拓展知识：良序性

良序性指的是对于一个集合，其任何一个非空子集都有一个最小元素。

序结构在数学中有很多实际应用，例如数学归纳法就依赖于自然数的序结构，数学归纳法：

(1) 验证 $n = 1$，命题成立；

(2) 假设 $n = k$，命题成立；论证 $n = k + 1$，命题成立。

其中，(2) 是核心步骤，即假设 $n = k$ 时的命题，去推导 $n = k + 1$ 时的命题，正是 k 和 $k + 1$ 的这种顺序确保了数学归纳法的合法性。

4.2.3 拓扑结构

代数结构、序结构研究的是集合的元素与元素之间的关系，而拓扑结构研究的是集合的子集与子集之间的关系，因此拓扑结构更加复杂。

拓扑学是基于一系列概念、命题和定理展开的，现列举一些基本概念。

某点的**领域**是指以该点为中心的一个区域。

设 a 是数轴上的一点，r 是一个正数，则开区间 $(a-r, a+r)$ 称为 a 的 r **邻域**，记作 $U(a, r) = \{x \mid a-r < x < a+r\}$，点 a 称为**邻域的中心**，r 称为**邻域的半径**。$U(a, r)$ 表示与点 a 的距离小于 r 的一切点 x 的全体。

邻域的概念不仅限于数轴，也可以在二维平面、三维空间中定义邻域。在拓扑学中，邻域被用来研究空间的连通性、连续性等性质。邻域还有一些重要的性质，例如，邻域必须是开集，即领域中的任意一点都可以通过一个足够小的领域找到。

其中,开集的定义为:若对于集合 A 中的每个点,都存在该点的某个邻域完全包含于 A 中,则称 A 为一个**开集**。

例 4-20　区间 $(0,1)$ 是开集,但区间 $[0,1]$ 不是开集。

例 4-21　$A=(0,1)\cup(2,3)$ 是开集。

开集具有如下 3 条性质,称为开集公理:

(1) 空集和实数集 $\mathbb{R}$ 都是开集。

(2) 两个开集的交集还是开集。

(3) 任意多个开集的并集还是开集。

将满足开集公理的某集合子集的集合称为这个集合上的**拓扑结构**。

研究拓扑结构具有重要意义,以高等数学中函数连续性为例进行说明。

函数的连续性　若函数 $f(x)$ 在 $x=x_0$ 处满足

$$\lim_{x \to x_0} f(x) = f(x_0)$$

则称 $f(x)$ 在 $x=x_0$ 处连续。

该定义用到了极限,现用"ε-δ 语言"重新叙述该定义如下:

若函数 $f(x)$ 在 $x=x_0$ 处满足:$\forall \varepsilon>0, \exists \delta>0$,使得 $|x-x_0|<\delta$ 时,$|f(x)-f(x_0)|<\varepsilon$,则称 $f(x)$ 在 $x=x_0$ 处连续。

用"邻域语言"改写上述定义,可得:

若函数 $f(x)$ 在 $x=x_0$ 处满足:$\forall \varepsilon>0, \exists \delta>0$,使得 $x\in(x_0-\delta, x_0+\delta)$ 时,$f(x)\in(f(x_0)-\varepsilon, f(x_0)+\varepsilon)$,则称 $f(x)$ 在 $x=x_0$ 处连续。

用邻域语言叙述更为直接,有了拓扑结构,就可以研究函数的连续性。有了函数在一点处的连续性,就可以研究函数在区间上的连续性,有了函数在区间上的连续性,就可以研究空间与空间之间的连续性。

拓扑学的研究内容之一是两个分别由很多开集组成的拓扑空间之间的关系。设 A、B 是两个拓扑空间,若映射 $f:A\to B$ 使得 B 中任一开集的原象都是 A 中的开集,则称 f 为一个**连续映射**。若 A 与 B 之间存在连续的一一映射 $f:A\to B$ 和 $g:B\to A$,则称 A、B 是**同胚**的。

在图 4-4 中,空间 A、B 并不是同胚的,从直观上,空间 A 是没有"洞"的,空间 B 有一个"洞",B 相当于将 A 戳破了形成一个洞,戳破是一个间断操作,破坏了连续性。

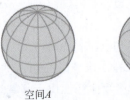

空间A　　　空间B

图 4-4　拓扑空间示例

4.2.4 结构主义的数学思想

结构主义的数学思想体现为如下几方面。

(1) 结构思想。布尔巴基学派的核心数学思想是：数学研究的核心是结构。**数学结构**是用集合和关系的语言对各种数学对象提取出的统一形式，由若干集合、定义在集合上或集合间的一些关系，以及一组作为条件的公理组成。数学结构也称**关系结构**，简称**结构**。布尔巴基学派认为：可以按照不同的结构将众多数学分支进行归类，纯粹数学中有三大基本结构，他们称之为母结构，即代数结构、序结构、拓扑结构，以母结构为基础可衍生出很多子结构，不同结构之间还有复合结构，通过这些结构的变化、复合、交叉形成各种数学分支。此外，一个集合可以同时有几种结构。

例 4-22 试列举实数集的基本结构。

解 实数集有如下基本结构：①代数结构——乘法和加法使实数集成为一个域；②序结构——任意两个实数都可以比较大小，即是完全有序的；③拓扑结构——一个实数和另一个实数有远近关系。

(2) 统一性思想。统一性是指部分与部分、部分与整体之间的协调一致。客观世界具有统一性，数学作为描述客观世界的语言，必然也具有统一性。数学的统一性是客观世界统一性的反映，是数学各分支固有的内在联系的体现，它表现为数学的各分支相互渗透和相互结合的趋势。数学一开始是统一的。在古希腊时期，数学分成算术和几何，人们试图把它们统一起来的目标虽未能实现，却找到了两者之间的联系。17世纪笛卡儿和费马的解析几何是两者有机结合的典范：引进了坐标，用"数"研究"形"，也引进了变量数学，这为牛顿和莱布尼茨发明微积分创造了条件，从而出现了分析学。分析学与代数、几何三足鼎立，构成了数学的核心。随后数学逐步形成了三大类，即研究连续现象的分析类、研究离散系统的代数类、研究空间形式的几何类。随着数学的发展，数学分支越来越多，且不断出现新的数学分支，这些分支各有各的研究对象、研究方法和独特语言，数学已经被很多分界线割裂得支离破碎，然而，数学的发展不断证实：统一性是数学的固有特点，填补各数学分支之间的鸿沟也成为现代数学的任务和发展趋势之一，随着不同数学分支思想方法的互相渗透，建立了现代数学的共同的逻辑基础—数理逻辑、共同的基本概念和表述语言—集合、共同的方法论—公理化思想方法。布尔巴基学派采用全局观点，着重分析各个数学分支之间的结构差异和内在联系。他们发现：利用数学内在联系和公理化方法能够从数学各分支中提炼出各种数学结构。他们认为：数学的发展无非是各种结构的建立和发展。布尔巴基学派在集合论的基础上建立了三个基本结构，然后根据不同的条件，由这三个基本结构交叉产生新的结构，如分析结构、布尔代数结构等。他们认为整个数学或大部分数学都可以按照结构的不同而加以分类,用数学结构能统一整个数学,各个数学分支只是数学结构由简单到复杂、由一般向特殊发展的产物。数学的不同分支是由这些不同的结构组成的,而这些结构之间的错综复杂的联系又把所有分支连接成一个有机整体。可以说,布尔巴基学派用数学结构展示了数学的统一性。

4.3 抽象代数

4.3.1 抽象代数简介

代数可分为初等代数(elementary algebra)和近世代数(modern algebra)两个发展阶段。初等代数是古老的算术的推广和发展,初等代数研究实数和复数以及以它们为系数的代数式的运算理论和方法,是 19 世纪上半叶以前发展的代数理论,其研究对象主要是代数方程(组),即研究某一类代数方程(组)是否可解、如何求出代数方程(组)的所有解(根)以及根的性质等问题。

近世代数又称为抽象代数(abstract algebra),起源于 19 世纪诞生并发展起来的群论和域论,它的研究对象是代数系统(简称代数系)。抽象代数是研究各种抽象的代数系的数学学科,由于代数可处理实数、复数以外的对象,如向量、矩阵等,这些对象的区别是根据它们各自的演算定律而定的,通过抽象方法将各种演算定律共有的"形式规则"提取出来,由此达到更高层次,就诞生了抽象代数。抽象代数的主要内容是关于群、环、域的理论,群是具有一种代数运算的代数系,环是具有两种代数运算的代数系,域是特殊的环。

抽象代数的地位和作用体现如下。

(1) 在数学内部,抽象代数已成为现代数学的基础理论。抽象代数以全新的视角重新打开了数学各分支学科,它的引入改变了几乎所有数学分支的面貌,由于代数运算贯穿于所有数学分支中,也由于代数结构及其元素的一般性,抽象代数已成为现代数学的基础理论。它的方法与结论渗透到许多数学分支中,形成了具有新内容、新面貌的新分支,如代数数论、代数几何、代数拓扑、拓扑群等。同时,抽象代数随着数学各分支理论的发展而继续得到发展。

(2) 抽象代数广泛应用于科学技术领域。抽象代数可应用于理论物理等自然科学领域,此外,抽象代数的一些成果和方法被直接应用到工程技术领域,如代数编码、语言代数学、代数自动机理论等。抽象代数是离散数学的重要组成部分,并对组合数学的发展起重要作用,由于离散数学和组合数学是计算机理论的数学基础,因此抽象代数也是计算机科学的理论基础之一。

4.3.2 抽象代数的创立和发展

抽象代数的创立和发展是一个漫长的过程，它是由众多优秀数学家建立起来的。

1. 群论、域论及其抽象化

伽罗瓦在 1832 年运用群的思想彻底解决了用根式求解代数方程的可能性问题，给出了代数方程有根式解的充要条件，他是第一个建立群的概念和理论的数学家，被称为抽象代数的创始人。伽罗瓦理论的提出标志着抽象代数的诞生，伽罗瓦也使代数学由解代数方程的学科转变为研究代数结构的学科，把代数学由初等代数阶段推向抽象代数阶段。

群论开辟了全新的研究领域，以结构研究代替计算，把从偏重计算研究的思维方式转变为用结构观念研究的思维方式，并把数学运算归类，使群论迅速发展成为一门崭新的数学分支，对近世代数的形成和发展产生了巨大影响。同时这种理论对于物理学、化学的发展，甚至对于 20 世纪结构主义学派的产生和发展都产生了巨大影响。伽罗瓦不仅是群论的创始人，他还是域论的创始人。伽罗瓦之后，群和域的概念得到发展，除了有限离散群，无限群、连续群，抽象域、环、理想等概念也被先后提出。

但是，伽罗瓦的群和域都是由有限个具体的研究对象构成的集合，克莱因的无限群也是具体的变换群，戴特金和克罗内克引进的域都是具体的代数数域，这些具体的代数系统各有不同的来源和背景，基本上是各自独立地被研究，没有统一的基础。随着研究的深入，人们认识到，这些代数结构中的元素本身的内容并不重要，重要的是关联这些元素的运算及其应满足的运算规则，于是，研究对象逐渐从具体代数结构转向抽象代数结构。这里，有一个重要的数学思想：数学的研究对象中，需要重点研究的往往不是数学对象本身，而是数学对象之间的关系，数学中的各种运算、映射、变换都是如此。在诸如矩阵群、置换群、变换群等具体的群概念基础上，经过抽象概括可得出抽象群的概念，19 世纪 50 年代，英国数学家阿瑟·凯莱(Arthur Cayley)提出抽象群的概念，90 年代韦伯(H. Weber)提出域的抽象理论，而弗罗贝尼乌斯(F. G. Frobenius)则开始了群表示论研究。

20 世纪初，鉴于希尔伯特重建欧氏几何并获得成功所产生的影响，各个代数系统先后进行了公理化改造。1902—1905 年，亨廷顿(E. V. Huntington)和狄克森(L. E. Dichson)先后给出了抽象群的公理系统。1910 年德国数学家施泰尼茨(E. Steinitz)对于域论进行统一的抽象处理，形成域论的基础。此外，代数数域理论在 19 世纪末已由希尔伯特等进行总结完善，他提出的一些猜想陆续由日本数学家高木贞治和奥地利数学家阿廷(E. Artin)所解决，从而形成一个完整的体系。

在第 3 章，已经介绍了群的概念，下面简要给出环、域等概念。

交换群　设 G 是一个群，并且运算满足交换律，则称 G 是一个交换群。

非交换群　不是交换群的群。

环　设 R 是集合，如果 R 上有两个代数运算满足①R 关于加法成为一个交换群，②乘法满足结合律和对加法的分配律，则称 R 是一个环。

交换环　设 R 是一个环，并且满足乘法交换律，则称 R 是一个交换环。

非交换环　不是交换环的环。

有幺环　设 R 是一个环，并且有乘法单位元，则称 R 是一个有幺环，或有单位元的环、有 1 环。

无幺环　没有单位元的环。

域　设 F 是集合。如果 F 上有两个代数运算满足：①F 关于加法和乘法构成一个环，②乘法满足交换律，③乘法有单位元，④每个非零元都有乘法的逆元，则称 F 是一个域。

2. 环论的研究与抽象代数的创立

环论是由抽象代数的主要奠基人之一——德国女数学家诺特（E. Noether）完成的。这位杰出的女数学家曾在克莱因和希尔伯特的思想影响下从事相对论研究，并于 1918 年发表了两篇重要论文，其中一篇把黎曼几何学和广义相对论中常用的微分不变式问题化为代数不变式问题；另一篇把对称性、不变性和物理守恒定律联系在一起，建立了物理学中著名的诺特定理。她的工作得到研究不变式问题的大数学家希尔伯特的赏识，并把她邀请到德国的哥廷根大学从事教学与科研。她在 1920 年发表的第一篇研究抽象代数的论文中，引进了诸如左理想、右理想、剩余类、同构等重要的基本概念；1921 年发表的《整环的理想论》在公理化的基础上建立了一般的理想论，被称为是交换代数的里程碑。1927 年起，她把表示论、理想论和模论统一在代数的基础上。诺特使用最简单、最一般的概念术语进行数学推理，如同态、理想、算子环等，成为抽象代数现代化的开端。在这一时期，她和她的许多有才华的学生形成了诺氏学派。1931 年诺氏学派的哈萨（H. Hasse）、布饶尔（R. Brauer）与她，以及美国学派的阿尔伯特（A. A. Albert）合作证明了"代数主定理"，这一成果被著名数学家外尔（H. Weyl）称为是"代数史上的一个转折"，同时，她的学生范德瓦尔登（B. L. Van Waerden）在她与阿延（她的另一学生）的讲义的基础上整理出版了《近世代数》一书，传播了诺特的抽象代数思想，从根本上改变了代数学的面貌。从此以后，以群、环、域为中心的抽象代数成为代数学的重要研究课题，同时抽象代数也成为现代数学的基础理论。

3. 抽象代数的新发展

20 世纪 30 年代，格论得以建立。格论是抽象代数的分支之一，格是指其任意非空有限子集都有一个上确界（叫并）和一个下确界（叫交）的偏序集。格论主要研究格的性质。

20世纪40年代，作为线性代数的推广的模论得以建立和发展。**模**是域上向量空间的直接推广。模论是抽象代数的分支之一，主要研究环上的模。

此外，泛代数、同调代数、范畴论等新领域也建立和发展起来。

泛代数是以一般代数系统为研究对象的一个数学分支。与抽象群的概念类似，泛代数在一般的群、环、格、模等概念之上再抽象，得出能概括它们的共性的更加一般的概念和新代数系统构造方法。

同调代数是随着拓扑学，特别是同调论的发展而形成的一种代数方法。它把代数学中以往被个别研究的一些问题用统一的观点给予展开，形成作为一般体系的领域。

范畴论是抽象地处理数学结构以及结构之间联系的一门数学理论。

抽象代数还在不断发展，20世纪数学最突出的进展之一就是抽象代数的创立和发展。

4.3.3　抽象代数的思想方法

（1）代数结构思想。代数学最初是研究计算的，代数是用符号代替数进行列算式和计算，即实现了计算的符号表示，但其应用价值仍集中于计算。然而，随着代数学应用范围的扩大，人们发现它还可以表示各种各样的"关系"。如果深入研究数学的对象，可发现计算并不是主角，例如几何学、图论，其研究的核心是点、线、面之间的关系或各要素之间的关系。在集合论中，人们已经了解了关系的精确定义，关系存在于大量应用模型中，事物中的关系的总和就是事物的"结构"，不同事物之间可能在本质上有着非常相似的结构，抽象代数就是研究"代数结构"的科学，抽象代数的发展使代数学的研究重心由对计算的研究转向对代数结构的研究。

定义　设 S 是一个非空集合，R 是关于 S 的元素的一个条件，如果对 S 中任意一个有序元素对 (a,b)，总能确定 a 与 b 是否满足条件 R，就称 R 是 S 的一个关系。如果 a 与 b 满足条件 R，则称 a 与 b 有关系 R，记作 aRb；否则称 a 与 b 无关系 R。关系 R 也称为二元关系。

例如，设 S 是实数集 $\mathbb{R}$，对 S 中任意一个有序元素对 (a,b)，$b-a>0$ 或 $b-a\leqslant 0$ 有且仅有一个成立，所以 ">" 是 S 的一个关系。又如，在整数集 $\mathbb{Z}$ 中，规定 $aRb \Leftrightarrow a|b$，因为 $a|b$ 或 $a\nmid b$ 有且仅有一个成立，所以 "|" 是 $\mathbb{Z}$ 的一个关系。再如，设 S 是一个非空集合，S 的所有子集组成的集合记为 $P(S)$，对 S 的任意两个子集 A 和 B，$A\subseteq B$ 或 $A\nsubseteq B$ 有且仅有一个成立，所以 "$\subseteq$" 是 $P(S)$ 的一个关系。

（2）抽象思想。抽象代数使抽象的数学思想得到了充分体现。数学中的抽象是指将各种具体对象或运算的共同内容提取出来,并达到更高层次。数学的对象除了数外,还有向量、多项式、函数、矩阵、线性变换等。数的基本运算是加、减、乘、除四则运算,虽然其他数学对象不是数,且各有特点,但它们也可以如同数那样进行运算,从运算的角度看,它们有很多共同的性质和形式规则,抽象需要提取出的共同内容主要指共同的性质和形式规则。从一般集合出发研究各种运算的性质是抽象代数的主要任务。一个抽象集合,如果有一种或几种抽象运算,就是一个代数系统,由于集合和运算都是抽象的,故近世代数也称为抽象代数。

(3) 统一性思想。格论、模论、泛代数、同调代数、范畴论等抽象代数分支学科都起统一作用,对它们分别研究时,能够从其中某一方面切入后同时涉及许多代数结构,甚至其他数学结构,这体现了现代数学的统一性思想。

4.4 泛函分析

4.4.1 泛函分析简介

泛函分析创立于 20 世纪 30 年代,是古典分析学的推广,也是分析学中最年轻的分支。泛函分析综合运用函数论、代数、几何的观点来研究无限维空间上的泛函、算子和极限理论,是一门高度综合的数学学科。

泛函分析的研究对象是无穷维空间,无穷维空间可以看成欧氏空间的推广,欧氏空间的点、线、面都可以表示为向量,单个向量有长度,两个向量之间有夹角,两点之间有距离,这些概念不难推广到高维欧氏空间,当维数无限增加时,就得到了无穷维空间。无穷维空间并非仅用于理论研究,而是有实际应用背景,例如,在连续介质力学中研究具有无穷多自由度的力学系统时,其状态就要用无穷维空间的点来表示,这正是泛函分析的基本内容。因此,泛函分析也可以通俗地理解为无穷维空间的微积分学。

下面介绍相关的基本概念。

函数是研究数到数的某种对应关系(一对一或多对一),其定义域和值域都是数域,如实数域、复数域。以实数域为例,函数可表示为:$\mathbb{R} \mapsto \mathbb{R}$。对函数进行分析,即研究函数及其运算(如微分、积分)的数学学科就是数学分析。

泛函是在函数的基础上将定义域扩展为满足一定要求的集合X,值域仍然是数域$\mathbb{R}$。泛函可表示为:$X \mapsto \mathbb{R}$,对泛函进行分析的数学学科就是泛函分析。

算子是将泛函的概念继续推广,定义域和值域均为满足一定要求的集合。算子可表示为:$X \mapsto Y$,其中X和Y都是满足一定要求的集合。算子理论也是泛函分析的重要内容。

经过近一个世纪的发展,泛函分析已经形成了自己的许多重要分支,如算子谱理论、巴拿赫代数、拓扑线性空间理论、广义函数论等。

泛函分析是对变分问题、积分方程等数学问题以及物理学、力学等领域的实际问题的研究中发展起来的，因此泛函分析广泛应用于数学、物理学、工程技术等领域。泛函分析一方面以其他学科所提供的素材来提取自己的研究对象、改进自己的研究方法，另一方面也强有力地推动着其他学科的发展。

(1) 应用于数学内部。泛函分析已经渗透到现代数学的各个分支，在微分方程、函数论、调和分析、概率论、控制论、最优化理论等学科分支中都有重要应用。

(2) 应用于现代物理学、力学。n 维空间可以描述具有 n 个自由度的力学系统的运动，实际应用中需要有新的数学工具来描述具有无穷自由度的力学系统。例如，梁的震动问题就是无穷自由度力学系统的例子。泛函分析是研究无穷自由度物理系统的重要而自然的工具，已经广泛应用于连续介质力学、统计力学、量子场论、数学物理、理论物理等领域。

(3) 应用于工程技术领域。泛函分析的观点和方法已经渗透到很多工程技术领域中，如基于泛函方法分析船舶机动特征和稳定性、基于泛函方法解决分布参数化控制问题。随着现代微分几何、拓扑学和大范围分析的发展，非线性泛函分析也将获得更广泛的应用。

4.4.2 泛函分析的创立与发展

1. 泛函分析的创立

19 世纪以来，数学的发展进入了一个新的阶段：出于对欧氏几何第五公设的研究，引入了非欧几何；出于对于代数方程求解的一般思考，建立并发展了群论；数学分析的研究又促进了集合论的诞生。19 世纪的新数学理论都为用统一的观点把古典分析的基本概念和方法一般化准备了条件，数学家开始着手分析学的一般化工作。

20 世纪初，瑞典数学家弗列特荷姆和法国数学家阿达玛发表的著作中，最先出现了把分析学一般化的萌芽。随后，希尔伯特和海令哲开创了"希尔伯特空间"的研究。20 世纪 20 年代，在数学界已经逐渐形成了一般分析学，其内容对应泛函分析的基本概念。

20 世纪二三十年代，哈恩、里斯、巴拿赫、冯·诺依曼等数学家为泛函分析的创立作出了关键性工作。1926 年，冯·诺依曼把希尔伯特空间进行了公理化，并把量子力学的数学基础建立在泛函分析之上，给出了无界自共轭算子的谱分解。此外，他吸收抽象代数的思想，把希尔伯特空间上的有界线性算子组成的集合看作一种代数来研究，开辟了算子代数的新分支——弱闭对称算子环(现称冯·诺依曼代数)。波兰数学家巴拿赫(S. Banach)是泛函分析的主要奠基人之一，巴拿赫进一步把希尔伯特空间推广为巴拿赫空间,用公理加以刻画,形成了系统的理论,他在 1932 年出版了他的名著《线性算子理论》,该书整理了当时泛函分析的众多成果,成为泛函分析的第一本经典著作。此时,泛函分析不仅理论上较完备,而且在数学分析领域的应用上,起着举足轻重的作用,至此,泛函分析已经成为一门研究无限维线性空间上的泛函数和算子理论的独立的数学分支。

2. 泛函分析的基本概念

完备的 若度量空间 $\langle X,d \rangle$ 中任何 Cauchy 序列都收敛,则称度量空间 $\langle X,d \rangle$ 是完备的。

完备性确保了所使用的数域或更一般的集合的完整性。

Cauchy 序列 设 $\{x_n\}_{n=1}^{\infty}$ 是度量空间 $\langle X,d \rangle$ 中的序列,若 $\forall \varepsilon > 0, \exists N \in \mathbb{Z}^+$,使

$$d(x_n, x_m) < \varepsilon, \quad 当 n, m \geqslant N,$$

则称 $\{x_n\}_{n=1}^{\infty}$ 为 Cauchy 序列。

度量空间(距离空间) 若非空集合 X 中任意两个元素 x,y 都对应一个实数 $d(x,y)$,使

(1) $d(x,y) \geqslant 0, d(x,y) = 0$ 当且仅当 $x = y$,

(2) $d(x,y) = d(y,x)$,

(3) $d(x,z) \leqslant d(x,y) + d(y,z)$.

对任意 $x, y, z \in X$ 成立,则称 X 为度量空间(距离空间),记作 $\langle X,d \rangle$,而称 $d(x,y)$ 为 x 与 y 之间的度量(距离)。

注意,在度量空间的定义中,式(1)~(3)分别表示距离 d 满足非负性、对称性、三角不等式,只要满足这三个条件就可以称为距离,因此,距离是一个广义的概念,是可以人为定义的,存在很多种距离。

例 4-23 $\forall x, y \in \mathbb{R}$,定义

$$d(x,y) = |x - y|,$$

则 $(\mathbb{R}, d)$ 是度量空间。

例 4-24 $\forall \boldsymbol{x} = (x_1, x_2, \cdots, x_n) \in \mathbb{R}^n, \forall \boldsymbol{y} = (y_1, y_2, \cdots, y_n) \in \mathbb{R}^n$,定义

$$d_p(\boldsymbol{x}, \boldsymbol{y}) = \left(\sum_{k=1}^{n} |x_k - y_k|^p\right)^{\frac{1}{p}}, \quad 1 \leqslant p < \infty,$$

则 $(\mathbb{R}^n, d_p), 1 \leqslant p < \infty$ 是度量空间。其中,$(\mathbb{R}^n, d_2)$ 是 n 维欧几里得空间。

例 4-25 $\forall \boldsymbol{x} = (x_1, x_2, \cdots, x_n) \in \mathbb{R}^n, \forall \boldsymbol{y} = (y_1, y_2, \cdots, y_n) \in \mathbb{R}^n$,定义

$$d_\infty(\boldsymbol{x}, \boldsymbol{y}) = \max_{1 \leqslant k \leqslant n} |x_k - y_k|,$$

则 $(\mathbb{R}^n, d_\infty)$ 是度量空间。

范数 设 X 是数域 F 上的线性空间,若对每一个 $x \in X$,都对应一个实数 $\|x\| \in \mathbb{R}$,且满足以下条件,则 $\|x\|$ 称为 x 的**范数**。

(1) $\|x\| \geqslant 0$,当且仅当 $x = \mathbf{0}$ 时,$\|x\| = 0$ (非负性);

(2) 对任意实数 λ,有 $\|\lambda x\| = |\lambda| \|x\|$ (绝对齐次性);

(3) $\|x + y\| \leqslant \|x\| + \|y\|$,其中 $y \in X$ (三角不等式)。

赋范线性空间 设 X 是数域 F 上的线性空间,若 $\forall x \in X$,都存在 x 的范数 $\|x\|$,则称 X 为数域 F 上的**赋范线性空间**(normed linear space),记为 $(X, \|\cdot\|)$。当 $F = \mathbb{R}$ 时,称 X 为**实赋范线性空间**。当 $F = \mathbb{C}$ 时,称 X 为**复赋范线性空间**。

例 4-26 $\forall x \in \mathbb{R}$,定义
$$\|x\| = |x|,$$
则 $(\mathbb{R}, \|\cdot\|)$ 是赋范线性空间。

例 4-27 $\forall x = (x_1, x_2, \cdots, x_n) \in \mathbb{R}^n$,定义
$$\|x\|_p = \left(\sum_{k=1}^{n} |x_k|^p\right)^{\frac{1}{p}}, \quad 1 \leqslant p < \infty,$$
则 $(\mathbb{R}^n, \|\cdot\|_p), 1 \leqslant p < \infty$ 是赋范线性空间。

例 4-28 $\forall x = (x_1, x_2, \cdots, x_n) \in \mathbb{R}^n$,定义
$$\|x\|_\infty = \max_{1 \leqslant k \leqslant n} |x_k|,$$
则 $(\mathbb{R}^n, \|\cdot\|_\infty)$ 是赋范线性空间。

巴拿赫空间 完备的赋范线性空间称为**巴纳赫**(Banach)**空间**。

欧氏空间 设 V 是实数域 $\mathbb{R}$ 上的 n 维线性空间,对 V 中的任意两个向量 $\boldsymbol{\alpha}$、$\boldsymbol{\beta}$ 按某一确定法则对应一个实数,这个实数称为**内积**,记为 $(\boldsymbol{\alpha}, \boldsymbol{\beta})$。并且要求内积 $(\boldsymbol{\alpha}, \boldsymbol{\beta})$ 运算满足下列四个条件:

(1) $(\boldsymbol{\alpha}, \boldsymbol{\beta}) = (\boldsymbol{\beta}, \boldsymbol{\alpha})$;

(2) $(k\boldsymbol{\alpha}, \boldsymbol{\beta}) = k(\boldsymbol{\alpha}, \boldsymbol{\beta})$,$k$ 为任意实数;

(3) $(\boldsymbol{\alpha} + \boldsymbol{\beta}, \boldsymbol{\nu}) = (\boldsymbol{\alpha}, \boldsymbol{\nu}) + (\boldsymbol{\beta}, \boldsymbol{\nu})$;

(4) $(\boldsymbol{\alpha}, \boldsymbol{\alpha}) \geqslant 0$,当且仅当 $\boldsymbol{\alpha} = \mathbf{0}$ 时,$(\boldsymbol{\alpha}, \boldsymbol{\alpha}) = 0$。

这里 $\boldsymbol{\nu}$ 是 V 中的任意向量。称定义这样内积的 n 维线性空间 V 为 n 维**欧几里得**(Euclid)**空间**,简称 n 维**欧氏空间**。

酉空间 设 V 是复数域 $\mathbb{C}$ 上的 n 维线性空间,对 V 中的任意两个向量 $\boldsymbol{\alpha}$、$\boldsymbol{\beta}$ 按某一确定法则对应一个复数,这个复数称为**内积**,记为 $(\boldsymbol{\alpha}, \boldsymbol{\beta})$。并且要求内积 $(\boldsymbol{\alpha}, \boldsymbol{\beta})$ 运算满足下列四个条件:

(1) $(\boldsymbol{\alpha}, \boldsymbol{\beta}) = \overline{(\boldsymbol{\beta}, \boldsymbol{\alpha})}$,其中 $\overline{(\boldsymbol{\beta}, \boldsymbol{\alpha})}$ 是 $(\boldsymbol{\beta}, \boldsymbol{\alpha})$ 的共轭复数;

(2) $(k\boldsymbol{\alpha}, \boldsymbol{\beta}) = k(\boldsymbol{\alpha}, \boldsymbol{\beta})$,$k$ 为任意复数;

(3) $(\boldsymbol{\alpha} + \boldsymbol{\beta}, \boldsymbol{\nu}) = (\boldsymbol{\alpha}, \boldsymbol{\nu}) + (\boldsymbol{\beta}, \boldsymbol{\nu})$;

(4) $(\boldsymbol{\alpha}, \boldsymbol{\alpha})$ 为非负实数,当且仅当 $\boldsymbol{\alpha} = \mathbf{0}$ 时,$(\boldsymbol{\alpha}, \boldsymbol{\alpha}) = 0$。

这里 $\boldsymbol{v}$ 是 V 中的任意向量。称定义这样内积的 n 维线性空间 V 为 n 维**复欧氏空间**,也称 n 维**酉空间**(unitary space)。

欧氏空间和酉空间统称为**内积空间**。

例 4-29 设 $\mathbb{R}^n$ 是 n 维实向量空间,若

$$\boldsymbol{\alpha} = (a_1, a_2, \cdots, a_n)^{\mathrm{T}}, \quad \boldsymbol{\beta} = (b_1, b_2, \cdots, b_n)^{\mathrm{T}},$$

令

$$(\boldsymbol{\alpha}, \boldsymbol{\beta}) = \boldsymbol{\alpha}^{\mathrm{T}} \boldsymbol{\beta} = \boldsymbol{\beta}^{\mathrm{T}} \boldsymbol{\alpha} = a_1 b_1 + a_2 b_2 + \cdots + a_n b_n,$$

容易验证所规定的 $(\boldsymbol{\alpha}, \boldsymbol{\beta})$ 满足欧氏空间定义中的四个条件,因此在这样定义内积后 $\mathbb{R}^n$ 成为 n 维欧氏空间。

例 4-30 设 $\mathbb{C}^n$ 是 n 维复向量空间,若

$$\boldsymbol{\alpha} = (a_1, a_2, \cdots, a_n)^{\mathrm{T}}, \quad \boldsymbol{\beta} = (b_1, b_2, \cdots, b_n)^{\mathrm{T}},$$

令

$$(\boldsymbol{\alpha}, \boldsymbol{\beta}) = (\overline{\boldsymbol{\beta}})^{\mathrm{T}} \boldsymbol{\alpha} = a_1 \overline{b_1} + a_2 \overline{b_2} + \cdots + a_n \overline{b_n},$$

容易验证所规定的 $(\boldsymbol{\alpha}, \boldsymbol{\beta})$ 满足酉空间定义中的四个条件,因此在这样定义内积后 $\mathbb{C}^n$ 成为 n 维酉空间。

希尔伯特空间 完备的内积空间称为希尔伯特(Hilbert)空间。

度量空间、赋范空间、内积空间的关系 度量空间定义了距离(度量空间的向量有长度),赋范空间定义了范数(范数比距离多了个绝对齐次性,即数乘可"绝对值提取"的限制),内积空间定义了内积(内积空间中向量有长度、向量之间有角度)。三者是包含关系或条件递增关系:距离弱于范数、范数弱于内积;距离空间包含赋范空间、赋范空间包含内积空间。

下面举一个是度量空间但不是赋范线性空间的例子。

例 4-31 设 X 是一个非空集合,一个定义在 $X \times X$ 上的实值函数 d 为

$$d(\boldsymbol{x}, \boldsymbol{y}) = \begin{cases} 0, & \boldsymbol{x} = \boldsymbol{y} \\ 1, & \boldsymbol{x} \neq \boldsymbol{y} \end{cases},$$

容易验证 d 是 X 上的度量,称 d 是 X 上的**离散度量**(discrete metric),(X, d) 是度量空间,称为**离散度量空间**,但该度量空间不是赋范线性空间。

3. 泛函分析的发展

20 世纪 30 年代,泛函分析还获得了一系列其他成果,例如,不动点理论是现代偏微分方程理论的重要工具。如果存在一个连续函数 f 和一个数 a,使得 $f(a) = a$,则 a 就是函数 f 的**不动点**。**不动点理论**是研究不动点的有无、个数、性质与求法的数学理论。若方程能改写成 $f(x) = x$ 的形式,则方程的解就是 f 的不动点,于是解方程问题就转化为寻找不动点这一几何问题,不动点理论主要用于研究方程解

的存在性、唯一性、多值性等问题。

1936 年，苏联数学家索伯列夫在对偏微分方程弱解的研究中引入现称的索伯列夫空间，他获得的嵌入定理深刻地揭示了各种特定的函数空间之间的关系。

1940 年前后，波兰数学家马祖与苏联数学家盖尔芳特以出色的工作进一步发展了巴拿赫代数理论，建立了 C^* 代数。

20 世纪三四十年代，美国数学家希尔（G. W. Hill）与日本数学家吉田耕作发展了半群理论，成为泛函分析中具有重要应用价值的分支。

1945 年，法国数学家施瓦茨（L. Schwartz）系统地发展了广义函数论，这一理论现已成为泛函分析的重要分支，也是研究现代数学，尤其是分析数学的有力工具。

20 世纪 50 年代，法国数学家迪厄多内（J. A. E. Dieudonné）和施瓦茨开创了拓扑向量空间的研究。

20 世纪 50 年代以来，经多国数学家努力，泛函分析在有界线性算子谱论、拓扑线性空间及其算子理论、C^* 代数等方面的研究均有很大进展。目前，泛函分析的主要分支包括：希尔伯特空间及其线性算子理论、巴拿赫空间及其线性算子理论、线性空间理论、广义函数论、巴拿赫代数、积分变换及算子演算、谱理论、非线性泛函分析等。

4.4.3 泛函分析的思想方法

（1）用线性逼近非线性的思想。古典分析学中的基本方法就是用线性的对象去逼近非线性的对象，即"以直代曲"，这一思想在泛函分析这门新的分析学科中仍然是重要的数学思想。

（2）抽象和概括思想。泛函分析是从分析学各分支与代数学多个分支中逐步抽象形成的一门概括性很强的学科，它采用了点集拓扑、广义函数等现代工具，形成了现代数学中威力极强的学科，运用泛函分析可以轻易解决许多在分析或代数中未解决或难以解决的问题，泛函分析不仅在数学中广泛地发挥作用，而且为理论物理学（尤其是量子力学）提供了强有力的工具（关于抽象与概括，详见第 5 章）。

（3）几何化思想。非欧几何的创立拓展了人们对空间的认识，n 维空间几何的产生允许人们把多变量函数用几何学的语言解释成多维空间中的对象，这就显示出了分析和几何之间的联系，存在着把分析几何化的可能，这种可能性要求把几何概念进一步推广，最终将欧氏空间推广为无穷维空间。泛函分析把分析学的概念和方法几何化了。例如，不同类型的函数可以看作"函数空间"的点或向量，这样就得到了抽象空间这个一般性的概念。

例 4-32 线性空间的定义。

定义 设 X 是非空集合，K 是数域(实数域或复数域)，如果在 X 上定义了加法运算，即对 X 中每对元素 x,y 都对应 X 中的一个元素 z，用 $z=x+y$ 表示；又定义了数乘运算，即对每个数 $\alpha\in K$ 和每个元素 $x\in X$ 都对应 X 中的一个元素 u，用 $u=\alpha x$ 表示；而且满足如下条件：

① $x+y=y+x$；

② $x+(y+z)=(x+y)+z$；

③ X 中存在唯一的元素 θ，使对每个 $x\in X$，$x+\theta=x$，θ 称为 X 中的**零元**；

④ 对 X 中的每个元素 x，都存在唯一的元素，用 $-x$ 表示，使 $x+(-x)=\theta$，$-x$ 称为 x 的**负元**；

⑤ $\alpha(x+y)=\alpha x+\alpha y$；

⑥ $(\alpha+\beta)x=\alpha x+\beta x$；

⑦ $\alpha(\beta x)=(\alpha\beta)x$；

⑧ $1x=x$。

这里，$x,y,z\in X$，$\alpha,\beta\in K$。则称 X 按上述加法和数乘成为复(当 K 为复数域)或实(当 K 为实数域)**线性空间**，通常也称为**向量空间**，空间中的元素也称为**向量**或**点**。

注意：条件(4)中的"—"仅为记号，表示负元。

(4) 统一性思想。分析、代数、几何的很多概念和方法都存在相似之处。例如，代数方程求根和微分方程求解都可以应用逐次逼近法，并且解的存在性和唯一性条件也很相似，这些乍看起来不相干的数学内容却存在相似的地方，启发人们从这些相似中探寻一般的、真正属于本质的东西。泛函分析的产生正是与这些情况有关，泛函分析把古典分析学的基本概念和方法一般化了，其特点是探求一般性，并进行统一化，这正是现代数学的一个显著特征。

例 4-33 超线归纳法。

背景知识 数学归纳法是与正整数 n 有关的命题 $P(n)$ 的证明方法，但如果讨论的命题不限于与正整数有关，则需要一个比数学归纳法更一般的证明方法。

定义 1 若集合 A 中任意两个元素 a、b 总有先后次序，且满足：①若 a 在 b 之先，则 b 就不在 a 之先；②若 a 在 b 之先，b 又在 c 之先，则 a 在 c 之先。称这样的集合 A 为**有序集**，且将 a 在 b 之先记作 $a<b$。

定义 2 若集合 A 为有序集，且其任一非空子集 W 都有一个属于 W 的最先的元素，则称 A 为**良序集**。若取 $W=A$，则良序集 A 就总有最先的元素，这个元素记作 α_0。

定理(超线归纳法) 对良序集 A，如果

① $P(\alpha_0)$ 为真，这里 α_0 是 A 中最先的元素；

② 若 $P(\alpha)$ 对 α 为真，其中 $\alpha_0<\alpha<\beta$，则 $P(\beta)$ 也为真。

则 $P(\alpha)$ 对一切 $\alpha \in A$ 都为真。

证 若定理不真,则集合 $W = \{\alpha \in A \mid P(\alpha) \text{ 不真}\}$ 非空,从 A 是良序集可知 W 有最先的元素 α^* 。

由①可知 $\alpha_0 < \alpha^*$,显然,当 $\alpha_0 < \alpha < \alpha^*$ 时, $P(\alpha)$ 为真,由②知 $P(\alpha^*)$ 也为真,这与 $\alpha^* \in W$ 矛盾,证毕。

4.5 拓扑学

4.5.1 拓扑学简介

拓扑学最初是几何学的分支,"拓扑学"是由英文"topology"音译而来。topology 一词于 1847 年由高斯的学生利斯廷(J. B. Listing)提出,源自希腊文 τόπος(位置)和 λόγος(研究),原意是地志学,又译作位置分析。目前,拓扑学是现代数学的一个重要分支,是研究几何图形在连续变形下不变的整体性质的学科。

拓扑学和几何学都是研究"形"的数学分支,二者都起源于对现实世界的观察和实际应用的需要,拓扑学与几何学的不同在于:几何学侧重于对物体的长度、角度等可测量量的研究,而拓扑学侧重于研究与可测量量无关而与"相对位置"有关的特性。在拓扑学中,可以将空间内的物体看作弹性无限大的橡皮泥,因此,拓扑学有"橡皮几何学"的俗称。

拓扑学的萌芽可以追溯到 18 世纪,经 19 世纪的发展,在 20 世纪初形成了多个细分的拓扑学分支,自 20 世纪 30 年代以来,拓扑学有很大进展。拓扑学是高度抽象地研究现实世界的空间形式的学科,法国数学家庞加莱(J. H. Poincaré)指出:"位置分析是使我们不仅在一般的空间中,而且在三维以上空间中能够了解几何图形定性性质的科学",可见拓扑学的抽象性与深刻性。

拓扑学的重要性体现在它与其他数学分支、其他学科的相互作用。拓扑学在泛函分析、实分析、群论、微分几何、微分方程等其他许多数学分支中都有广泛应用,拓扑学成果在数学的各领域的不断渗透,已成为 20 世纪纯粹数学发展的一个明显特征。据统计,因拓扑学的工作成就而获得菲尔兹奖者占获奖总人数的三分之一,与代数几何有关的也占三分之一,而所有代数几何的工作都离不开拓扑学,因此,当今的许多数学家都认为"不懂拓扑学就不可能懂现代数学",拓扑学是 20 世纪以来最重要的数学分支之一,拓扑学的基本内容已经成为现代数学的常识。

4.5.2 拓扑学的创立和发展

1. 拓扑学的创立

拓扑学的萌芽可以追溯到 18 世纪著名的哥尼斯堡七桥问题、1750 年发表的多面体欧拉定理，以及提出于 19 世纪并在 20 世纪被解决的四色猜想，这些都是拓扑学发展史上的经典问题。

19 世纪以前，几何学对可测量量研究得十分精细，但在实际问题中，许多问题无需那么精细或无法那么精细。例如，在电流产生的静磁场中，要使沿着一条闭曲线的磁场强度的积分值等于零，只要曲线中没有电流即可，这个积分值与闭曲线究竟是圆、椭圆、还是弯弯曲曲的闭曲线都没有关系，而只与曲线的"拓扑性质"有关。

拓扑性质是几何体在变形下仍然保持的性质。例如，橡皮泥 A 在不允许隔断的情况下捏成了橡皮泥 B，经过变形后，长度、面积、共线性等都改变了，但仍有许多不变的性质，如连通性、维数、洞的个数等，那么它的拓扑性质就没有变。可见，拓扑性质就是几何体的"本质"性质，拓扑学正是研究这些本质性质的数学分支。

对几何体进行连续变形，使变形前某点附近的点在变形后仍然在该点附近，这样的连续变形就是**拓扑变换**。如果一个几何体可以通过拓扑变换从另一个几何体得到，就称它们是**拓扑等价**的，拓扑等价也称为**同胚**。拓扑等价（同胚）的定义表明拓扑空间中的两个曲面可以由其中一个连续变形成另一个，连续变形允许伸缩和扭曲，但不允许"断裂"或"黏合"，因为断裂会破坏连续性，而黏合会破坏一一对应的要求。

例 4-34 举例说明拓扑等价的含义。

解 （1）圆、矩形、三角形的形状不同，但在拓扑变换下，它们都是拓扑等价图形。

（2）足球和橄榄球是拓扑等价的，但足球和游泳圈不是拓扑等价的（游泳圈中间有个穿透的"洞"）。

（3）没有手柄的水杯和鼠标垫是拓扑等价的。没有手柄的水杯实际上是人为制成的凹槽，由于没有穿透的"洞"，所以与鼠标垫拓扑等价。

连通性是最简单的拓扑性质，上述例子都是连通的，可定向性则是一种不平凡的拓扑性质。平面、曲面通常有两个面，它们都是可定向的，德国数学家莫比乌斯（A. F. Moebius）却在 1858 年发现了"莫比乌斯曲面"，这种曲面不能用不同的颜色涂满，莫比乌斯曲面是不可定向的。

拓扑学的另一渊源是分析学的严密化，实数的严格定义推动康托尔从 1873 年起系统地展开了欧氏空间中点集的研究，得出许多拓扑概念，如聚点（极限点）、开集、闭集、稠密性、连通性等。因此，拓扑学是由几何学与集合论共同发展出来的数学学科。

2. 拓扑学的发展

20 世纪初，拓扑学分成组合拓扑学、点集拓扑学两个方向，前者把几何图形看作由一些基本片所组成，用代数工具结合这些基本片，并研究图形在同胚变换下不变的性质；后者把几何图形看作点的集合，再引入开集公理或邻域关系构成该集合上的空间。目前，组合拓扑学发展成代数拓扑学，点集拓扑学则发展成一般拓扑学，后来又相继出现了微分拓扑学、几何拓扑学等拓扑学分支。

组合拓扑学(combinatorial topology)也称代数拓扑学(algebraic topology)，作为拓扑学的一个分支，它以组合的观点研究几何图形在连续变形下的不变性质。组合拓扑学的奠基人是法国数学家庞加莱(J. H. Poincaré)，他是在分析学和力学的工作中，特别是关于复函数的单值化和关于微分方程决定的曲线的研究中引向拓扑学问题的，他的主要研究兴趣是流形。在1895至1904年间，庞加莱创立了用剖分研究流形的基本方法：将几何图形剖分成有限个相互连接的基本片，然后用代数组合的方法研究其性质。他引进了许多不变量：基本群、同调、贝蒂数、挠系数，探讨了三维流形的拓扑分类问题，提出了著名的庞加莱猜想(现已被解决)。

点集拓扑学(point set topology)也称为一般拓扑学(general topology)，它研究拓扑空间以及定义在其上的数学结构的基本性质。这一分支起源于以下几个领域：对实数轴上点集的细致研究、流形的概念、度量空间的概念以及早期的泛函分析。德国数学家豪斯道夫(Hausdorff)是点集拓扑学的代表人物，1914年，豪斯道夫在他的《集合论纲要》里建立了抽象空间的完整理论，并第一次抽象地使用了点集的邻域的概念，成为点集拓扑学理论形成的标志，他还在此基础上建立了连续、同胚、连通等一系列基础性概念。点集拓扑学也为其他拓扑学分支(代数拓扑学、几何拓扑学、微分拓扑学等)提供公共基础。

4.5.3 拓扑学的思想方法

(1) 拓扑不变性思想方法。拓扑学研究空间在拓扑变换下的不变性质，虽然事物表面上是变化的，但内在却呈现出某种不变性，这正是拓扑学从连续变化中把握不变性的本质思想。运用拓扑不变性思想来研究问题已成为解决问题的常用手段。

例 4-35 哥尼斯堡七桥问题是同胚变换的经典应用，试分析该问题中同胚变换下的不变性质。

分析 哥尼斯堡七桥问题如下：

哥尼斯堡七桥问题 18世纪，普鲁士的首府哥尼斯堡城(今俄罗斯加里宁格勒)内的普莱格尔(Pregel)河穿城而过，河中有两个小岛，有7座桥把岛与两岸、岛与岛连接起来(见图4-5)，城中居民经常过桥散步，人们提出这样一个有趣的问题：一个人能不能不重复也不遗漏地一次走完7座桥，最后回到出发地？

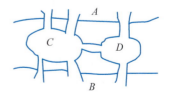

图4-5 哥尼斯堡七桥问题地形图

瑞士数学家欧拉(L. Euler)于 1736 年解决了此问题。

首先,将地形图进行化简,将河的两岸(A、B)、河中的两个小岛(C、D)看成 4 个点,将 7 座桥看成 7 条线。

其次,需要关注的只是 4 个点、7 条线的连接情况,而点的位置、线的形状和长度、线与线之间的夹角对问题的解决没有任何影响,从而可将地图表示为图 4-6。

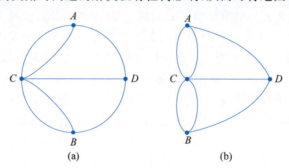

图 4-6　哥尼斯堡七桥问题拓扑图

图 4-6 给出两种拓扑图,在两种拓扑图中,虽然点的位置、线的形状和长度、线之间的角度都不同,但这些都无关紧要,因为点与线的连接关系没有变,所以图 4-6(a)、图 4-6(b)两图在拓扑上是同胚的。"相互间的连接关系"才是问题的关键,也是同胚变换下的不变性质。

(2) 拓扑变换思想方法。拓扑变换是拓扑学的重要概念,也是拓扑学的重要思想方法,可以应用于数学命题的证明或数学问题的求解,拓扑变换常常能在命题证明或问题求解中发挥很大作用。

例 4-36　试利用拓扑变换证明多面体的欧拉定理。

分析　多面体的欧拉定理如下:

多面体的欧拉定理　如果一个凸多面体的顶点数是 v、棱数是 e、面数是 f,那么它们总有这样的关系:$v+f-e=2$。

该定理的结论并不涉及凸多面体的棱长、各面的面积之类的度量性质,而只涉及凸多面体的顶点数、棱数、面数三者之间的关系,且这个结论显然是在任意拓扑变换之下都不会改变的,可以利用拓扑变换给出该定理的证明。

证明思路如下:

(1) 对于凸四面体 $ABCD$(图 4-7(a)),设其顶点数是 v、棱数是 e、面数是 f,将它的一个面 BCD 去掉,再通过拓扑变换使其变形为平面图形(图 4-7(b))。

(2) 因为顶点数和棱数未变,仅面数减 1,故平面图形的顶点数、棱数、面数的关系式 $v+f_1-e$ 在数值上与原凸四面体的 $v+f-e$ 相比仅减少 1,故研究 $v+f_1-e$ 的结果即可。

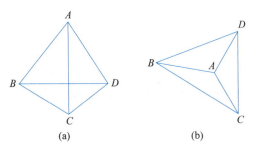

图 4-7　凸凹面体变形为平面图形

（3）对平面图形，每去掉一条棱，就减少一个面，由于这个过程中 f_1-e 和 v 的值都没有发生改变，因此 $v+f_1-e$ 的数值不变，持续去掉棱，直至剩下树状图。

（4）对于树状图，每去掉一条棱，就减少一个顶点，由于这个过程中 $v-e$ 的值都没有发生改变且 $f_1\equiv 0$，因此 $v+f_1-e$ 的数值不变。

（5）最后只剩下一条棱和两个顶点，因此有 $v+f_1-e=2+0-1=1$，故 $v+f-e=1+1=2$。

（6）对于任意凸多面体，都可以先去掉一个面，再利用拓扑变换将其变形为平面图形，然后再用去棱的方法完成证明。

问题研究

1. 查阅资料，了解二分法悖论、飞矢不动悖论，并找出悖论的问题所在、反驳悖论。
2. 怎么理解理发师悖论与罗素悖论是等价的？
3. 朴素集合论和公理化集合论的主要区别是什么？
4. 结构主义者认为纯粹数学的三大基本结构是什么？对每种基本结构举出一些例子。
5. 查阅资料，了解抽象代数的新进展。
6. 查阅资料，了解泛函分析的新进展。
7. 查阅资料，了解拓扑学的新进展。
8. 按例 4-36 给出的证明思路，完成多面体的欧拉定理的证明。

第5章 数学发现与数学解题的思想方法

数学发现与数学解题涉及建立数学概念、提出数学方法,本章介绍抽象法与概括法、数学观察法与数学实验法、归纳法、类比法与联想法、化归法。

5.1 抽象法与概括法

5.1.1 抽象法

数学本质上研究的是抽象的东西,因此数学发展所依赖的最重要的思想方法就是抽象,在数学中,人类的思维能力借助于抽象得到了最大限度的发挥,达到了极大的纯粹性、深刻性、严密性。通过抽象可以形成数学概念,从而把握事物的本质属性,此外,通过抽象还可以形成数学方法,从而充分运用事物的规律和联系。

抽象并非脱离实际而毫无用处,科学理论一般都是抽象的,列宁指出:"一切科学的抽象,都更深刻、更正确、更完全地反映着自然"。抽象性是数学的突出特性之一,有了抽象性,也即所提取的本质属性的来源广泛,才会有数学的应用广泛性。

1. 抽象的含义

抽象是与具体相对应的概念,具体是事物的多种规定性的总和。

抽象是指透过事物的现象,深入事物内部,抽取出事物的本质属性的思维过程。其中,现象是事物的表面形态和外部联系,本质是事物的内在性质和内部联系。事物的现象易受其他事物的影响而不能正确反映事物的必然规律,事物的本质则具有稳定性,是事物固有的内在规律,但不易被人们直接感知。

抽象是简化复杂的现实问题的途径,也是形成概念和方法的必要手段。抽象既可以作为一种思维过程也可以作为这种思维过程所得结果来理解。

通过抽象来研究问题的方法是抽象法。数学中的抽象是利用抽象方法来获得数学概念、构造数学模型、建立数学理论和方法的思维活动。

2. 抽象的基本过程

抽象的基本过程是对思维对象进行一系列比较、区分、舍弃、抽取，这些思维操作具体如下。

（1）比较是在思维中确定对象间的相同点和不同点的思维操作。比较是以对象间存在相同点和不同点为前提的。

（2）区分是把比较得到的相同点和不同点在思维中固定下来，利用它们把对象分为不同的类。区分是以比较为前提的，没有比较就找不到对象间的相同和不同点，也就无法区分。

（3）舍弃是指不考虑对象的某些性质。

（4）抽取是把对象的某些性质固定下来并用词汇表达出来。

通过以上步骤就形成了抽象的概念，同时也形成了表示这个概念的词，完成了一个抽象过程。以数 1 概念的形成为例，古人从对事物的观察中发现：一个人、一只羊、一把石斧等单个事物具有一个共性，即它们都能与一个手指建立对应关系，这区别于多个事物组成的群体，从而抽象出数 1 的概念。在这个过程中，古人撇开人、羊、石斧在形态、重量和材料等方面的差异，只考虑它们的数量属性。再如平行线概念的形成，通过观察门板相对的两边等实物，舍弃用途、材料等属性，把两边的关系抽取出来，便得到"在同一平面内永不相交"这一本质属性，从而得到抽象表述"在同一平面内永不相交的两条直线是平行线"。

比较应按以下规则进行。

（1）只有对具有确定联系的对象才能进行比较。例如，实数与复数在性质上具有确定的联系，可以进行比较，而三角形的边长和函数的可微性之间没有确定的联系，不能进行比较。

（2）比较应在同一标准下进行。例如，三角形可以比较它的边，也可以比较它的角，也可以同时比较它的边和角。但不能一个按边，另一个按角进行比较。

（3）比较应能按一定的程序进行并在有限步骤内得出结果。这一规则保证比较能够有效地进行。例如，自然数大小的比较就符合这条规则，可按下述程序进行：①位数不同的，位数较多的自然数较大；②位数相同的，先比较最高位的数，若不等，则最高位大的自然数较大；若相等，再比较下一位数是否相等，因为被比较的两个自然数都是有限位的，因此这个比较可在有限步骤内得出结果。

（4）对同一性质的比较应在所研究的所有对象间进行，即进行完全比较。例如，对自然数能否被其他自然数整除作比较，可发现有的自然数除了 1 和其自身外不能被其他自然数整除，有的则有两个以上小于其本身的因数，此外，还有自然数 1，如果不比较 1，那么这个比较就是不完全的。

例 5-1　按因数的个数对自然数进行分类。

解 按因数的个数考察自然数全体,并对自然数进行划分,根据自然数的因数的个数分类如下:

(1) 只有 1 和它本身这两个因数的自然数称为质数,也称为素数;

(2) 除了 1 和它本身还有其他的因数的自然数称为合数;

(3) 1 只有 1 个因数,因此 1 既不是质数也不是合数;

(4) 现在国际上通常把 0 作为自然数,0 不能计算因数,和 1 一样,既不是质数也不是合数。

注:①因数:整数 a 除以整数 $b(b \neq 0)$ 的商正好是整数而没有余数,就称 b 是 a 的因数。例如 9 的因数有:1 和 9,3;36 的因数有:1 和 36,2 和 18,3 和 12,4 和 9,6。②0 不考虑因数,因数是在非 0 自然数的范围内讨论。

例 5-2 模 n 的剩余类。

用 4 除所有的自然数,通过比较和区分,得到了自然数被 4 除余 1、2、3 和整除的 4 个类,进一步则要舍弃除法的实际运算,舍弃商数是多少等性质,只抽取余数这一性质,把这个性质用一个"模 4 的剩余类"概念固定下来,就完成了一个抽象过程。还可以进一步抽象:舍去具体的数 4,抽取以任意自然数 n 为除数的"模 n 的剩余类"的概念。模 n 的剩余类是一种代数结构,其定义如下:

对集合 A 和某一给定的 n,规定 A 中元素之间的一个关系 R:

$$a \text{R} b, \text{当且仅当} n \mid (a-b)$$

其中,$n \mid (a-b)$ 表示 n 能整除 $a-b$,这是一个等价关系,称为模 n 的同余关系,并用 $a \equiv b(n)$ 表示,读作"a 同余 b 模 n"。这个等价关系决定了 A 的一个分类,这样得到的类称为模 n 的剩余类。

3. 数学抽象的特征

数学抽象的特征有:

(1) 无物质性。数学抽象摆脱了客观事物的物质性质,从中抽取数、形、关系与结构,因而具有无物质性。

(2) 层次性。数学概念是数学抽象的结果,但不同的数学概念又表现出数学抽象的层次性。例如,数的概念是从客观事物中抽象出来的,用字母 a 表示的数又是对数进行抽象的结果,如果说数的抽象是"一级抽象",那么用字母表示数的抽象就是"二级抽象",进而还可能有更高级抽象。

(3) 需要借助于分析或直觉。数学抽象中的类型有分析型抽象和直觉型抽象。分析型抽象是通过分析过程或逻辑思维过程把握事物的本质特征的一种抽象过程,主要思维过程是分离、提纯、简略。分离就是把事物的本质特征从事物的所有属性中分离出来;提纯就是把分离出来的本质特征加以提炼,去除其中的非本质属性;简略就是把提纯出来的本质特征加以简化。直觉型抽象是不通过分析过程或逻辑思维过程而直接抓住事物本质特征的一种抽象过程。例如,"圆的切线是与圆只有一个交点的直线"就是通过直觉去把握的一种数学概念,对它的抽象借助于直觉。

(4) 既有概念抽象也有方法抽象。通过数学抽象不仅可以形成数学概念,还可以形成数学方法。

以线性代数中的行列式为例,二阶行列式产生于求解二元线性代数方程组问题。利用消元法求解二元线性代数方程组

$$\begin{cases} a_{11}x_1 + a_{12}x_2 = b_1 \\ a_{21}x_1 + a_{22}x_2 = b_2 \end{cases}$$

可求得方程组的解为

$$x_1 = \frac{b_1 a_{22} - a_{12} b_2}{a_{11} a_{22} - a_{12} a_{21}}, \quad x_2 = \frac{a_{11} b_2 - b_1 a_{21}}{a_{11} a_{22} - a_{12} a_{21}}$$

注意到这个方程组的解完全由它的系数和常数项决定,并且解的分母和分子都具有一定规律,总结这个规律,可以得出二阶行列式的概念。

二阶行列式 记号 $\begin{vmatrix} a_{11} & a_{12} \\ a_{21} & a_{22} \end{vmatrix}$ 表示代数和 $a_{11}a_{22} - a_{12}a_{21}$,称为二阶行列式。

利用二阶行列式的定义,二元线性代数方程组的解可以表示为

$$x_1 = \frac{\begin{vmatrix} b_1 & a_{12} \\ b_2 & a_{22} \end{vmatrix}}{\begin{vmatrix} a_{11} & a_{12} \\ a_{21} & a_{22} \end{vmatrix}}, \quad x_2 = \frac{\begin{vmatrix} a_{11} & b_1 \\ a_{21} & b_2 \end{vmatrix}}{\begin{vmatrix} a_{11} & a_{12} \\ a_{21} & a_{22} \end{vmatrix}}$$

据此可以总结出计算规律:二元线性代数方程组的解的分母由"系数行列式"构成,而分子由常数项分别替换系数行列式的第一、第二列构成。

例 5-3 解线性方程组

$$\begin{cases} 4x - y = 4 \\ 2x + y = 8 \end{cases}$$

解 可用消元法求解该方程组,得到方程组的解为 $x=2, y=4$。也可以把它抽象成行列式,用行列式方法求解。

由于

$$D = \begin{vmatrix} 4 & -1 \\ 2 & 1 \end{vmatrix} = 4 \times 1 - (-1) \times 2 = 6$$

$$D_1 = \begin{vmatrix} 4 & -1 \\ 8 & 1 \end{vmatrix} = 4 \times 1 - (-1) \times 8 = 12$$

$$D_2 = \begin{vmatrix} 4 & 4 \\ 2 & 8 \end{vmatrix} = 4 \times 8 - 4 \times 2 = 24$$

所以

$$x = \frac{D_1}{D} = \frac{12}{6} = 2$$

$$y = \frac{D_2}{D} = \frac{24}{6} = 4$$

4. 常用的数学抽象方式

常用的数学抽象方式有以下几种。

(1) 弱抽象(概念扩张式抽象)。弱抽象是指由原型选取某一特征或侧面加以抽象,从而形成比原型更一般的新概念或新理论的抽象过程。这时,原型成为新概念或新理论的特例。例如,由全等三角形概念分离出"形状相似"和"面积相等"两个特征,可获得更一般的相似三角形概念。

(2) 强抽象。强抽象是通过把一些新特征加入某一原型中而形成新概念或新理论的抽象过程。抽象产生的新概念或新理论从属于原型。例如,在平行四边形概念中,把一个新的特征"一组邻边相等"加入原概念中,使平行四边形概念得到强化,得到了菱形的概念。

(3) 理想化抽象(构造性抽象)。理想化抽象是指从数学研究的需要出发构造出一些理想化的对象的思维过程。这种抽象的结果虽然不是现实世界中的具体实物对象,但它的出现有利于数学研究,很多数学概念就是理想化抽象的结果。例如,几何中的"点""线""面""体",代数中的"虚数"等概念都是理想化抽象的产物。

(4) 可实现性抽象。可实现性抽象是理想化抽象的一种特殊情况,这种抽象使得在现实世界中难以实现的对象成为可能。例如,"极限""无穷小量""无穷远点"等就是通过可实现性抽象而形成的概念。

(5) 公理化抽象。公理化抽象是数学中出于逻辑上的需要或为了克服数学的内部矛盾而进行的数学抽象。前者如皮亚诺公理,就是一种对自然数(序数)概念的抽象所得的结果;后者如 ZFC 公理系统,就是为了克服数学内部发展过程中的矛盾而进行的抽象。

例 5-4 试分析欧拉在解决哥尼斯堡七桥问题(简称七桥问题)中使用的方法。

分析 欧拉首先运用抽象方法把七桥问题(见图 5-1)抽象为一个数学问题:将两个岛和河的两岸分别抽象成点,七座桥抽象成点之间的曲线段,得到图 5-2,这个图比原来的地形图简单得多,但保留了原来桥与岛、岸之间的连接关系,于是原问题归结为所谓的一笔画问题:从某一点出发,把图 5-2 不重复地一笔画出来,最后又回到起点。

欧拉称图 5-2 所示的图形为图(graph)。在图 5-2 中，A、B、C、D 各点的位置无关紧要，曲线段的曲直长短和彼此间的角度也无关紧要，重要的是连接关系。

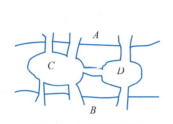

图 5-1 七桥问题图示

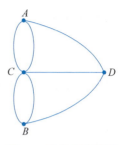

图 5-2 欧拉所称的图

一笔画总有起点和终点，除了起点、终点外，一笔画经过的点(称为中间点)总有进入的线和出来的线，这样的点一定与偶数条线相连接，称为"偶点"。如果起点与终点重合，那也是偶点，否则，起点与终点均为"奇点"。欧拉证明了"一个图形能够一笔画成的充要条件是：它是连通的，且其顶点是奇点的个数等于 0 或 2(起点与终点重合时为 0，否则为 2)。"用这个充要条件来观察图 5-2 就会发现，A、B、C、D 四个点都是奇点，因此不可能一笔画成，因此七桥问题无解，即不论起点是否与终点重合，谁也不可能每座桥只走一次就走完七座桥。

欧拉在这个问题上成功地使用抽象法建立了一个由点和线组成的数学模型，既简化问题又能准确反映问题的本质，他的思维方法具有开创性。1736 年，年仅 29 岁的欧拉向圣彼得堡科学院递交了《哥尼斯堡的七座桥》的论文，解答了七桥问题。欧拉对七桥问题的抽象思想和创造性工作开创了现代数学中图论和拓扑学的研究。

拓展知识：图论、图

图论(graph theory)是以图为研究对象的数学分支。图(graph)是由若干点及连接点的线所构成的图形，这种图形通常用来描述事物之间的关系，用点表示事物，用连接两点的线表示相应两个事物之间具有某种关系。

5.1.2 概括法

1. 概括的含义

概括是由认识个别事物的某种属性推广到认识同类事物的共同属性的一种思维过程。概括是由个别到一般的认识过程。概括既可以作为一种思维过程也可以作为这种思维过程所得结果来理解。

概括的关键是在小范围内恰当地抽取出较大范围的事物的共性，由此才能实现从个别到一般的推广。人们常说的"概括性强"指的是经过反复多次概括，总括了很大范围的共性，所得结果的适用范围很大。

2. 概括的基本过程

概括通常可分为经验概括和理论概括两种。经验概括是指从感性认识材料出发，以对个别事物所做的观察为基础，上升为普遍的认识。理论概括是指在经验概括和理性认识材料的基础上，对事物的本质属性的认识。经验概括是低层次的概括，理论概括是高层次的概括。理论概括也称为科学概括，在数学中经常使用的是理论概括。

概括的基本过程是对思维对象进行一系列比较、区分、扩张、分析，这些思维操作具体如下。

（1）比较和区分与抽象过程中的一样，只是在概括过程中，通过比较和区分要得到的是某类对象的共同本质。

（2）扩张指的是把由比较、区分得到的关于对象的共同点推广到包括这些对象的一类更广泛的对象的共同本质。这是区别于抽象的一个环节，是概括的关键。

（3）分析是一个演绎证明的过程，证明扩张得出的结果是或不是那一类更广泛对象的本质属性。在扩张中得到的关于更广泛对象的新概念或新命题，对更广泛对象来说不一定是适用的或真的，为此就需要进行分析。

例 5-5　平面上边数最少的多边形是三角形，而在空间中面数最少的多面体是四面体。把平面中关于三角形的一些命题推广到空间四面体上。

解　它们在"围成图形的元素最少"方面是相似的，因而可以把平面中关于三角形的一些命题推广到空间四面体上。例如，等底等高的三角形面积相等，对于空间中的四面体则是：等底等高的四面体的体积相等。

例 5-6　由计算可知

$$1+2=3=\frac{2\times 3}{2}$$

$$1+2+3=6=\frac{3\times 4}{2}$$

$$1+2+3+4=10=\frac{4\times 5}{2}$$

$$1+2+3+4+5=15=\frac{5\times 6}{2}$$

……

通过对以上算式的比较、区分可得出一个共同点：连续若干从 1 开始的自然数的和等于最后那个数乘以其后继数的积的一半，把这个共同点推广到所有自然数，则有

$$1+2+\cdots+n=\frac{n\times(n+1)}{2}$$

类似于得出二阶行列式概念的方法,可以继续研究三元线性代数方程组,并得出三阶行列式的定义。

三阶行列式 记号 $\begin{vmatrix} a_{11} & a_{12} & a_{13} \\ a_{21} & a_{22} & a_{23} \\ a_{31} & a_{32} & a_{33} \end{vmatrix}$ 表示代数和

$a_{11}a_{22}a_{33}+a_{12}a_{23}a_{31}+a_{13}a_{21}a_{32}-a_{13}a_{22}a_{31}-a_{11}a_{23}a_{32}-a_{12}a_{21}a_{33}$
称为三阶行列式。

通过观察,可得三阶行列式的特点是:
(1) 共有 $3!=6$ 项。
(2) 每一项都是位于不同行、不同列的三个元素的乘积。
(3) 其中三项附有"+"号,三项附有"-"号,并可以用平行于主对角线、平行于副对角线的"对角线法则"记忆。

例 5-7 解线性代数方程组
$$\begin{cases} 4x-y-2z=4 \\ 2x+y-4z=8 \\ x+2y+z=1 \end{cases}$$

分析 除了用消元法求解该方程组外,还可以把它抽象成行列式,用行列式方法求解。

解 由于
$$D=\begin{vmatrix} 4 & -1 & -2 \\ 2 & 1 & -4 \\ 1 & 2 & 1 \end{vmatrix}=36, \quad D_1=\begin{vmatrix} 4 & -1 & -2 \\ 8 & 1 & -4 \\ 1 & 2 & 1 \end{vmatrix}=18,$$

$$D_2=\begin{vmatrix} 4 & 4 & -2 \\ 2 & 8 & -4 \\ 1 & 1 & 1 \end{vmatrix}=36, \quad D_3=\begin{vmatrix} 4 & -1 & 4 \\ 2 & 1 & 8 \\ 1 & 2 & 1 \end{vmatrix}=-54,$$

所以
$$x=\frac{D_1}{D}=\frac{1}{2}, \quad y=\frac{D_2}{D}=1, \quad z=\frac{D_3}{D}=-\frac{3}{2}$$

3. 抽象与概括的异同点及联系

抽象与概括的相同点如下。
(1) 抽象、概括的思维过程都包含提取共性的步骤。
(2) 抽象、概括都要舍弃次要的、非本质的属性,把主要的、本质的属性抽取出来。

抽象与概括的区别如下。

(1) 思维角度不同。抽象在确定的一类事物中进行比较、区分和取舍,并从中抽取本质属性,在抽象过程中,对象由具体的对象变为形式化的、一般化的对象;概括法以从个别或部分对象抽取的共性为根据向更大范围的事物作思维的转移,并在更大范围或更高层次上做进一步的比较、区分和取舍,在概括过程中,对象范围扩展了。

(2) 思维方法不同。抽象侧重于分析、提炼,概括侧重于归纳、综合。

(3) 种属关系不同。抽象是舍弃事物的一些属性而保留另一些属性的思维过程,抽象法得出的结果可以与被抽取共性的对象之间无种属关系;概括是由认识个别事物的本质属性,发展到认识具有这种本质属性的一切事物,从而形成关于这类事物普遍概念的思维过程,概括法得出的结果与原对象之间常有种属关系。

拓展知识:种属关系

种属关系是物种和所属的关系,也即大类和小类之间的包含关系,属概念的范围比种概念的范围更大。例如:猪和哺乳动物,猪的属是哺乳动物。

例如,从现实存在的事物中抽象出"重量"概念,它与原来的"物体"并无种属关系;考虑一些容器的性质时从中抽象出"容积"概念,而一个容器的"容积"与容器本身没有种属关系。相反,由平行四边形、菱形等图形概念概括出"四边形"概念,它是前几个概念的属概念,还可以进一步由四边形、三角形等概念概括出"凸多边形"概念,它又是四边形、三角形等概念的属概念;从一元一次代数方程出发进行概括得到一元 n 次方程($n \geqslant 1$),后者是前者的属概念。

(4) 作用和价值不同。抽象是形成数学模式的主要方法,而概括是发展认识的重要方法。抽象的主要作用在于抽取出事物内在的属性,使人们撇开枝节抓住根本,拨开现象看到本质,是形成数学模式的主要方法。因此,抽象法在科学发现中起重要作用,许多数学概念和命题都是运用抽象法来发现或形成的。

拓展知识:模式、数学模式

模式是事物的标准样式(如衣着打扮的规范、发型的样式、阅兵式的仪式内容等)或行为的一般方式(如科学实验模式、经济发展模式、企业盈利模式等)。模式是理论和实践之间的中介环节,具有一般性、简单性、重复性、稳定性、可操作性等特征。

数学模式是数学领域的标准样式或一般方式,包括概念、数学模型、理论方法等。作为抽象结果的数学模式,在形式上是抽象的、主观的,但在内容上则是具体的、客观的。

概括是发展认识的重要方法,它使人们的认识从个别对象的共性发展为一般对象的共性,这是一种本质上的提高。概括法是科学研究的重要思想方法,也是数学学习中必须掌握的基本方法之一。在历史上,概括法对推动数学的发展起了重要作用。数学就是在对其概念、命题、数学模式不断概括的过程中发展起来的。例如,对方程的研究,从一元一次代数方程出发,可沿几个方向推广:①固定未知数个数为1,把次数推广,得到一元 n 次方程($n \geqslant 1$);②固定次数为1,即线性方程,推广为 n 元线性方程,同时方程个数可由原来的一个扩展为 m 个,得到 m 个 n 元线性方程构成的方程组;③次数与未知数个数同时推广,例如,二元二次方程组等;④推广到常微分方程、偏微分方程、积分方程、泛函微分方程,随机微分方程等。

抽象与概括的密切联系如下。

(1) 抽象是概括的基础,没有抽象,就不能认识事物的本质属性,就无法进行概括。

(2) 二者互相包含。概括过程包含了抽象,概括是抽象的发展;抽象过程也包含了概括,概括是抽象过程中所必需的一个环节,"抽取"实际上是一个概括过程,对共同点的概括才能得出对象的本质属性,从而完成抽象过程。

(3) 高度的抽象与广泛的概括相对应。概括范围越广,得到的概念所反映事物的性质越普遍,其抽象程度就越高;抽象程度越高,抽取的共性就越少,但这些较少的共性是逐次淘汰后留下的精华,更能深刻反映事物的本质、更具代表性和普遍性,其可能概括的范围越广,即概括性越强,这样获得的概念或理论对事物的理解更深刻,运用于实际时,其适用面也就更广。

(4) 有时二者等价。例如,弱抽象实际就是概括的一种形式。

5.1.3 抽象与概括的协同应用

抽象和概括经常协同应用。例如,科学概念通常是同时采用抽象和概括的结果。由于抽象和概括是密切联系的两种方法,因此,常将抽象法和概括法统称为抽象概括方法。

例 5-8 图 5-3 所示是一个长方形,它由四个小长方形组成,其中三个小长方形的面积分别是 15m²、18m²、30m²,问第四个小长方形的面积是多少?

图 5-3 例 5-8 图

解 分别用 A、B、C、D 表示四个小长方形。

(1) 观察图形:A 与 C 共长,B 与 D 共长;A 与 B 共宽,C 与 D 共宽;

(2) 运用知识:长度一定时,面积与宽度成正比;

(3) 抽取规律:一般地,有 $S_A : S_C = S_B : S_D$。根据比例的基本性质可得:

$S_A \cdot S_D = S_B \cdot S_C$

(4) 概括如下：当一个长方形被两条互相垂直的直线分为四个小长方形时，两对角长方形面积的乘积相等。可求得 $S_C = \dfrac{S_A \cdot S_D}{S_B} = \dfrac{15 \times 30}{18} = 25(\mathrm{m}^2)$。

例 5-9　"群"概念的抽象与概括。

对于非空集合上定义一种代数运算的情况，经总结可得表 5-1 的结果。

表 5-1　各种非空集合及其上的一种代数运算

集　　合	运　算	运　算　律	备　　注
整数 Z 偶数 2Z	加法"+"	① 结合律：$(a+b)+c=a+(b+c)$ ② 有单位元 0：$0+a=a=a+0$ ③ 每个元素都有逆元：$a+(-a)=0$	还满足 ④ 交换律：$a+b=b+a$
非零有理数 **Q*** 非零实数 **R*** 非零复数 **C***	乘法"·"	① 结合律：$(ab)c=a(bc)$ ② 有单位元 1：$1a=a=a1$ ③ 每个元素都有逆元：$aa^{-1}=1$	还满足 ④ 交换律：$ab=ba$
一般线性群 特殊线性群	乘法"·"	① 结合律：$(AB)C=A(BC)$ ② 有单位元 E：$EA=A=AE$ ③ 每个元素都有逆元：$AA^{-1}=E$	不满足交换律

将各种非空集合共有的性质抽象出来，就得到了群的概念（群：设 G 是一个非空集合，如果 G 上有一个代数运算满足结合律、有单位元、有逆元，则称 G 是一个群）。

5.2　数学观察法与数学实验法

数学大师欧拉指出："数学这门学科，需要观察，也需要实验""在被认为纯粹数学的那部分数学中，观察法无疑也占有极为重要的地位"。观察法和实验法是获取经验材料的基本途径，是形成、发展和验证科学理论的实践基础，不仅在物理、化学、生物等自然科学领域的研究中十分重要，而且也是数学发现与数学解题的基本思想方法之一。

5.2.1　数学观察法

1. 数学观察法及其分类

观察法是按客观事物本身存在的自然状态来发现事物的特征、联系，获取有关的信息和数据，为进一步了解其性质、规律做准备。观察是指运用观察法的行为。

观察的过程必须坚持观察的客观性和选择对象的典型性。客观性是指采用实事求是的科学态度，不预先设置思想上的条框，观察力求周密而全面；典型性是指要选择有代表性的对象进行观察。有些现象进行一次观察还不够，还需要进行多次反复观察。应注意：观察只是认识事物的第一步，借助理论对观察获得的数据做进一步处理是更重要的。

数学观察法是获取对象的信息，并运用思维辨认其形式、结构和数量关系，从而认识事物或问题的数学特征、发现规律或性质的一种数学方法。在数学观察过程中，要开展积极的数学思维，包括比较、区分、选取等，努力做到去粗取精、去伪存真。

按观察目的可将数学观察法分为定性观察法和定量观察法。

（1）定性观察法是以观察事物的特征或以揭示事物间的关系为目的。

（2）定量观察法是以考察事物的数量关系为目的。

在多数情况下，这两种观察法都需要，且存在着协同关系。

按观察对象可将数学观察法分为直接观察法和间接观察法。

（1）直接观察法是对客观事物直接进行调查的观察法。一般直接观察的内容是：①客观事物及其相关联的现象；②各种图表、图形、图像。

（2）间接观察法是以从客观事物中抽象而来的数学模型或数学模式等为观察对象的观察法。一般间接观察的内容是：①数学模型或更一般的数学模式；②概念、命题、逻辑推理；③数据和数量关系。

2. 数学观察法的应用

数学观察法对数学问题的发现和解决具有重要作用。

（1）在数学研究中，采用观察法不仅可以搜集新资料、发现新事实，而且可以导致数学的新发现和理论的创新。通常发现数学规律都从数学猜想出发，而数学猜想的提出，则是从观察开始。

（2）在解决实际问题时，观察法是一个必不可少的重要环节。通过观察可发现已知与未知的联系，发现各种有关特征，有助于诱发直觉思维或联想类比，找到解题思路。

（3）运用观察法，有助于对数学概念的理解、对数学命题的认识。

例 5-10 观察一列数：$-1, 2, -3, 4, -5, 6, \cdots$，按照这样的规律，若其中连续三个数的和为 2023，则这三个连续的数中最小的数是？

解 通过观察和计算可发现：连续的三个数的第一个数必须是正数，否则三个数之和为负数。

设中间的数的绝对值为 x，则
$$(x-1) - x + (x+1) = 2023$$

解得 $x = 2023$，连续的三个数为：2022、-2023、2024，这三个连续的数中最小的数是 -2023。

例 5-11 观察数列 $49, 4489, 444889, 44448889 \cdots\cdots$ 的特点，找出其中的规律。

解 通过观察和计算可发现：

$$\sqrt{49}=7, \quad 49=7^2$$
$$\sqrt{4489}=67, \quad 4489=67^2$$
$$\sqrt{444889}=667, \quad 444889=667^2$$
$$\sqrt{44448889}=6667, \quad 44448889=6667^2$$
……

该数列的项都是某一整数的平方，且这个整数仅含 6 和 7 两个数字，通过归纳可得此数列的通项公式为

$$a_n=(6\times10^{n-1}+6\times10^{n-2}+\cdots+6\times10^0+1)^2$$

5.2.2 数学实验法

1. 数学实验法

为了探索科学规律，除了观察外，通常还要做实验。实验法是根据科学研究的目的，运用一定的物质手段，在人为地控制或模拟现象的条件下对研究对象及其相互关系进行考查，从而获得经验材料的方法，相应的行为称为实验。

实验法是一种特殊的观察法，是人为设计的、高级形式的观察法，它能比自然观察更有力地揭示事物的本质，发现其内在的规律，这是因为实验法具有如下功能。

（1）具有简化和纯化研究对象的功能。包括突出主要因素、排除或减少其他次要的、偶然因素的干扰，使主要属性或主要因素之间的关系在简化和纯粹的状态下显示得更为清楚和准确。

（2）实验法可以重复进行或多次再现被研究对象，以便进行反复观察和分析。其中重复与再现可以不是简单的重复与再现，而是在保持问题的基本条件的前提下，通过改变一些次要因素或增补一些额外限制，来观察和分析实验结果所发生的变化，以找出其中的规律和特征。

虽然实验法有很多优势，但不可能事事都实验，一般是对那些重要的研究对象或单凭观察容易产生偏差的研究对象进行实验。

采用数学观察法对数学对象进行实验的方法称为数学实验法，相应的行为称为数学实验。

为了科学研究或解决实际问题而建立数学模型并进行计算机仿真就是典型的数学实验。例如，在通信技术研究中，先根据已有的理论方法建立初步设计方案（数学模型），然后用计算机仿真技术进行实验，再根据实验结果不断修改方案，使之更加完善，通过实验确定最优方案后，再进行样机试制，这样就可以减少研制成

本、提高效率和成功率。

在纯数学理论的研究中,要不断对问题出现的各种可能性进行反复探索,实际上也是在演草纸上、在大脑中、在笔下进行反复实验,即在人为给出的各种条件下进行推理和计算,用数学观察法考查各种数学对象的性质和它们之间的关系,只不过通常不把这个过程称为实验而已。纯粹数学实验所需的物质条件曾很简单,甚至只要纸和笔就可以,但随着计算机科技的发展,如今无论应用数学还是纯粹数学,都可以利用计算机软件在计算机里做大量的数学实验。

有人认为,只有物理、化学等"实验科学"才需要靠实验来获取研究资料,数学是演绎科学,无须做实验。其实不然,在数学史上可以列举出许多用实验来对理论或命题进行验证的实例,例如通过抛掷硬币实验来验证概率论的大数定律、统计计算中用 Monte Carlo 方法求定积分、通过计算机实验证明"四色猜想"。

例 5-12 用 Monte Carlo 法求定积分。

解 定积分的几何意义是由曲线和积分区间围成的曲边梯形的面积,设其为 S_x,通过在包含定积分的面积为 S 的区域(通常为矩形)内随机产生一些随机点,其数量为 N,再统计在积分区域内的随机点数,设其数量为 x,则产生的随机点在积分区域内的概率为 $\dfrac{x}{N}$,这与积分面积与总区域面积的比值 $\dfrac{S_x}{S}$ 应该近似相等,Monte Carlo 法就是利用这个关系:

$$\frac{S_x}{S} \approx \frac{x}{N}$$

来估计面积 S_x,即所求定积分的值为:

$$S_x \approx \frac{x}{N} S$$

例如,计算定积分 $\int_0^\pi \sin x \, \mathrm{d}x$,使用科学计算软件 MATLAB 编程如下:

```
% Using Monte Carlo Method to Calculate the Definite Integral
% of a Sine Function in the Interval [0,pi]

clear
N = 1e3;
x_min = 0; x_max = pi;
x_u = x_min:0.01:x_max;
x = x_min + (x_max - x_min) * rand(N,1);
y_min = min(sin(x_u)); y_max = max(sin(x_u));
y = y_min + (y_max - y_min) * rand(N,1);
i = y < sin(x);
```

I = sum(i)/N * (x_max - x_min) * (y_max - y_min);

plot(x,y,'go',x(i),y(i),'bo')
axis([x_min x_max y_min y_max])
hold on
plot(x_u,sin(x_u),'r-','LineWidth',1.5)

运行结果如图 5-4 所示。

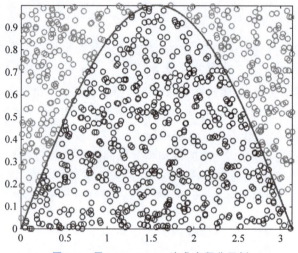

图 5-4 用 Monte Carlo 法求定积分示例

定积分的计算结果 I 是:

```
>> I
I =
    2.0043
```

这与理论值 $\int_0^\pi \sin x \, dx = 2$ 非常接近。

当然,这种基于实验方法得出的计算结果具有随机性,结果有一定误差。

例 5-13 用实验法验证欧拉建立的关于凸多面体的欧拉公式:

$$v + f - e = 2$$

其中 v(vertex)是顶点数,f(flat surface)是面数,e(edge)是棱数。

证 首先,从对四面体的直接观察知道,这时 $v=4, f=4, e=6$,公式显然成立。

其次,在四面体之外取一点作为新顶点,把这点与该四面体靠近它的一个面的各个顶点连接起来,就得到一个由 5 个顶点、6 个面、9 条棱组成的凸多面体,这时欧拉公式仍成立。多面体参数示例如表 5-2 所示。

表 5-2　多面体参数示例

v	f	e
4	4	6
5	4+2=6	6+3=9

通过数学观察可知：顶点数增加 1 时，增加的面数比增加的棱数少 1。由数学归纳法，设顶点个数为 n 的凸多面体满足欧拉公式，即

$$v_n + f_n - e_n = 2$$

当顶点数增加为 $n+1$ 时，若使

$$v_n + 1 + (f_n + \Delta f) - (e_n + \Delta e) = 2$$

成立，需要

$$1 + \Delta f - \Delta e = 0$$

也即

$$\Delta f - \Delta e = -1$$

只需证明增加顶点后所得到的凸多面体的面数增量 Δf 比棱数增量 Δe 少 1，而这是成立的：这时棱数增加了 $n-1$ 个，而面数只增加 $n-2$ 个（因为有一个原来的面被覆盖了），公式得证。

2. 数学实验法分类与常用方法

与一般的科学实验法相对应，数学实验法的类型有：

(1) 定量实验法。用于测量实验对象的数值或各种数量关系。例如，测量一个三角形各内角的角度之和。

(2) 定性实验法。用于发现或判断实验对象的某种性质。例如，把一个三角形的三个内角分别剪下来移到一起，使顶点重合，边与边可以重合但内部不互相重叠，观察是否能拼成一个平角。

(3) 结构分析实验法。用来观测对象的内部结构，这种方法是定性与定量实验的结合。例如，对指数 n 分别取 1 到 10 的整数，观察 $(a+b)^n$ 展开式中各项系数的变化规律。

数学实验的常用方法有：

(1) 特殊值法。例如确定 n 的取值范围，对 $(a+b)^n$ 展开式中各项系数进行观察。

(2) 模型实验法。即基于建立的数学模型进行数学实验。

(3) 动态实验法。一种情况是随着观察对象的运动和变化而进行相应的观察和测量，另一种情况是在数学模型实验中，令一些参数取不同的值来观察实验结果，以发现变量之间存在的内在联系。

例 5-14　设有 A 和 B 两个容器，A 中盛了 1 升水，B 是空的。先把 A 中的水

的 1/2 倒入 B，然后把 B 中水的 1/3 倒入 A，再把 A 中的水的 1/4 倒入 B，而后又将 B 中水的 1/5 倒入 A，如此继续下去，共倒了 1000 次，问此时 A 和 B 中各有多少水？

解 先采用实验法观察前几次倒水的结果，通过计算可得出表 5-3 的实验数值。

表 5-3 实验数值表

倒水次数 n	1	2	3	4	5	6	7	8
A 容器/升	1/2	2/3	1/2	3/5	1/2	4/7	1/2	5/9
B 容器/升	1/2	1/3	1/2	2/5	1/2	3/7	1/2	4/9

对表中的数据进行观察，容易产生这样的猜想：若倒水的次数 n 为奇数，则 A、B 两容器里的水分别为 1/2 升。若用 A_n 表示第 n 次倒水后 A 中的水量，B_n 表示第 n 次倒水后 B 中的水量，则可猜想 A_n 和 B_n 为：

$$A_n = \begin{cases} \dfrac{1}{2} & n = 2k-1 \\ \dfrac{\dfrac{n}{2}+1}{n+1} & n = 2k \end{cases}, \quad B_n = \begin{cases} \dfrac{1}{2} & n = 2k-1 \\ \dfrac{\dfrac{n}{2}}{n+1} & n = 2k \end{cases}$$

其中，k 为除 0 外的任意自然数。

用数学归纳法对这个猜想进行证明（请读者尝试完成），证明该猜想后，可算出倒了 1000 次后，A 容器有水 501/1001 升，B 容器有水 500/1001 升。

5.3 归纳法

通过观察、实验等途径，可获得有关数学研究对象的大量经验材料，这是数学发现与数学解题的基础，但还需利用归纳法对经验材料进行加工处理，以发现数学对象的本质属性和对象之间的内在联系，从而实现数学发现或解决数学问题。

5.3.1 归纳推理

推理是由一个或多个已知判断（前提）推出未知判断（结论）的思维形式。推理可分为论证推理（演绎推理）与合情推理（或然性推理）两种。

论证推理是从真前提必然地得出真结论的推理，也称为**演绎推理**。对于论证推理，如果前提真，则结论一定真。**合情推理**是从真前提或然地得出结论的推理，也称为**或然性推理**。其中，或然性也称为随机性，是指由条件无法确切预知结果的性质。对于或然性推理，虽然前提为真，但不能保证结论一定为真。

在逻辑学中,归纳法和演绎法被认为是理性思维的两种主要推理方法。

归纳法是由特殊情况下的结论推导出一般性结论的推理方法,也称为**归纳推理**。

可见,归纳法是由特殊到一般的推理方法。科学认识需要经历从个别到一般的发展过程,即从大量的观察材料、实验材料到转化成一般原理的过程,在这个过程中,归纳法可以发挥重大作用。

归纳法的哲学依据是:由于客观事物的个性中蕴含着共性,通过对个性的观察、分析可以认识和发现事物的共性。这种个性与共性之间的普遍联系为归纳法的应用提供了哲学依据。

归纳法的理论依据是所谓的"归纳原理":设 A 是一个集合,其元素是研究对象,假定由观察或论证得知 A 中有部分元素具有性质 P,可据此断言 A 中所有元素具有性质 P。归纳法的模式可表示为图 5-5。

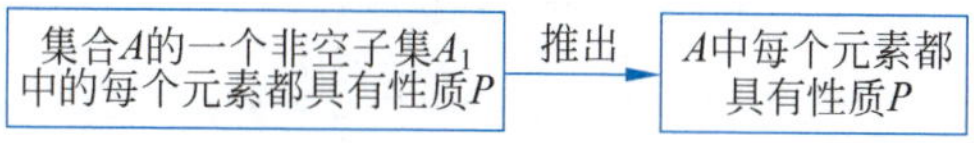

集合A的一个非空子集A_1中的每个元素都具有性质P —推出→ A中每个元素都具有性质P

图 5-5　归纳法的模式

归纳法和概括法都是从特殊到一般的思维过程,概括过程实际上也应用了归纳推理,但二者存在本质的区别:

(1) 概括法的思维过程远比一般的归纳法复杂;

(2) 二者结果的性质完全不同,归纳法得出的结论只是猜想而已,需要进一步验证,而概括法的结果是本质的共性,是正确的结论。

例 5-15　已知 $x_1=a, x_n=3x_{n-1}/(x_{n-1}+3)$,当 $n \geqslant 2$,求数列 $\{x_n\}$ 的通项公式。

解　为求得 x_n 的一般表达式,不妨先求出前几项的具体表达式:

$$x_1 = a$$

$$x_2 = \frac{3a}{a+3}$$

$$x_3 = \frac{3a}{2a+3}$$

$$x_4 = \frac{3a}{3a+3}$$

$$x_5 = \frac{3a}{4a+3}$$

通过对上述结果进行观察、分析,可以得到 x_n 的一般表达式,即数列的通项公式为

$$x_n = \frac{3a}{(n-1)a+3}$$

由归纳推理所得到的结论虽然具有某种合情因素,但在逻辑上是不严密的,因此归纳推理属于合情推理,具有或然性,归纳得到的结论在未加证明之前仅是一种猜想,可能为真也可能为假,要确认结论还必须借助于严格的数学证明。

例 5-16 法国数学家费马曾考查过形如 $2^{2^n}+1$ 的数$(n \in \mathbb{Z})$,他发现,当 $n = 0, 1, 2, 3, 4$ 时,具有这种形式的数都是素数:

$$2^{2^0} + 1 = 3$$
$$2^{2^1} + 1 = 5$$
$$2^{2^2} + 1 = 17$$
$$2^{2^3} + 1 = 257$$
$$2^{2^4} + 1 = 65537$$

因而提出猜想:对于非负整数 n,形如 $F(n) = 2^{2^n} + 1$ 的数都是素数,人们通常称 $F(n)$ 为费马数。

半个多世纪后,欧拉经过计算发现:

当 $n = 5$ 时,$F(5) = 2^{2^5} + 1 = 4\ 294\ 967\ 297 = 641 \times 6\ 700\ 417$

这表明它不是素数,从而否定了费马数猜想。

可见,由归纳法得出的结论必须进行严格的数学证明,否则就会犯以偏概全的错误。

5.3.2 归纳法的类型

归纳法可以分为不完全归纳法和完全归纳法两种类型。

1. 不完全归纳法

不完全归纳法是根据对某类事物中的部分对象的分析得出关于该类事物的一般性结论的推理方法。不完全归纳法是在观察、分析了某类事物的部分对象之后,对该类事物的性质所提出的猜想,因此其前提与结论之间不具有必然联系,其结果具有或然性,只是一种合情推理,所得结论的正确性尚需经过严格证明才能确认。不完全归纳法的一般推理模式如图 5-6 所示。

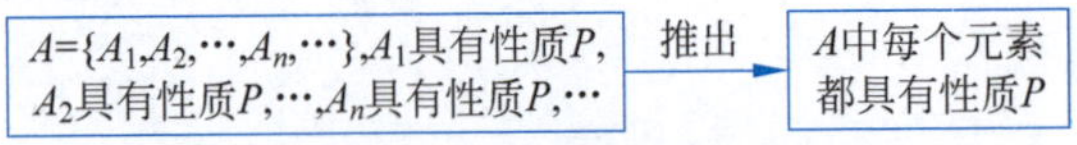

$A = \{A_1, A_2, \cdots, A_n, \cdots\}$,$A_1$ 具有性质 P,A_2 具有性质 P,$\cdots$,A_n 具有性质 P,$\cdots$ —推出→ A 中每个元素都具有性质 P

图 5-6 不完全归纳法的模式

例 5-17 求凸 n 边形(见图 5-7)的内角和 S_n 的公式。

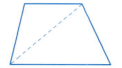  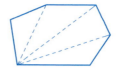

图 5-7　几种凸 n 边形

解　为求一般的凸 n 边形的内角和,先对一些特殊情形进行观察和分析。

当 $n=3$ 时,已知三角形的内角和 $S_3=\pi$;当 $n=4$ 时,凸四边形可分成 2 个三角形,因此,内角和 $S_4=2\pi$;当 $n=5$ 时,凸五边形可分成 3 个三角形,因此,内角和 $S_5=3\pi$;当 $n=6$ 时,凸六边形可分成 4 个三角形,因此,内角和 $S_6=4\pi$。

通过对以上特殊情况的分析,可以归纳出结论:凸 n 边形可分成 $(n-2)$ 个三角形,因此,一般的凸 n 边形的内角和 $S_n=(n-2)\pi$。

可以用数学归纳法证明该猜想是正确的,即 $S_n=(n-2)\pi$ 是凸 n 边形的内角和公式。

例 5-18　用 1～8 这八个数字分别组成两个四位数,使它们相乘的积最大,试写出这两个数。

解　由 1～8 这八个数字组成两个四位数有很多种可能,通过逐一列举的方法比较积的大小显然计算量巨大,可先解决一个比较简单而又不改变原命题性质的问题:用 5～8 这四个数字组成两个两位数并使其乘积最大。显然,十位数字应取较大的两个数 8 和 7,这样得到的两位数只有 85、76 和 86、75 两种情况。显然,$85\times76>86\times75$。进一步分析上述不等式的含义,可以揭示数字组合与其乘积之间的联系。无论 85、76 还是 86、75,它们的和都相等,只是前一对数比后一对数更为接近,由此可以归纳出两条组数的原则:①较大的数字尽量靠左;②要加上的两个数字,其中较大的应放在较小的后面,以使所组成的两数之差尽量小。根据上述原则就可逐步写出所求的四位数:

$$
\begin{array}{cccc}
8 & 85 & 853 & 8531 \\
\rightarrow & \rightarrow & \rightarrow & \\
7 & 76 & 764 & 7642
\end{array}
$$

故所求的四位数是 8531、7642。

2. 完全归纳法

完全归纳法是对某类事物中的每一个对象的情况进行分析,进而得出关于该类事物的一般性结论的推理方法。完全归纳法考察了某类事物的全体对象,因此当它的前提为真时,其结论必然为真,由完全归纳法得出的结论是可靠的、具有确定性,因此,完全归纳法可以作为一种严格的论证方法。演绎推理(详见第 6 章)是前提与结论之间有必然联系的推理,即若前提为真,则结论必为真。所以,完全归纳法属于演绎推理的范畴。完全归纳法的一般推理模式如图 5-8 所示。

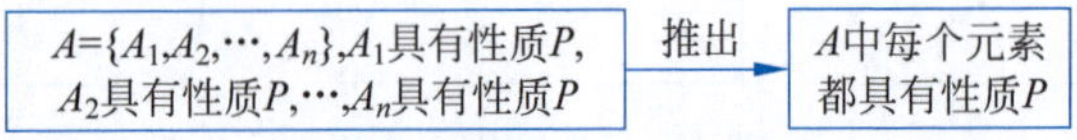

$A=\{A_1,A_2,\cdots,A_n\},A_1$ 具有性质 P, A_2 具有性质 $P,\cdots,A_n$ 具有性质 P —推出→ A 中每个元素都具有性质 P

图 5-8　完全归纳法的模式

完全归纳法需要穷举并验证集合中的每个元素,一般用于分类讨论的情形,常用于命题的证明。

例 5-19　证明 $1+2+3+\cdots+n$ 的末位数不可能是 2、4、7、9。

证　易知

$$1+2+3+\cdots+n=\frac{n(n+1)}{2}$$

因此可以先讨论 $n(n+1)$ 的末位数。

若 n 的末位是 1,则 $n(n+1)$ 的末位是 2;

若 n 的末位是 2,则 $n(n+1)$ 的末位是 6;

……

将所有结果列于表 5-4 中。

表 5-4　结果

n 的末位数	1	2	3	4	5	6	7	8	9	0
$n(n+1)$ 的末位数	2	6	2	0	0	2	6	2	0	0

可以看出,$n(n+1)$ 的末位数字只能是 0、2、6 三个数,因此,$n(n+1)/2$ 的末位数只可能是 0、1、3、5、6、8,所以,$1+2+3+\cdots+n$ 的末位数不可能是 2、4、7、9。

例 5-20　证明圆周角定理(一条弧所对圆周角等于它所对圆心角的一半)。

证　将圆周角的两边所处的位置分成 3 种情况:①角的一边落在直径上;②角的两边在某一直径的两侧;③角的两边在某一直径的同侧,如图 5-9 所示。分别对这 3 种情况进行证明,最后归纳得出"圆周角定理对任意圆周角都成立"的结论。

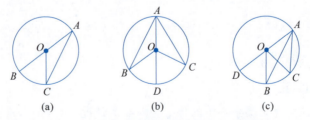

(a)　(b)　(c)

图 5-9　圆周角的两边所处位置的 3 种情况

情况(1):如图 5-9(a),圆心 O 在 $\angle BAC$ 的一条边上。

因为 OA、OC 是半径

所以 $OA=OC$

所以 $\angle BAC=\angle ACO$（等边对等角）

因为 $\angle BOC$ 是 $\triangle AOC$ 的外角

所以 $\angle BOC=\angle BAC+\angle ACO=2\angle BAC$ （三角形的外角等于两个不相邻内角的和）

情况(2)：如图 5-9(b)所示，圆心 O 在 $\angle BAC$ 的内部。连接 AO 并延长 AO 交 $\odot O$ 于 D。

因为 OA、OB、OC 是半径

所以 $OA=OB=OC$

所以 $\angle BAD=\angle ABO$，$\angle CAD=\angle ACO$（等边对等角）

因为 $\angle BOD$、$\angle COD$ 分别是 $\triangle AOB$、$\triangle AOC$ 的外角

所以 $\angle BOD=\angle BAD+\angle ABO=2\angle BAD$（三角形的外角等于两个不相邻内角的和）

$\angle COD=\angle CAD+\angle ACO=2\angle CAD$

所以 $\angle BOC=\angle BOD+\angle COD=2(\angle BAD+\angle CAD)=2\angle BAC$

情况(3)的证明请读者作为练习完成。

由上述例题可知：完全归纳法有两种情况：穷举归纳和分类讨论，例 5-19 用的是穷举归纳法，例 5-20 用的是分类讨论法。

归纳法具有创造性，主要体现在：归纳法是从已知推出未知的方法，但它不是以现成的一般认识为推理的前提，而是从已知的局部或特殊经验材料出发，扩展认识成果并形成新的一般原理，其结论已超过前提的范围。归纳法的创造性集中体现为用它可导出归纳猜想。

5.3.3 归纳猜想

1. 数学猜想

命题是在解决问题的过程中，根据一定的经验材料和已知事实，对问题作出的推测性判断。命题在尚未证明时，可能是真命题，也可能是假命题。尚未判明真假的命题称为**猜想**。猜想不同于已被理论和实践证明了的科学理论，也有别于毫无根据的胡猜乱想。猜想以一定的经验材料和已知事实为依据，是人们观察自然界奥秘的敏锐智慧的表现。猜想具有两个显著特点：①具有一定的科学性；②具有一定的推测性，即结论可能正确，也可能错误。

关于数学命题的猜想称为**数学猜想**。数学猜想是数学发现的第一步，而且是非常重要的一步，它构成了人们为之努力的方向和目标，而且是促进数学发现的动力。"费马猜想"就是一个举世闻名的例子，毕达哥拉斯方程 $x^2+y^2=z^2$ 的整数

解问题早已被数学家们解决。法国的"业余数学家之王"费马(P. Fermat)从这个问题出发,于 1637 年前后提出了费马猜想,费马猜想又称为"费马大定理"。

费马猜想 当整数 $n>2$ 时,关于 x,y,z 的不定方程 $x^n+y^n=z^n$ 无正整数解。

三百多年来,许多优秀的数学家采用多种方法试图证明这个猜想,但都没有成功。1993 年,英国数学家维尔斯(A. Wiles)宣布证明了费马大定理,轰动了全世界。但是当维尔斯的长达 200 页的论文送交审查时,被发现证明有漏洞。在挫折面前,维尔斯并没有止步,他又用了一年多时间修改论文,于 1994 年重新写出 108 页的论文,顺利通过审查,1995 年,美国《数学年刊》41 卷第 3 期就只刊载了他的这一篇论文。这一成就使维尔斯获得 1995—1996 年度的沃尔夫数学奖,这一成果被公认为是 20 世纪最重大的数学成就。

2. 归纳猜想

尽管由归纳法得出的结论有待验证,但归纳法仍是数学发现的主要方法之一,其重要作用是论证推理所无法代替的。掌握归纳法有助于培养从具体事例中发现一般规律的能力。运用归纳法的思想,恰当地考察数学问题的某些特殊情形(一般选择相对简单且具有典型性的情形),常能帮助人们从特殊性认识普遍性,发现问题的解决途径,有助于培养创造性思维能力。运用归纳法得出对一类现象的一般性认识的推测性判断(猜想)的思想方法称为**归纳猜想**。

归纳猜想的思维步骤为:特例→归纳→猜想。面对一个数学猜想,可以从两个方向进行思考:①通过演绎推理证明此猜想为真;②找出反例说明此猜想为假,从而否定此猜想或修正此猜想。

如果把不成熟的猜想称为猜测的话,一个人在数学研究的过程中可以不断提出猜测、并进行验证,这是推进数学研究走向深入的好办法。值得注意的是,从一般的猜测到正式形成猜想之前,应多进行几次验证,才能保证所提出的猜想具有较大的可靠性和价值性,也就是说,归纳虽然允许从特殊到一般的推理,但要防止从太过特殊的例子提出猜想。例如,仅从"等腰三角形底边上的高也是中线"的命题出发得出"任意三角形的一边上的高也是中线"的猜想就是错误的。

例 5-21 求 $T_n = \left(1-\dfrac{1}{4}\right)\left(1-\dfrac{1}{9}\right)\cdots\left(1-\dfrac{1}{n^2}\right)$,其中 $n\in\mathbb{Z}$ 且 $n\geqslant 2$。

解 先求出 $\{T_n\}$ 的前几项:

$$T_2 = \left(1-\dfrac{1}{4}\right) = \dfrac{3}{4}$$

$$T_3 = T_2\left(1-\dfrac{1}{9}\right) = \dfrac{2}{3}$$

$$T_4 = T_3\left(1 - \frac{1}{16}\right) = \frac{5}{8}$$

$$T_5 = T_4\left(1 - \frac{1}{25}\right) = \frac{3}{5}$$

$$T_6 = T_5\left(1 - \frac{1}{36}\right) = \frac{7}{12}$$

目前的数值看不出 T_n 与 n 之间的规律,但如果把 T_3 和 T_5 改写一下,则有

$$\{T_n\} = \left\{\frac{3}{4}, \frac{4}{6}, \frac{5}{8}, \frac{6}{10}, \frac{7}{12}\cdots\cdots\right\}$$

于是容易得出猜想:$T_n = \dfrac{n+1}{2n}$,然后再用数学归纳法证明即可。

可见,通过归纳法发现数学对象的内在规律,进而建立归纳猜想并不容易,因为原始材料本身一般都未清楚地展现其内在规律,需要对材料进行分析、研究和加工整理,才能发现隐藏在其中的内在规律。

例 5-22 由 100 个数排成一个方阵,每一行 10 个数,每一列 10 个数。第一种方法:先从每一行中选一个最小的数(如果有几个数相等,则任选一个),再从选出来的 10 个数中取其中最大的数;第二种方法:先从每一列选一个最大的数,再从选出来的 10 个数中取其中最小的数。试比较用这两种方法选出来的两个数哪一个大?

解 10×10 的方阵一共有 100 个数,举出一个实例比较烦琐,可先研究一个 2×2 的方阵:

$$\begin{pmatrix} 4 & 2 \\ 1 & 3 \end{pmatrix}$$

显然,用第二种方法选出来的数大。因为四个数中某些数可以相同,所以有理由猜想:在 10×10 的方阵中,用前一种方法选出来的数不大于用后一种方法选出来的数。如果用 (a_{ij}) 表示此方阵,那么这个猜想的数学表示为

$$\max_{1\leqslant i\leqslant 10}\left(\min_{1\leqslant j\leqslant 10} a_{ij}\right) \leqslant \min_{1\leqslant j\leqslant 10}\left(\max_{1\leqslant i\leqslant 10} a_{ij}\right)$$

例 5-23 观察以下等式,找出规律,提出猜想。

$$6 = 3 + 3$$
$$8 = 3 + 5$$
$$10 = 3 + 7 = 5 + 5$$
$$12 = 5 + 7$$
$$14 = 7 + 7$$
$$16 = 3 + 13 = 5 + 11$$

解 观察可得出规律:一个偶数可以表示为两个奇数之和,但这个结论没有什么价值。进一步观察可发现,各式等号右边的奇数都是素数,例如 12 还可写为

12=3+9，但因为 9 不是素数，因此没有出现这个等式，因此可得规律：一个偶数可以表示为两个奇素数之和。

但这个命题还不完善，没有考察偶数的范围，尝试更小的偶数 4 的情况，4=1+3，但是数学上规定 1 既不是素数也不是合数，因此不符合这个规律。综上，可得出猜想，这个猜想就是著名的"哥德巴赫猜想"。

哥德巴赫猜想 任何一个大于 4 的偶数可以表示为两个素数之和。

1742 年，德国数学家哥德巴赫（C. Goldbach）在他给好友、大数学家欧拉的一封信里陈述了他著名的猜想——哥德巴赫猜想。欧拉在回信中表示这个猜想可能是真的，但他无法证明。此后，很多数学家试图攻克这个难题，但是直至 1920 年才开始有了实质性的进展，人们考虑沿着这样一个思路去解决这个问题：把每个大于 4 的大偶数 N 表示为两个自然数 N_1 与 N_2 之和，设 N_1 的素因子个数为 a，N_2 的素因子个数为 b，那么，哥德巴赫猜想就是要证明对任意大偶数 N 总有 $a=1$ 且 $b=1$，可以简记为"1+1"。

在这个方向上的进展情况大致如下：1920 年挪威数学家布朗（V. Brun）创造了一种"筛法"，首先证明了"9+9"；1957 年，中国数学家王元得出"2+3"；1948 年，匈牙利数学家瑞尼得出"1+c"，$c \in \mathbf{N}$，开始固定一个加数为素数；1962 年，中国数学家潘承洞得出"1+5"，使常数 c 第一次得到定量的低记录；1966 年，中国数学家陈景润在对筛法作了重要改进后证明了"1+2"，即"大偶数可表示为一个素数及一个不超过两个素数的乘积之和"，其含义为：任何一个大偶数都可以表示为两个数之和，其中一个是素数，另一个或为素数，或为两个素数的乘积，这一成果被称为"陈氏定理"，也是目前最好的结果。哥德巴赫猜想被誉为"皇冠上的一颗明珠"，陈景润距离最后摘取这颗明珠只有一步之遥，可是欲突破这最后一步，尚需后来者继续努力。

5.4 类比法与联想法

类比是从对象 A 具有的性质推理对象 B 也具有相同或类似的性质；联想是思维从某一研究对象 A 转移到效应对象 B，然后借助 B 解决 A 的问题。虽然类比与联想的思维方式和路线不同，但是它们都是由此及彼的思维过程，它们都能开阔思路、拓展视野。在实际应用中，由于需要把对象 A 和对象 B 的各种性质反复比较、分析、取长补短、互相借鉴，所以常常把这两种方法结合起来使用。

5.4.1 类比法

1. 类比法的定义

类比法是根据两个对象已知的相似性，把其中一个对象的已知特殊性质迁移到另一个对象上去,从而获得另一个对象的性质的思想方法,也称为**类比推理**。

美籍匈牙利数学家波利亚(G. Polya)认为"类比就是一种相似",他提出"选一个类似的、较容易的问题,去解决它,改造它的解法,以便把它作为一个模式,然后利用刚刚建立的模式,以得到原问题的解法"。类比法在科学史上占有重要地位,例如,牛顿的万有引力定律是通过把天体运动与自由落地运动作类比发现的、生物学家在用动物特性作类比的基础上建立了仿生学。

类比法是以比较为基础的一种从特殊到特殊的推理方法,是一种或然性推理,其结论是否正确还需进行严格证明。类比推理和归纳推理都属于合情推理。

类比推理通常可用以下形式表示:

(1) 对象 A 具有性质 $a_1, a_2, \cdots, a_n$ 及 d;
(2) 对象 B 具有性质 $b_1, b_2, \cdots, b_n$;
(3) 因此,B 也可能具有性质 d'。

其中,a_1 与 b_1,a_2 与 b_2,$\cdots$,a_n 与 b_n,d 与 d' 分别相同或相似。

为提高类比的可靠性,应遵循以下原则:

(1) 类比对象 A 与 B 的相同或相似属性尽可能多;
(2) 这些相同或相似属性应是类比对象 A 与 B 的主要属性;
(3) 这些相同或相似属性应尽可能是多方面的;
(4) 可迁移属性 d 应和相同或相似属性 $a_1, a_2, \cdots, a_n$ 属于同一类型。

上述原则可提高类比结论的可靠性,但仍不能保证结论一定正确,仍需进一步证明。

2. 类比法的类型

(1) 表层类比。**表层类比**是根据两个对象的表面形式或结构上的相似所进行的类比。表层类比是形式或结构上的简单类比,其可靠性较差,结论具有很大的或然性。虽然表层类比得出的结论不一定正确,但常常可以启发思路,如由三角形内角平分线的性质类比得到三角形外角平分线的性质,就是一种结构上的类比。

例 5-24 由数量运算公式 $a(b+c)=ab+ac$ 类比出 $\sin(\alpha+\beta)=\sin\alpha+\sin\beta$ 是错误的,而类比出 $\lim_{n\to\infty}(a_n+b_n)=\lim_{n\to\infty}a_n+\lim_{n\to\infty}b_n$ 在数列极限存在的条件下是正确的。

例 5-25 由数量运算公式 $a(b+c)=ab+ac$ 类比出向量积(外积)$\vec{a}\times(\vec{b}+\vec{c})=\vec{a}\times\vec{b}+\vec{a}\times\vec{c}$ 是正确的,而由数量运算公式 $ab=ba$ 类比出向量积(外积)$\vec{a}\times\vec{b}=\vec{b}\times\vec{a}$ 是错误的。

(2) 深层类比。**深层类比**是通过对被比较对象的各种相似属性之间多种因果关系的分析而得到的类比,又称为**实质性类比**。数学中的深层类比大多是在数学的同一分支内的类比，因此又称为**纵向类比**，一般表现为方法或模式上的类比。以下是典型的深层类比：

① 空间问题与平面问题之间的类比，即升维或降维类比。例如，空间问题用平面问题来类比，即降维类比。

② 高次方程与低次方程的类比。例如，由一阶线性常微分方程解的结构类比出高阶线性常微分方程解的结构。

③ 多元问题与一元问题的类比。例如，多元问题用一元问题来类比，即减元类比；由一元函数的导数与微分的概念类比出多元函数的偏导数与全微分的概念。

④ 无限与有限的类比。例如，从有限求和的性质类比出无穷级数的某些性质。

⑤ 积分与级数的类比。例如，从级数的收敛性判别法类比出无穷区间上的广义积分的收敛性判别法。

例 5-26 空间勾股定理（见图 5-10）。

在平面上，2 条直线不能围成一个有限的图形，但 3 条直线能围成一个三角形（图 5-10(a)）。在空间中，3 个平面不能围成一个有限的图形，但 4 个平面可以围成一个四面体（图 5-10(b)）。就二者"以数目最少的分界元素所围成"这一点来说，

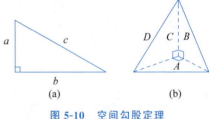

图 5-10　空间勾股定理

三角形与平面的关系同四面体与空间的关系是一样的，平面上的一个三角形可与空间中的一个四面体做类比。于是从平面勾股定理可类比出空间勾股定理，这属于升维类比。

具体类比结果是：点类比线、线类比面、平面类比立体、直角三角形类比直角四面体，则可得到 $a^2+b^2=c^2$ 类比 $A^2+B^2+C^2=D^2$，其中 A、B、C 分别表示直角四面体的三个直角面的面积，D 表示直角四面体的斜面的面积。

(3) 沟通类比。

各学科、各分支之间的横向类比称为**沟通类比**。沟通类比与深层类比的主要区别是：沟通类比是横向类比，深层类比一般是纵向类比；沟通类比所涉及的对象之间的类比关系往往不容易被发现，而深层类比所类比的方法或模式是比较简单的模仿，没有沟通类比深刻。例如，把概率论中的事件 A 与集合论中的集合 A 建立类比，使概率论的运算可通过集合的运算来描述，就是一种成功的沟通类比，这项工作是苏联数学家柯尔莫哥洛夫(А. Н. Колмогоров)的创造。

例 5-27 设 a、b、c 都是正数，试证：

$$\sqrt{a^2+b^2}+\sqrt{b^2+c^2}+\sqrt{c^2+a^2} \geqslant \sqrt{2}(a+b+c)$$

分析 由 $\sqrt{a^2+b^2}$ 经过横向类比可以联想到复数 $a+bi$ 的模。

证 设 $Z_1=a+bi, Z_2=b+ci, Z_3=c+ai$。根据复数模的性质,有
$$|Z_1|+|Z_2|+|Z_3| \geqslant |Z_1+Z_2+Z_3|$$
因此,可得
$$\sqrt{a^2+b^2}+\sqrt{b^2+c^2}+\sqrt{c^2+a^2}=|a+bi|+|b+ci|+|c+ai|$$
$$\geqslant |(a+b+c)+(a+b+c)i|=\sqrt{2}(a+b+c)$$

5.4.2 类比猜想

运用类比法,根据一类事物具有某种属性得出与其类似的事物也具有这种属性的猜想,这种思想方法称为**类比猜想**。例如,分式与分数非常相似,只不过是用符号代替数而已,因此可以猜想:分式与分数在定义、基本性质、约分、通分、四则运算等方面都是对应相似的。

例 5-28 在实数范围内解方程组

$$\begin{cases} x+y+z=3 & (5\text{-}1) \\ x^2+y^2+z^2=3 & (5\text{-}2) \end{cases}$$

分析 先考察与之类似的二元情况:

$$\begin{cases} x+y=2 & (5\text{-}3) \\ x^2+y^2=2 & (5\text{-}4) \end{cases}$$

由 $(5\text{-}3)^2-(5\text{-}4)$,得 $2xy=2$,于是
$$(x-y)^2=x^2+y^2-2xy=2-2=0$$
故 $x=y$。据此可得方程组的解 $x=1, y=1$。这个二元情形的解题过程可以为三元情形提供解题思路。

解 由 $(5\text{-}1)^2-(5\text{-}2)$,可得
$$2xy+2yz+2zx=6$$
所以
$$(x-y)^2+(y-z)^2+(z-x)^2=2(x^2+y^2+z^2)-(2xy+2yz+2zx)=0$$
于是
$$x=y=z$$
由此可得原方程组的解是 $x=1, y=1, z=1$。

这个例题的解法是先考察类似的、更简单或更熟悉的问题,求得其结论,进而猜想比较复杂或比较生疏的问题的解法或结论,这种思想方法就是类比猜想。此外,也可以从几何角度进行类比。根据二元方程组可表示直线 $x+y=2$ 与圆 $x^2+y^2=2$ 相切于点 $(1,1)$,与之进行类比,则三元方程组

$$\begin{cases} x+y+z=3 \\ x^2+y^2+z^2=3 \end{cases}$$

可表示平面 $x+y+z=3$ 与球面 $x^2+y^2+z^2=3$ 相切于点 $(1,1,1)$。

例 5-29 自然数倒数平方和公式的发现(数学史上著名的数论问题——巴塞尔问题)。

与牛顿同时代的瑞士数学家雅克·伯努利在发现几个无穷级数的和后,却无法求出自然数倒数的平方和:

$$1+\frac{1}{4}+\frac{1}{9}+\frac{1}{16}+\cdots+\frac{1}{n^2}+\cdots=?$$

于是他公开征求解答。但遗憾的是,直到他去世,也未能看到这一问题被解决。

数十年后,欧拉注意到这个问题,他尝试用各种方法求解。最后用类比法做出一个大胆的猜想。

首先,设 n 次方程

$$a_0+a_1 x+a_2 x^2+\cdots+a_n x^n=0$$

有 n 个不同的根 $a_1,a_2,\cdots,a_n$,则有

$$a_0+a_1 x+a_2 x^2+\cdots+a_n x^n=a_n(x-\alpha_1)(x-\alpha_2)\cdots(x-\alpha_n)$$

若所有的 $a_i \neq 0$,则也可以写成

$$a_0+a_1 x+a_2 x^2+\cdots+a_n x^n=a_0\left(1-\frac{x}{\alpha_1}\right)\left(1-\frac{x}{\alpha_2}\right)\cdots\left(1-\frac{x}{\alpha_n}\right)$$

对于形如 $b_0-b_1 x^2+b_2 x^4-\cdots+(-1)^n x^{2n}=0$ 的 $2n$ 次方程,设它有 $2n$ 个不同的根:

$$\beta_1,-\beta_1,\beta_2,-\beta_2,\cdots,\beta_n,-\beta_n$$

则

$$b_0-b_1 x^2+b_2 x^4-\cdots+(-1)^n x^{2n}=b_0\left(1-\frac{x^2}{\beta_1^2}\right)\left(1-\frac{x^2}{\beta_2^2}\right)\cdots\left(1-\frac{x^2}{\beta_n^2}\right) \quad (5-5)$$

式(5-5)展开时, x^2 项的系数是

$$b_1=b_0\left(\frac{1}{\beta_1^2}+\frac{1}{\beta_2^2}+\cdots+\frac{1}{\beta_n^2}\right)$$

欧拉考虑方程 $\frac{\sin x}{x}=0$,它相当于

$$1-\frac{x^2}{3!}+\frac{x^4}{5!}-\frac{x^6}{7!}+\cdots=0$$

把它看成一个只含偶次项的无穷次代数方程,其根为 $\pm\pi,\pm 2\pi,\pm 3\pi,\cdots$,采用类比法,即仿照上述 $2n$ 次多项式的分解法,于是有

$$\frac{\sin x}{x} = \left(1 - \frac{x^2}{\pi^2}\right)\left(1 - \frac{x^2}{4\pi^2}\right)\left(1 - \frac{x^2}{9\pi^2}\right)\cdots$$

因此有

$$1 - \frac{x^2}{3!} + \frac{x^4}{5!} - \frac{x^6}{7!} + \cdots = \left(1 - \frac{x^2}{\pi^2}\right)\left(1 - \frac{x^2}{4\pi^2}\right)\left(1 - \frac{x^2}{9\pi^2}\right)\cdots$$

再比较两边 x^2 的系数,可得

$$\frac{1}{3!} = \frac{1}{\pi^2} + \frac{1}{4\pi^2} + \frac{1}{9\pi^2} + \cdots$$

即

$$1 + \frac{1}{4} + \frac{1}{9} + \cdots = \frac{\pi^2}{6}$$

伯努利的问题被欧拉解决了!

但是,这一方法如此不同寻常,以至于众多数学家在惊叹之余,也提出了疑问:有限次代数方程的结果怎么能应用到无穷次代数方程上呢?欧拉用数值计算检验,发现计算到小数点后第七位,等式两边的数值都是一样的,于是更加确信这个答案。几年后,欧拉又用演绎方法严格证明了这一结果。

欧拉借助类比法求得自然数的倒数平方和公式,当然算不上是严格的逻辑论证。但是,对一个数学工作者来说,发现、创新远比命题论证更加重要。新的方法、新的思想尽管还不完善,但是经过探索、研究后,它必然会茁壮成长起来。现在,这已成为数学史上用类比法进行数学创造的一个光辉典范。

类比法是一种合情推理,由类比法得出的正确结论很多,但得出的错误结论也不少。例如,在立体几何中常常会遇到一些与平面几何中"形式"相同的命题,"不相交的两直线一定平行""垂直于同一直线的两直线一定平行",这些平面几何中的真命题在立体几何中却都是假命题。

为什么类比有时候能获得正确结论,有时候却得出错误结论呢?这是因为:两个事物相似是由于它们具有相似的属性区域,而它们之所以成为两个不同的事物,是由于它们又具有不相似的属性区域。若由类比推得的属性恰好属于相似的属性区域,那么就会由类比获得正确的结论;若由类比推得的属性落在不相似的属性区域,就会由类比得出错误的结论。因此,由类比得出的结论一定要经过严格证明才能确定其正确性。

5.4.3 联想法

1. 联想及其基本模式

联想是指由当前思考的事物引起对其他相关事物的思考的一种思维形式。**数

学联想法是指以联想为中介,进行数学发现、探求解题思路、由此及彼地思考问题的一种思想方法。

亚里士多德在论述联想时指出:"我们的思维是从与正在寻求的事物相类似的事物、相反的事物或者与它相接近的事物开始进行的,以后便追寻与它相关联的事物,由此而产生联想",这一观点后来便发展成指导联想的三个基本模式。

(1) 类似联想模式。指由感知或思考的事物引起对与它类似的事物的回忆或思考,即联想效应中的对应事物是与作为触发点的事物相类似的。例如,一元函数的性质与多元函数的性质,级数与无穷区间上的广义积分,定积分与重积分等因为有许多类似之处,常引起由此及彼的联想。

(2) 相反联想模式。指由触发点事物引起对与它相反或对立的事物的回忆或思考。例如,素数与合数,积分与微分,收敛与发散,一个空间与其对偶空间,一个定理与它的逆定理、充分条件与必要条件等,因为它们在概念上是相反或对立的,所以容易触发联想。

(3) 接近联想模式。两个或多个事物在头脑中产生的时间或空间相同或相近,或二者有一定因果关系,使得以其中一个为触发点引起对另一个的回忆或思考。例如,正项级数与比较判断法、交错级数与莱布尼兹判别法、勒贝格积分与勒贝格可测集、二次曲线(曲面)的化简与其标准形式、矩阵与行列式、线性方程组与克莱姆法则等。

2. 联想三要素

联想一般由三部分组成,这三部分被称为联想三要素。

(1) 联想因素:指"当前思考的事物",它是产生联想的起因。

(2) 联想效应:指"相关事物"及据此做出的判断。

(3) 联想路线:指由联想因素到联想效应之间的联系。

数学联想中的联想因素和联想效应一般均是数学的对象,如关系、结构、数学方法等,而联想路线则是这些数学对象之间的联系。若想发现并接通联想路线,必须对相关知识有足够储备和深刻理解,并具有想象力。

例 5-30 证明公式

$$C_n^1 + 2C_n^2 + 3C_n^3 + \cdots + nC_n^n = n \cdot 2^{n-1} \tag{5-6}$$

分析 1 这是一个与自然数有关的数学命题,于是联想到数学归纳法。这里"自然数"是联想的触发点,即联想因素;"数学归纳法"是联想的相关事物,联想效应就是"用数学归纳法去证明它";联想路线是"自然数与数学归纳法之间的联系"。如果仅知道数学归纳法这种知识,但不会想象,即不会把相关的事物联系起来进行思考,也无法解决问题。

分析 2 对组合数 C_n^k 的公式熟悉的人会由式(5-6)联想到已知公式:

$$C_n^0 + C_n^1 + C_n^2 + \cdots + C_n^n = 2^n \tag{5-7}$$

证 因

$$kC_n^k = k \cdot \frac{n(n-1)(n-2)\cdots(n-k+1)}{k!}$$

$$= n \cdot \frac{(n-1)(n-2)\cdots(n-k+1)}{(k-1)!} = nC_{n-1}^{k-1}$$

故

$$左边 = nC_{n-1}^0 + nC_{n-1}^1 + nC_{n-1}^2 + \cdots + nC_{n-1}^{n-1}$$

$$= n(C_{n-1}^0 + C_{n-1}^1 + \cdots + C_{n-1}^{n-1})$$

$$= n \cdot 2^{n-1} = 右边$$

分析 3 对二项式展开定理熟悉的人会想到

$$(1+x)^n = C_n^0 + C_n^1 x + \cdots + C_n^k x^k + \cdots + C_n^n x^n \tag{5-8}$$

取 $x=1$ 可得式(5-7)，但这与式(5-6)仍不同。在式(5-8)的两边对 x 求导，然后令 $x=1$，就得到式(5-6)。这个方法需要的知识面更宽，需要的想象力更丰富。

5.5 化归法

5.5.1 化归的原理

化归是转化和归结的简称，**化归法**是指把待解决的问题通过转化，归结到一类已经解决或容易解决的问题，最终得到原问题解答的一种思想方法。

如果直接解决问题遇到困难，可以设法将原问题转化为某一"规范"的问题，以便运用已知的方法使原问题得到解决，即采取一种迂回的策略，这就是化归方法。

化归法体现了数学思维异于其他自然科学思维的特点。为说明这一点，匈牙利女数学家罗莎·彼得(R. Peter)曾对化归法作出如下描述："假如在面前有煤气灶、水龙头、水壶和火柴，现在的任务是要烧水，你应当怎样做？"这个问题的正确回答应该是："在水壶中装上水，点燃煤气，再把水壶放到煤气灶上"。接着她又提出一个问题："如果其他条件都和原来一样，只是水壶中已经有了足够的水了，这时你应当怎样做？"对于这样一个问题，一般人们会回答："点燃煤气，再把水壶放到煤气灶上。"但罗莎指出，这并不是最好的回答，因为"只有物理学家才会这样做，而数学家则会先倒去水壶中的水，并声称他已经把后一个问题化归成先前的问题了。"这个比喻虽然夸张，但却道出了化归法的根本特征，以及数学家的思维方式与其他科学家的一个明显不同之处，即"他们往往不是对问题实行正面的攻击，而是不断地将它变形，直到把它转化成能够解决的问题"。

化归法在数学中应用十分广泛,例如,微积分中将非均匀问题转化为均匀问题就是化归法的应用。再如,把实际问题转化为数学模型,然后通过数学模型得出的结果去解决原问题,也是一种典型的化归法。

化归法的三要素是:化归对象、化归目标、化归途径。化归对象就是把什么数学内容进行化归,化归目标就是化归到什么数学问题上去,化归途径是化归对象与化归目标之间的联系,即如何进行化归。例如,如果已经掌握了一元二次方程的求根公式和韦达定理,一元二次方程就是一个"数学模式",而将双二次方程 $ax^4+bx^2+c=0$ $(a\neq 0)$ 通过换元化(令 $t=x^2$)归为一元二次方程 $at^2+bt+c=0$ 就是化归。可见,化归的过程就是将数学问题进行规范化的过程。这个例子中,化归对象是双二次方程,化归目标是一元二次方程,化归途径是采用换元法。

运用化归法时,实际求解是针对化归目标进行的,因此选择化归目标是关键,化归目标应满足两个条件。

(1) 具有规范性。所谓规范性指的是相关问题具有可解性或易解性。

(2) 化归目标与化归对象之间具有某种联系或对应关系,可通过化归途径实现这个联系或建立对应关系。

例如,若已掌握了一元一次方程 $ax+b=0$ 的解法,求解一元二次或一元三次方程时,可以采用化归法,把一元二次或一元三次方程化成一元一次方程来求解。其根据是,一方面化归目标具有规范性(一元一次方程的解法已知),二是有转化的途径(通过因式分解),它保证了原对象(一元二次或一元三次方程)与目标对象(一元一次方程)的同解性。

例 5-31 解二元一次方程组 $\begin{cases} 3x+y=11 \\ 3x-y=1 \end{cases}$。

分析 将二元一次方程化归为一元一次方程,而化归的方法是"代入消元法"。代入消元法是将方程组中的一个方程的某一未知数用含有另一个未知数的代数式表示(暂时将另一未知数看成已知数),并代入另一个方程中去,这就消去了一个未知数,得到一个一元一次方程,实现了消元,把"二元"变成"一元"。

解 (1) 对于 $3x+y=11$,暂时将某一个未知数看成已知数,于是原来的二元一次方程就化为一元一次方程,例如将 x 看作已知数,则得到 $y=11-3x$;

(2) 这个解应同时满足方程组中的第二个方程 $3x-y=1$,于是将 $y=11-3x$ 代入第二个方程,得到 $x=2$;

(3) 将所得的 x 值代入 $y=11-3x$,得到 $y=5$。

例 5-32 一个铁球浮在水银上,若将水再倾注在水银之上并覆盖铁球,这时球相对于水银面将下降还是上升? 还是保持在同样深度上?

分析 先将问题转化为数学问题,可考虑将问题转化为研究倒入水前后球在水银面之上的那部分体积的计算问题,由于物质密度已知,可利用约束关系列方程组求解,最后归结为解方程组的代数问题,通过解方程组得到定量解,同时也回答了该定性问题。

解 分别设上面液体的密度为 a,下面液体的密度为 b,球的密度为 c,v 表示球的体积,x 表示球在水银液面以上部分的体积,y 表示球在水银液面以下部分的体积。根据阿基米德原理:浮体质量等于所排开液体的质量,可列出方程

$$\begin{cases} ax + by = cv \\ x + y = v \end{cases}$$

解之得

$$\begin{cases} x = \dfrac{b-c}{b-a}v \\ y = \dfrac{c-a}{b-a}v \end{cases}$$

由各自的密度值,倒入水前 $a=0, b=13.60, c=7.84$,由此得 $x=0.424v$;倒入水后,$a=1.00$,求得 $x=0.457v$,倒入水后球浮于水银以上部分占球总体积的比例增大,故球上升。

5.5.2 化归的原则

为实现有效化归,在化归过程中应遵循以下原则。

(1) 复杂问题简单化原则。简单化原则是指将原问题中比较复杂的形式、关系结构,通过化归变为比较简单的形式、关系结构,或通过问题的简单化获得求解复杂问题的思路。

例 5-33 求 $\dfrac{1}{1\times 2}+\dfrac{1}{2\times 3}+\cdots+\dfrac{1}{(n-1)n}$ 的值。

分析 注意到式子 $\dfrac{1}{(n-1)n}$ 可以分解为 $\dfrac{1}{n-1}-\dfrac{1}{n}$,由这个关系式可将原来较复杂的问题简单化。

解

$$\dfrac{1}{1\times 2}+\dfrac{1}{2\times 3}+\cdots+\dfrac{1}{(n-1)n} = \left(\dfrac{1}{1}-\dfrac{1}{2}\right)+\left(\dfrac{1}{2}-\dfrac{1}{3}\right)+\cdots+\left(\dfrac{1}{n-1}-\dfrac{1}{n}\right)$$
$$=1-\dfrac{1}{2}+\dfrac{1}{2}-\dfrac{1}{3}+\cdots+\dfrac{1}{n-1}-\dfrac{1}{n}=1-\dfrac{1}{n}$$

(2) 陌生问题熟悉化原则。熟悉化原则是指将原问题中陌生的形式或内容转化为比较熟悉的形式或内容。

例 5-34 已知 $a\geqslant -3$,解下列方程

$$x^4 - 6x^3 - 2(a-3)x^2 + 2(3a+4)x + 2a + a^2 = 0$$

分析 这是一个关于 x 的完全四次方程,用常规方法求解比较困难。如果将未知数 x 看作已知常数,而将常数 a 看作未知数,则原问题就转化为较容易的二次方程求解问题。

解 将未知数 x 看作已知常数,将常数 a 看作未知数,则原问题转化为二次方程求解问题:

$$a^2 - 2(x^2 - 3x - 1)a + (x^4 - 6x^3 + 6x^2 + 8x) = 0$$

解得 $a = x^2 - 4x$ 或 $a = x^2 - 2x - 2$。

因为 $a \geqslant -3$,故原方程的解为

$$x_{1,2} = 2 \pm \sqrt{4+a}$$

$$x_{3,4} = 1 \pm \sqrt{3+a}$$

(3) 无序问题和谐化原则。和谐化是数学内在美的主要体现之一,美与真在数学中一般是统一的。因此,在解题过程中可根据数学问题的条件或结论以及数、式、形等的结构特征,利用和谐美去思考问题、获得解题信息,从而确立解题的总体思路,达到以美启真的作用。通过适当转换问题的条件或结论的形式,化杂乱为规则、化无序为有序,使其成为更符合数学本身固有的和谐统一特点的表现形式,常常有助于揭示出问题中各个数学对象之间的本质联系。和谐化原则对应把研究对象进行系统整理的有序化过程。

例 5-35 设 x、y、z 均为实数,且 $x+y+z = xyz$,试证

$$\frac{2x}{1-x^2} + \frac{2y}{1-y^2} + \frac{2z}{1-z^2} = \frac{8xyz}{(1-x^2)(1-y^2)(1-z^2)}$$

分析 观察题目的条件和结论都呈现出和谐性:三项之和等于三项之积。这种和谐特征给了我们一个解题信息:可否利用已知等式

$$\tan A + \tan B + \tan C = \tan A \cdot \tan B \cdot \tan C$$

其中 $A + B + C = k\pi$(k 为整数)来解决问题呢?进一步观察结论中式子的特征,可发现令 $x = \tan A$,$y = \tan B$,$z = \tan C$ 即可找到解题思路。

解 令 $x = \tan A$,$y = \tan B$,$z = \tan C$,由已知条件可得

$$\tan A + \tan B + \tan C = \tan A \cdot \tan B \cdot \tan C$$

因此

$$-\tan C = \frac{\tan A + \tan B}{1 - \tan A \tan B} = \tan(A+B)$$

所以

$$A + B = k\pi - C$$

即

$$A+B+C=k\pi$$

由此有

$$2A+2B+2C=2k\pi$$

于是根据已知等式得

$$\tan2A+\tan2B+\tan2C=\tan2A\cdot\tan2B\cdot\tan2C$$

即

$$\frac{2x}{1-x^2}+\frac{2y}{1-y^2}+\frac{2z}{1-z^2}=\frac{8xyz}{(1-x^2)(1-y^2)(1-z^2)}$$

5.5.3 化归的途径

本小节介绍几种常用的化归途径。

1. 分解-组合法

分解-组合法也称为数学分解法,是实现化归的重要途径,也是常用的数学思想方法。**分解-组合法**是把一个复杂的问题分成若干较简单或较熟悉的子问题(分解),逐个解决这些子问题,然后将子问题的解答及有关信息进行综合研究(组合),从而使原问题得以解决的思想方法。

将一个数学对象分解成较简单的对象能更清楚地了解整个对象的结构和性质,分解既要考虑对子对象处理的简易性,又要考虑分别处理之后再组合的有效性,使分解-组合能深刻地反映原对象的性质或解决原问题。

例 5-36 求解方程 $2\cos^2\frac{x^2+x}{5}=2^x+2^{-x}$。

分析 方程左边为代数函数与三角函数的复合函数,右边为指数函数,直接求解是非常困难的,可根据三角函数和指数函数的性质,对这个问题按条件进行分解。

解 因为

$$2\cos^2\frac{x^2+x}{5}\leqslant 2,\quad 2^x+2^{-x}\geqslant 2$$

故方程的解应满足方程组

$$\begin{cases}2\cos^2\dfrac{x^2+x}{5}=2\\ 2^x+2^{-x}=2\end{cases}$$

因此,$x=0$ 为方程的唯一解。

2. 变更已知条件

化归的实质是不断变更问题,可以对已知条件进行变更。

例 5-37 试用化归法求解我国古代趣题：今有鸡兔同笼，上有三十五头，下有九十四足，问鸡、兔各几何？

解 每只鸡有 2 只脚，每只兔有 4 只脚，这是问题中不言而喻的已知条件。现在对问题中的已知条件进行等价的变更：一声令下，要求每只鸡悬起一只脚呈金鸡独立状，同时要求每只兔悬起两只前脚呈玉兔拜月状，即笼中所有动物的脚的数量减半。那么，笼中仍有头 35，而足只剩下 47 只，这时鸡的足数与头数相等，而兔的足数与头数不等，有一兔则多出一足，现有头 35，有足 47，这就说明有兔 $47-35=12$ 只，故有鸡 $35-12=23$ 只。

3. 恒等变换

恒等变换是把一个解析式变换成另一个和它恒等的解析式。数学中的配方、因式分解等恒等变换都起到将复杂问题化归为简单问题的作用。

例 5-38 在 $\triangle ABC$ 中，已知三边的关系为
$$a^4+b^4+c^4=2c^2(a^2+b^2)$$
试证 $\angle C=\dfrac{\pi}{4}$ 或 $\dfrac{3\pi}{4}$。

分析 所给条件与边有关，而所求证的是角的大小，可配方、用余弦定理解决。

解 将已知等式的左边配方变形，得
$$(a^2+b^2)^2-2a^2b^2+c^4=2c^2(a^2+b^2)$$
移项、再次配方、开平方，得
$$a^2+b^2-c^2=\pm\sqrt{2}\,ab$$
即
$$\frac{a^2+b^2-c^2}{2ab}=\pm\frac{\sqrt{2}}{2}$$
故
$$\angle C=\frac{\pi}{4} \text{ 或 } \frac{3\pi}{4}$$

4. 等价变形

等价变形是指根据解决问题的需要，用一个等价的但具有不同形式的式子来代替原式的数学运算过程。

恒等变换是等价变形的特殊情况，但在解题过程中也常遇到不必要或不可能作恒等变换的情况。解方程和不等式时常使用的同解变形也是一种等价变形。

例 5-39 解分式方程 $\dfrac{4x}{x^2-4}+\dfrac{2}{2-x}=1+\dfrac{1}{x+2}$。

解 将等式两边同乘以 $(x+2)(x-2)$，得

$$4x - 2(x+2) = (x+2)(x-2) + x - 2$$

整理得

$$x^2 - x - 2 = 0$$

因式分解得

$$(x-2)(x+1) = 0$$

解得

$$x_1 = 2, \quad x_2 = -1$$

在上述步骤中,除了因式分解那一步为恒等变换外,其他步骤都不是恒等变换,为保证每次变形都是同解的,第一步两边只能同乘以非零的数,即需满足 $(x+2)(x-2) \neq 0$,因此最后需要把 $x_1 = 2$ 这个增根去掉。

5. 有效变形

有效变形是指用保证原结论成立或原问题解决的较易处理的式子代替原式的数学处理过程。

为了使问题得以解决或简化,常常不必要求同解变形,只要求有效变形即可。例如,在进行不等式估计时,可对其中一部分式子的值适当放大或缩小,只有适当才能保证有效,在此过程中,需要注意不等式的方向性,不要搞错方向。

例 5-40 用 $\varepsilon\text{-}N$ 方法证明 $\lim\limits_{n\to\infty}(\sqrt{n+1}-\sqrt{n})=0$。

分析 对任意给定的 $\varepsilon > 0$,需要证明存在一个正整数 N,使得当 $n \geq N$ 时恒有

$$\left|\sqrt{n+1} - \sqrt{n} - 0\right| < \varepsilon$$

也即

$$\sqrt{n+1} - \sqrt{n} < \varepsilon \qquad (*)$$

注意,这里并非是要求出 $\sqrt{n+1} - \sqrt{n} < \varepsilon$ 的解集,而是只需找到一个 N,使得当 $n \geq N$ 时,$(*)$ 式成立。因此,可进行如下变形:

$$\sqrt{n+1} - \sqrt{n} = \frac{1}{\sqrt{n+1}+\sqrt{n}} < \frac{1}{2\sqrt{n}} < \frac{1}{\sqrt{n}}$$

因此,只要 $\frac{1}{\sqrt{n}} < \varepsilon$,就能保证 $\sqrt{n+1} - \sqrt{n} < \varepsilon$,于是问题转化为求不等式

$$\frac{1}{\sqrt{n}} < \varepsilon \qquad (**)$$

的解,得 $n > \frac{1}{\varepsilon^2}$,故只需取 $N = \left[\frac{1}{\varepsilon^2}\right] + 1$ 即可。

证 略。

由这个例题可知：

(1) 通过有效变形得到(**)式，用它求 N 比用(*)式直接求 N 容易，且效果相同，直接由(*)式解不等式求 N 不仅麻烦，而且没有必要；

(2) 本题中，只需找到一个 N 即可，不要求找到的 N 是最小的正整数。事实上，如果将 $\sqrt{n+1}-\sqrt{n}$ 放大到 $\dfrac{1}{2\sqrt{n}}$ 就停止放大，则要求 $\dfrac{1}{2\sqrt{n}}<\varepsilon$，解得 $n>\dfrac{1}{4\varepsilon^2}$，取 $N=\left[\dfrac{1}{4\varepsilon^2}\right]+1$ 就得到更小的正整数。

问题研究

1. 以"分数"概念为例，说明抽象的过程和结果。
2. 以"循环小数"概念为例，说明抽象过程的几个基本环节的具体情况。
3. 以"乘法交换律"为例，说明概括的过程和结果。
4. 在平面上从一点出发引出 3 条射线，可构成小于 180°的角最多有多少个？引 4 条呢？引 5 条呢？请概括出平面上从一点出发引 n ($n\geqslant3$) 条射线可构成小于 180°的最多角个数的计算公式。
5. 什么是归纳法？归纳法的具体类型是什么？哪种类型可以作为严格的论证方法？
6. 完成例 5-20 圆周角定理的情况③的证明。
7. 了解哥德巴赫猜想的内容，我国数学家陈景润证明了的"1+2"的含义是？他的研究所属的数学分支是？其研究应用了哪些数学分支的知识？
8. 列举并解释几种化归途径。

第6章 数学证明的思想方法

本章介绍数学证明的思想方法,包括演绎法、构造法和其他思想方法。完全归纳法、化归法也可用于数学证明,第 5 章已经介绍了它们在数学证明中的应用,本章不再赘述。

6.1 演绎法

6.1.1 推理与证明

演绎法是从一般原理得出特殊结论的推理方法,也称为**演绎推理**。从思维方式角度,演绎法是与归纳法相对的。在传统逻辑学中,归纳法和演绎法是理性思维的两种主要推理方法。归纳法是从特殊到一般,属于合情推理,是一种或然性推理;演绎法是从一般到特殊,属于论证推理,是一种必然性推理。合情推理用于探索思路、发现结论;演绎推理用于证明结论。

演绎法是必然性推理,只要推理形式合乎逻辑,就能从前提必然地推出结论。自欧氏几何创立以来,演绎法一直被用作数学严格证明的重要工具,由归纳法、类比法等方法得出的推测性结论都要经过演绎法或其他论证方法的严格证明才能确定其正确性。演绎法是最基本的证明方法,其他证明方法的表现形式和思维方式不同,但在逻辑推理上都是按演绎法进行的。演绎法有多种形式,按是否借助其他工具,可分为直接演绎和间接演绎;按因果求索关系可分为分析演绎与综合演绎;按前提与结论之间的结构关系可分为三段论推理、数学归纳法、反例证明法等。在具体证明中常需要同时或交替使用多种演绎法(见图 6-1)。

直接证明和间接证明是数学中常用的两种证明方法。直接证明是从已知条件出发通过逻辑推理以直接的方式推出所要证明的结论。间接证明是采用假设推理的方式通过说明对立假设导出的逻辑矛盾来推出所要证明的结论。两种证明方法各有优点和适用范围:直接证明步骤清晰、容易理解,适用于结论的证明比较明显

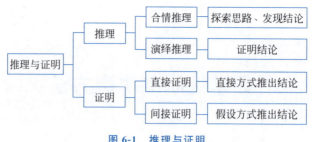

图 6-1 推理与证明

或直观的情形;间接证明的主要形式是反证法,适用于结论的证明比较困难或复杂的情形。

6.1.2 三段论推理

1. 基本原理

三段论推理是由两个作为前提的、包含一个共同项的性质判断推出一个作为结论的性质判断的推理方法。三段论推理也称为三段论、三段论法、三段论式。三段论推理是演绎推理中的一种简单推理判断,由三个性质判断组成,其中两个判断是前提,一个判断是结论。

三段论推理是以一个一般性原则(大前提)以及一个附属于一般性原则的特殊化陈述(小前提)引申出一个符合一般性原则的特殊化陈述(结论)的过程,其应用形式一般如下:

(1) 大前提:是一个关于某个确定的集 M 的命题,可假定这个命题是:M 的元素都具有性质 P;

(2) 小前提:是一个命题,给出当前的观察对象 S 是否为 M 的子集或元素的判断;

(3) 结论:对象 S 的每个元素或 S 本身具有性质 P。

例 6-1 以下推理是三段论推理。

(1) 金属都能导电(大前提),铜是金属(小前提),所以铜能导电(结论)。

(2) 人都是要死的(大前提),苏格拉底是人(小前提),所以苏格拉底是要死的(结论)。

2. 理论依据

三段论推理的含义是:如果一类对象 A 的全部内涵可以知道,那么 A 所包含的部分对象 B 也必然有 A 的全部内涵。如果对 A 可断定某命题是否正确,那么对 A 包含的部分对象 B 也就可以断定该命题是否正确。由客观事物的一般性与特殊性的辩证关系,可以肯定三段论推理是正确的。因此,只要大前提是真的,小前提所说的对象是大前提所说对象的子集或元素,则结论必然是真的。另外,若推理形式正确,推理过程严密,但结论不真,则应重新检查大前提的正确性。

三段论推理是进行科学研究、数学证明等活动时,能够得到可靠而正确的结论的科学思维方法之一。三段论推理被广泛应用于各种命题的证明和结论推导,还可用它来检查其他推理形式的正确性。

3. 应用实例

例 6-2 试证明正弦函数 $\sin x$ 在其定义域连续。

大前提:初等函数在其定义域都连续(这是一个关于初等函数全体 M 的命题);

小前提:正弦函数 $\sin x$ 是初等函数(观察对象 $\sin x$ 是 M 的元素);

结论:正弦函数 $\sin x$ 在其定义域连续。

例 6-3 试证明每个三角函数都在其定义域连续。

大前提:初等函数在其定义域都连续(这是一个关于初等函数全体 M 的命题);

小前提:三角函数是初等函数(观察对象三角函数是 M 的子集);

结论:每个三角函数都在其定义域连续。

6.1.3 数学归纳法

1. 基本原理

数学归纳法是一种用于判断一个命题是否对所有正整数成立的演绎推理方法。数学归纳法用于证明命题:对所有正整数 n,$P(n)$ 为真,其中 $P(n)$ 是命题函数。

数学归纳法的证明包括两个步骤:

(1) 基础步骤:证明命题 $P(1)$ 为真;

(2) 归纳步骤:证明对所有的正整数 k,若命题 $P(k)$ 为真,则命题 $P(k+1)$ 为真。

完成这两个步骤后,则可证明对所有正整数 n,$P(n)$ 为真。其中,归纳步骤中的假设称为**归纳假设**。对于数学归纳法,归纳假设为"命题 $P(k)$ 为真"。

2. 理论依据

比较数学归纳法与归纳法可发现:数学归纳法在形式上具有归纳推理的特点,是从特殊到一般的推理,仅验证了待证命题当 $n=1$ 时的特殊情形及待证命题在假定 $n=k$ 成立的条件下 $n=k+1$ 时命题也成立,就推出了一般性结论:该命题对所有正整数 n 成立。

然而,数学归纳法与归纳法存在根本的不同,归纳步骤表面上只验证当 $n=k$ 时命题成立的条件下 $n=k+1$ 的特殊情形,但实际上这个 k 是任意正整数,是变量,是任意正整数的代表,一个命题若当 k 取遍任意正整数时对所有 $k+1$ 都成立,实际上已对所有形如 $k+1$ 的正整数都作了验证,因此,数学归纳法是严格的演绎推理。

数学归纳法的严格证明来自皮亚诺公理,数学归纳法就是皮亚诺公理的公理 5 的推论。事实上,假设 P 是一个关于正整数 n 的命题且满足数学归纳法的两个条件,用 M 表示由那些使 P 成立的所有正整数构成的集合,那么 $M \subset N$,根据数学归纳的条件(1)知,$1 \in M$,由条件(2)知 $k \in M$ 时蕴含 $k+1 \in M$,即公理 5 的条件满足,从而根据公理 5 有 $M=N$,即 P 对所有正整数都成立。

3. 应用实例

例 6-4 证明如下等式对所有正整数 n 成立

$$1^2+3^2+\cdots+(2n-1)^2=\frac{n(2n-1)(2n+1)}{3} \quad (*)$$

证 ① 当 $n=1$ 时,直接验证知($*$)式成立。

② 对任意正整数 k,假定 $n=k$ 时($*$)式成立,得

$$1^2+3^2+\cdots+(2k-1)^2=\frac{k(2k-1)(2k+1)}{3}$$

对 $n=k+1$,利用上式并化简整理得

$$\begin{aligned}1^2+3^2+\cdots+(2n-1)^2 &= 1^2+3^2+\cdots+(2k-1)^2+[2(k+1)-1]^2 \\ &= \frac{k(2k-1)(2k+1)}{3}+(2k+1)^2 \\ &= \frac{(k+1)[2(k+1)-1][2(k+1)+1]}{3} \\ &= \frac{n(2n-1)(2n+1)}{3}\end{aligned}$$

即式($*$)当 $n=k+1$ 时也成立,因此,根据数学归纳法,式($*$)对所有正整数 n 成立。

例 6-5 证明如下不等式对所有正整数 n 成立:$n<2^n$。

证 ①当 $n=1$ 时,直接验证知 $1<2^1=2$ 成立。

② 对任意正整数 k,假定 $n=k$ 时 $k<2^k$ 成立,则

$$k+1<2^k+1<2^k+2^k=2 \cdot 2^k=2^{k+1}$$

即当 $n=k+1$ 时 $k+1<2^{k+1}$ 也成立。因此,根据数学归纳法,对所有正整数 n,$n<2^n$ 成立。

数学归纳法因能通过"有限"的手段来证明关于"无限"的命题,因而得到了广泛应用。使用数学归纳法证明某一命题时,应注意:①归纳步骤是证明的核心;②在归纳步骤必须使用命题 $P(k)$ 为真这一归纳假设,有时还需要使用基础步骤的命题 $P(1)$ 为真这一条件。

6.1.4 强归纳法

1. 基本原理

强归纳法是另一种形式的数学归纳法,也称为"数学归纳法第二原理",通常是在用数学归纳法不能轻易证明一个命题时使用。与数学归纳法相同,强归纳法也是用于证明关于离散对象的命题:对所有正整数 n,$P(n)$ 为真,其中 $P(n)$ 是命题函数。

强归纳法的证明包括两个步骤:

(1) 基础步骤:证明命题 $P(1)$ 为真;

(2) 归纳步骤:证明对所有的正整数 k,如果命题 $P(1),P(2),\cdots,P(k)$ 都为真,则命题 $P(k+1)$ 为真。

完成这两个步骤后,则可证明对所有正整数 n,$P(n)$ 为真。

可见,强归纳法与数学归纳法的唯一区别在于归纳步骤的归纳假设不同,是假设 $P(1),P(2),\cdots,P(k)$ 都为真,而不仅仅是 $P(k)$ 为真。强归纳法是利用 k 个命题 $P(1),P(2),\cdots,P(k)$ 来证明 $P(k+1)$,而数学归纳法只利用 $P(k)$ 一个命题,因此强归纳法的证明技巧更加灵活,由此可见,强归纳法的"强"是"加强"之意。

2. 理论依据

强归纳法的有效性是由良序性公理保证的,良序性公理是正整数集合的基本公理。

正整数集合的公理

公理 1 数 1 是正整数。

公理 2 如果 n 是正整数,则 $n+1$,即 n 的后继数,也是正整数。

公理 3 每个大于 1 的正整数是一个正整数的后继。

公理 4(良序性) 正整数集合的每个非空子集都有一个最小元。

可以证明,数学归纳法、强归纳法、良序性公理三者是等价的原理,三者中任何一种原理的有效性都可以由其他两种原理推导出来。数学归纳法对每个正整数 k,都证明了 $P(k)$ 蕴含 $P(k+1)$,这一蕴含关系也等价于所有命题 $P(1),P(2),\cdots,P(k)$ 蕴含 $P(k+1)$。

3. 应用实例

下面给出用数学归纳法不能轻易证明,而用强归纳法可以证明的命题。

例 6-6 假设能到达无限高梯子的第 1 和第 2 个阶梯,且如果能到达某个阶梯,就能到达高出 2 阶的那个阶梯,试证明:可以到达每一个阶梯。

分析 先尝试用数学归纳法证明。基础步骤的命题 $P(1)$ 显然为真,因为可以到达第 1 个阶梯；但归纳步骤中，假设 $P(k)$ 为真（能到达第 k 个阶梯），却无法推出命题 $P(k+1)$ 为真（能到达第 $k+1$ 个阶梯），这是因为由已知，到达第 k 个阶梯后，只能确定可以到达第 $k+2$ 个阶梯。下面用强归纳法证明。

证 ① 基础步骤：命题 $P(1)$ 显然为真，因为可以到达第 1 个阶梯；

② 归纳步骤：归纳假设是命题"可以到达前 k 个阶梯中的每个阶梯"，需要证明"可以到达第 $k+1$ 个阶梯"。由于已知可以到达第 2 个阶梯，当 $k \geq 2$ 时，因为已知能到达高出 2 阶的那个阶梯，因此可以从第 $k-1$ 个阶梯到达第 $k+1$ 个阶梯。

由于能到达无限高梯子的前两个阶梯，且对每个正整数 k，如果能到达所有前 k 个阶梯，那么就能到达第 $k+1$ 个阶梯，因此可以到达所有阶梯。

在实际证明中，若只利用 $P(k)$ 为真的假设就可以证出 $P(k+1)$ 为真，就使用数学归纳法，否则使用强归纳法。

例 6-7 试证明：若 n 是大于 1 的整数，则 n 可以写成素数之积。

证 设 $P(n)$ 是命题：n 可以写成素数之积。

① 基础步骤：$P(2)$ 为真，因为 2 可以写成一个素数之积，即它自己。

② 归纳步骤：假定对所有满足 $2 \leq j \leq k$ 的正整数 j 来说 $P(j)$ 为真，即都可以写成素数之积的形式，需要证明 $P(k+1)$ 为真。

分 $k+1$ 是素数和 $k+1$ 是合数两种情况考虑：

(1) 若 $k+1$ 是素数，则立刻得到 $P(k+1)$ 为真；

(2) 若 $k+1$ 是合数，则可写成两个整数 a 和 b 之积，其中 $2 \leq a \leq b < k+1$，根据归纳假设，a 和 b 都可以写成素数之积，因此，若 $k+1$ 是合数，则它可以写成素数之积。

因此，由强归纳法，任意大于 1 的整数都可以写成素数之积。

6.1.5 反例证明法

1. 基本概念

反例是指符合某个命题的条件，但不符合该命题结论的例子。**反例证明法**指的是对于一个论断"命题 P 对集合 A 中的所有元素都成立"，通过举出特殊例子证明"命题 P 至少对集合 A 中的某个元素不成立"，从而推出该论断不成立的演绎推理方法。反例证明法简称反例法。

2. 理论依据

反例证明法的理论依据是逻辑学中的矛盾律。矛盾律是逻辑思维的基本规律之一，是指人们在同一思维过程中，对同一对象的两个矛盾的判断不能同时承认它们都是真的，其中至少有一个是假的。如果违反了矛盾律的要求，就会出现思维上的自相矛盾。

证明一个命题时,如果尚未找到思路而陷入困境,一方面要努力寻找解决办法,另一方面可以从反方向考虑,找出反例,进而否定该命题。

3. 应用实例

反例对数学猜想的反驳起到重大作用,在数学史上,典型反例的提出具有划时代意义。对于数学猜想而言,反例就是否定一个数学猜想的特例,它必须具备两个条件:①反例必须满足数学猜想的所有条件;②从反例导出的结论与数学猜想的结论矛盾。

案例 1　无理数与不可公度量的发现。

古希腊的毕达哥拉斯学派对数学的发展(算术、几何方面)作出很大贡献,但他们对数的认识仅限于有理数并用唯心主义观点加以神化,宣称"万物皆数(指有理数)",并将其作为信条。公元前 5 世纪末,该学派的一个名叫希帕苏斯的成员在研究正方形的对角线与边长之比时,发现该比值是不可公度比,即不可用数(指整数)之比表示出来(这个比是 $\sqrt{2}$),这一反例(现称"无理数悖论")的提出,动摇并最后推翻了毕达哥拉斯学派的信条,导致数学史上"第一次数学危机"。

根据勾股定理,边长为 1 的正方形的对角线长度为 $\sqrt{2}$,这是一个无理数,是不能用整数之比来表示的。无理数的发现还推翻了该学派的另一信念:"给定任何两条线段都是可公度的",即必能找到第三条线段,使给定的两条线段都是第三条线段的整数倍。然而,无理数的发现揭示了存在不可公度的线段。

无理数与不可公度量的发现在毕达哥拉斯学派内部引起了极大震动。首先,这是对其"万物皆数"信条的致命一击,既然像 $\sqrt{2}$ 这样的无理数都不能写成两个整数之比,那么万物还如何依赖整数呢? 其次,这与通常的直觉相矛盾,因为人们在直观上总认为任何两条线段都是可公度的。毕达哥拉斯学派的比例和相似形的全部理论都建立在这一假设之上,而突然之间基础崩塌了,已经建立的几何学的大部分内容必须抛弃,数学基础的严重危机爆发了。据说当希帕苏斯把这个发现公开后,不幸遭到毕达哥拉斯学派的严厉惩处,被抛进大海处死。但是,这个反例促进了无理数理论的创立,对数学的发展功不可没。

案例 2　处处连续但处处不可微的函数。

在 17～18 世纪微积分初创阶段,由于人们接触的函数几乎都是初等函数,因此认为函数的连续性和可微性一致,即不仅可微函数必连续,而且相信"连续函数也是可微的"。自反例 $y=|x|$ 提出后,人们把猜想修改成"连续函数在定义域上除有限个点外皆可微"。1872 年德国数学家魏尔斯特拉斯(K. T. W. Weierstrass)举出一个反例,证明了存在一个在定义区间上处处连续但处处不可微的函数,这就是

$$w(x) = \sum_{n=0}^{\infty} a^n \cos(b^n \pi x)$$

其中 b 是一个奇整数,$0<a<1$,且 $ab>1+\dfrac{3}{2}\pi$.

该反例的提出引起了巨大震动,不仅澄清了人们头脑中的错误认识,而且引起了人们对许多类似函数(当时被称为"病态函数")的重视,对这类函数的深入研究最终导致了积分学的革命和勒贝格积分的创立.

案例 3　欧拉方阵猜想的证明与否定.

传说 18 世纪的普鲁士皇帝菲特烈要举行一次阅兵仪式,准备挑选 36 名军官组成一个 6 阶方阵作为先导队,菲特烈要求这 36 名军官来自该国的 6 个师团,且其中每个师团必须派出 6 个不同级别的军官,使方阵的每一行和每一列的 6 个人都来自不同师团且军阶互不相同,这个问题一直无法解决,后来由荷兰一家杂志发表出来,引起了瑞士数学家欧拉的极大兴趣.

显然,2 阶的情况可直接证明无法排出所要求的方阵,欧拉把 3、4、5 阶方阵都按要求排出来了,但始终想不出排出 6 阶方阵的方法,于是,他初步猜测符合要求的 6 阶方阵不存在,进一步,通过归纳 2 与 6 的共性并加以一般化,他提出了猜想:半偶数阶的方阵不存在,这里半偶数指的是诸如 2,6,10,14 等具有 $4m+2(m=0,1,2\cdots)$ 形式的整数,后来人们把它称为"欧拉方阵猜想".

欧拉直到去世前仍在设法解决此猜想,而后一个多世纪,不少数学家为解决这个猜想作出了艰苦甚至毕生的努力,其中较典型的有:1901 年丹麦数学家彼得森、1910 年德国数学家维尔尼克、1922 年美国数学家麦克尼分别采用几何、代数和拓扑的方法给出演绎证明,但他们的论文发表不久就有人指出其证明不严格而宣告失败,失败和挫折启发了许多数学家从相反方向去考虑问题,力图证明欧拉方阵的存在性,从而否定欧拉方阵猜想.

1959 年印度数学家玻色(R. C. Bose)和史里克汉两人证明:当 $n=22$ 时欧拉方阵存在,这个反例因其否定欧拉猜想而轰动一时,不久这两人又证明了:除了 $n=14、26$ 之外,对于 $n>6$ 的任意 n 阶欧拉方阵都存在。与此同时,美国数学家派克(E. T. Parker)又证得 $n=14,26$ 的 n 阶欧拉方阵存在,而人们也已确认 6 阶方阵是不存在的,即 36 军官方阵确实不存在,至此,欧拉方阵猜想得到彻底解决.

案例 4　有人认为"当一个变量随着另一个变量变化时,它们之间的关系才是函数关系",如何用反例法否定这一论断?

设 $y=\sin^2 x+\cos^2 x$,由于给定 x 后,y 的值可由 x 的值计算得到确定的值,因此 y 是 x 的函数,但当 x 变化时,y 的值始终保持不变(恒为 1).由此可知:y 是 x 的函数并不一定要求 y 的值随 x 的值变化而变化,对于变量 x 的每一个确定的值,y 有唯一确定的值和它对应,这才是函数概念的本质属性.

例 6-8　若方程 $x^2+(m-2)x+5-m=0$ 的两个实根都大于 2,求实数 m 的范围.

错解 设方程的两个根分别为 x_1、x_2，因为
$$x_1 > 2, x_2 > 2, \Delta \geqslant 0$$
所以
$$x_1 + x_2 = -(m-2) > 4$$
$$x_1 x_2 = 5 - m > 4$$
$$(m-2)^2 - 4(5-m) \geqslant 0$$
解得 $m \leqslant -4$ 或 $m \geqslant 4$。

分析 这个解答的错误比较隐蔽，可在求得的 m 的取值范围内取一个特例 $m=-5$，代入原方程并求出它的根，方程的一个根为 2，与题设不符，由此反例可知解法有误。

经分析可知，错误在于：$x_1 > 2$ 且 $x_2 > 2$ 与 $x_1 + x_2 > 4$ 且 $x_1 x_2 > 4$ 并不等价。

例 6-9 有人认为"实矩阵的特征值一定是实数"，这是否正确？

分析 举出一个实矩阵，若其特征值为复数，即可否定这一论断。

解 矩阵 $\boldsymbol{A} = \begin{bmatrix} 1 & -1 \\ 1 & 1 \end{bmatrix}$ 为实矩阵，设其特征值为 λ，单位矩阵记为 $\boldsymbol{E}$，则 $\boldsymbol{A}$ 的特征方程为：
$$|\lambda \boldsymbol{E} - \boldsymbol{A}| = \begin{vmatrix} \lambda-1 & 1 \\ -1 & \lambda-1 \end{vmatrix} = (\lambda-1)^2 + 1 = 0$$
即
$$\lambda^2 - 2\lambda + 2 = 0$$
解得
$$\lambda = \frac{2 \pm \sqrt{4 - 4 \times 2}}{2} = 1 \pm i$$
可见该论断错误。

6.1.6 分析演绎法与综合演绎法

1. 分析演绎法

分析指从结果追溯到产生这一结果的原因的逻辑思维方式。采用分析的推理方法称为**分析演绎法**。分析演绎法的思维过程是：从命题结论出发逐步探索使其成立的充分条件，直至与命题条件一致。分析的基本形式是："要使结论 B 成立，只要条件 A 具备"。

例 6-10 用 ε-N 方法且用分析演绎法的表述方式证明 $\lim\limits_{n\to\infty}\dfrac{\sin n}{n}=0$。

证 只需证明对任意给定的 $\varepsilon>0$,存在一个正整数 N,使得当 $n\geqslant N$ 时恒有

$$\left|\dfrac{\sin n}{n}-0\right|<\varepsilon$$

也即

$$\left|\dfrac{\sin n}{n}\right|<\varepsilon \qquad (*)$$

因为

$$\left|\dfrac{\sin n}{n}\right|\leqslant\dfrac{1}{n}$$

因此,要使 (*) 式成立,只要 $\dfrac{1}{n}<\varepsilon$,要使 $\dfrac{1}{n}<\varepsilon$ 在 $n\geqslant N$ 时成立,只需 $\dfrac{1}{N}<\varepsilon$,这只需取 $N=\left[\dfrac{1}{\varepsilon}\right]+1$ 即可,这样的 N 显然存在,故命题成立。

注意,上例证明中的最后一句话已经不是分析,而是综合。

2. 综合演绎法

综合指根据原因推出结果的逻辑思维方式。采用综合的推理方法称为**综合演绎法**。综合演绎法的思维过程是:从命题条件出发逐步寻找其必要条件,直至推导出命题结论。综合的基本形式是:"根据条件 A,可推出结论 B"。

例 6-11 用 ε-N 方法且用综合演绎法的表述方式证明 $\lim\limits_{n\to\infty}\dfrac{\sin n}{n}=0$。

证 对任意 $\varepsilon>0$,令 $N=\left[\dfrac{1}{\varepsilon}\right]+1$,那么 $\dfrac{1}{N}<\varepsilon$,从而当 $n\geqslant N$ 时有 $\dfrac{1}{n}<\varepsilon$;又因为 $\left|\dfrac{\sin n}{n}-0\right|=\left|\dfrac{\sin n}{n}\right|\leqslant\dfrac{1}{n}$,所以当 $n\geqslant N$ 时恒有 $\left|\dfrac{\sin n}{n}-0\right|<\varepsilon$,于是,根据极限定义可知

$$\lim\limits_{n\to\infty}\dfrac{\sin n}{n}=0$$

通过以上例题可知:分析演绎法、综合演绎法都包含两层含义:①推理过程的思维方向;②数学论证的表述方式。一般而言,思维方向与表述方式是一致的,但在解决实际问题时,却常常先用分析演绎法思考,再用综合演绎法表述,而一旦采用综合演绎法表述,就又体现综合演绎法的思维方向了。

3. 分析—综合演绎法

分析演绎法和综合演绎法各有优点和不足,从寻求解题思路角度,分析演绎法

"由结果找原因"的推理方向较明确,易于找到正确的解题思路,但若用它来做叙述则较烦琐;综合演绎法作为表述方式简洁明了、便于逐步推断,但它采用"由原因推结果"的推理方式寻求解题思路,往往由于逻辑分支多而不容易快速达到目标。若能将二者结合起来,则可能得到更佳的方案。这里的"结合"有两层含义:①先用分析法寻求解题思路,再用综合法有条理地进行论证表述;②在寻求思路时不单纯限于一种方法,而是同时或交替使用两种方法。第②层含义涉及方法,因而更加重要,运用该结合思想,对较复杂的问题可采用所谓的"分理因果法"或"因果结合法"。

分理因果法 若把命题的条件记作 A,结论记作 B,首先从 A 出发寻找 A 的必要条件 C,同时从 B 出发寻求 B 的充分条件 D;若 C 与 D 不一致,再考虑 $C \Rightarrow D$ 的因果关系,重复上一轮 $A \Rightarrow B$ 的过程,直到某一轮 $M \Rightarrow N$ 为止,这时 M 的必要条件与 N 的充分条件一致,这个过程允许两个方向的推导次数不同。

因果结合法 把条件 A 与结论 B 结合起来考虑,寻求它们之间的内在联系,从而得出解题思路。

下面用例子说明分理因果法的应用。

例 6-12 已知 $\triangle ABC$(见图 6-2)的三个角 α, β, γ 为等差数列,试证三角形的三边 a, b, c 满足:

$$\frac{1}{a+b} + \frac{1}{b+c} = \frac{3}{a+b+c}$$

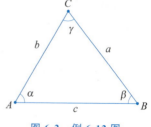

图 6-2 例 6-12 图

分析 使用综合演绎法,从已知条件出发可推出 $\beta = 60°$,据此利用余弦定理把三角形三边 a, b, c 的关系具体化为

$$b^2 = a^2 + c^2 - 2ac\cos\beta = a^2 + c^2 - ac \quad (*)$$

继续寻找必要条件遇到困难,可转而考虑分析演绎法,从结论寻找其充分条件,若要使结论成立,只需

$$\frac{a+b+c}{a+b} + \frac{a+b+c}{b+c} = 3$$

此即

$$\frac{c}{a+b} + \frac{a}{b+c} = 1 \quad (**)$$

与(*)相比,自然考虑化去分母,于是要使(**)成立,只要

$$c^2 + bc + a^2 + ab = ab + ac + b^2 + bc$$

将上式整理后就得到与(*)相同的式子,这时结论的充分条件与条件的必要条件一致,至此分理因果法完成,然后可采用综合演绎法表述论证推理的全过程。

6.2 构造法

6.2.1 构造法及其思想方法

1. 构造法的概念

构造法是根据数学问题的特征,构造具体的数学对象,并借助该数学对象解决原数学问题的思想方法。构造法区别于其他方法的显著特征是突出数学对象的构造,在表现形式、思维方式上与演绎法不同。构造法通过构造具体的数学对象使原问题得以解决,这种思想也反映了化归思想。

构造法在数学证明中获得广泛应用,但构造法的应用领域不仅限于数学证明,它也是数学发现、数学解题和数学应用的重要思想方法。

2. 构造法的思想方法

以下通过例题分析构造法的思想方法。

例 6-13 证明存在两个无理数 x 和 y,使得 x^y 是有理数。

分析 ①证明的思想方法是:设法构造一个满足命题条件的例子,则存在性就得到了证明;②观察命题结论的特征,构造合适的数(函数)。

证 令 $x = e, y = \ln 2$,x 和 y 都是无理数,但 $x^y = e^{\ln 2} = 2$ 是有理数,命题得证。

本例采用了构造法,总结其思想方法如下:

(1) 在证明过程中,以满足问题条件的具体数学对象为"元件",以某些数学关系式为"框架",构造新的构造物,验证这个构造物的性质,从而证明原命题,这种思想方法具有普遍意义。本例中的"元件"是两个无理数,分别是自然对数的底 e 和 ln2(以 e 为底 2 的对数),而框架是对数基本关系式 $a^{\log_a b} = b$。

(2) 用构造法解决问题具有很大的灵活性,对使用者的数学知识和数学技巧要求较高。

例 6-14 证明方程 $x^3 - 3x^2 + 5x - 15 = 0$ 在区间 $[2,4]$ 内必有一实根。

分析 可根据闭区间上连续函数的性质,由零点定理或介值定理证得该命题,介值定理是零点定理的一般化,本例使用零点定理即可。

证 1 将方程的左边看成一个函数,$f(x) = x^3 - 3x^2 + 5x - 15$,该函数在区间 $[2,4]$ 上连续,$f(2) = -9, f(4) = 21$,根据闭区间上连续函数的零点定理,在开区间 $(2,4)$ 内至少有一点 ξ,使 $f(\xi) = 0$,ξ 即为方程 $x^3 - 3x^2 + 5x - 15 = 0$ 的一个实根。

证 2 将方程左边因式分解得

$$(x-3)(x^2+5)=0$$

显然,$x=3$ 就是它的一个实根且在区间 $[2,4]$ 内。

比较两种证明方法可知:证法1虽然在理论上很有意义,但证明结束后只知道在区间 $[2,4]$ 内有一实根,但不清楚这个根的值,这是由于零点定理只给出了定性结论,证法1因而也只能给出定性结论;证法2则构造了一个满足结论要求的实例:一个在区间 $[2,4]$ 内的实根 $x=3$,从而证明了存在性。证法2给出的是定量结论,相对证法1更有优势。

拓展知识:零点定理

设函数 $f(x)$ 在闭区间 $[a,b]$ 上连续,且 $f(a)$ 与 $f(b)$ 异号,即 $f(a)f(b)<0$,则在开区间 (a,b) 内至少有一点 ξ,使 $f(\xi)=0$。

例 6-15 已知 $f(x)$ 是定义在 $(0,+\infty)$ 上的非负可导函数,且满足 $xf'(x)-f(x)<0$,对任意正数 a,b,试证明若 $a<b$,则必有 $af(b)<bf(a)$。

分析 证明不等式时常需要构造函数,本题已知含有导数的式子 $xf'(x)-f(x)$ 的符号,则可构造函数 $F(x)=\dfrac{f(x)}{x}$。

证 设函数 $F(x)=\dfrac{f(x)}{x}$,其中 $x>0$,则

$$F'(x)=\dfrac{xf'(x)-f(x)}{x^2}$$

因为 $xf'(x)-f(x)<0$,且 $x>0$,所以 $F'(x)<0$,因此函数 $F(x)$ 在 $(0,+\infty)$ 上是单调减函数,又 $0<a<b$,所以 $F(a)>F(b)$,即 $\dfrac{f(a)}{a}>\dfrac{f(b)}{b}$,也即 $bf(a)>af(b)$,证毕。

拓展知识:与导数相关的常见构造函数形式

(1) 若已知 $f'(x)+g'(x)>0$,则可构造函数 $F(x)=f(x)+g(x)$。

(2) 若已知 $f'(x)>g'(x)$,则可构造函数 $F(x)=f(x)-g(x)$。

(3) 若已知 $f'(x)>a$,则可构造函数 $F(x)=f(x)-ax$。

(4) 若已知 $xf'(x)+f(x)$ 的符号,则可构造函数 $F(x)=xf(x)$;若已知 $xf'(x)+nf(x)$ 的符号 $(n>0)$,则可构造函数 $F(x)=x^nf(x),n>0$。

(5) 若已知 $xf'(x)-f(x)$ 的符号,则可构造函数 $F(x)=\dfrac{f(x)}{x}$;若已知 $xf'(x)-nf(x)$ 的符号 $(n>0)$,则可构造函数 $F(x)=\dfrac{f(x)}{x^n},n>0$。

(6) 若已知 $f'(x)+f(x)$ 的符号,则可构造函数 $F(x)=e^xf(x)$;若已知 $f'(x)+nf(x)$ 的符号 $(n>0)$,则可构造函数 $F(x)=e^{nx}f(x),n>0$。

(7) 若已知 $f'(x)-f(x)$ 的符号，则可构造函数 $F(x)=\dfrac{f(x)}{e^x}$；若已知 $f'(x)-nf(x)$ 的符号 $(n>0)$，则可构造函数 $F(x)=\dfrac{f(x)}{e^{nx}},n>0$。

(8) 若已知 $f'(x)\sin x+f(x)\cos x$ 的符号，则可构造函数 $F(x)=f(x)\sin x$；若已知 $f'(x)\sin x-f(x)\cos x$ 的符号，则可构造函数 $F(x)=\dfrac{f(x)}{\sin x}$。

(9) 若已知 $f'(x)\cos x-f(x)\sin x$ 的符号，则可构造函数 $F(x)=f(x)\cos x$；若已知 $f'(x)\cos x+f(x)\sin x$ 的符号，则可构造函数 $F(x)=\dfrac{f(x)}{\cos x}$。

6.2.2 构造法的类型和应用

1. 构造法的类型

按照对命题的肯定或否定来分，构造法可分为构造结论、构造矛盾两大类；按构造的数学对象来分，构造法可分为构造数学模型、构造现实原型、构造几何图形、构造辅助函数等类型。

(1) 构造结论。有一大类数学命题是断言在一定条件下存在着具有某种性质的对象，如果能根据命题要求构造出结论所要求的数学对象，便使命题得到了证明。例 6-13、例 6-14 的证法 2 都属于构造结论的类型。

(2) 构造矛盾。构造矛盾即构造反例。反例就是符合命题条件而又不符合命题结论的例子，反例清楚地暴露了命题的矛盾，有力地否定了命题。本章 6.1.5 节已经详细介绍了反例证明法。

(3) 构造数学模型。数学模型的构造是数学应用的基本方法，也可应用于数学解题或证明。这种方法是将原问题中的条件、数量关系等在所构造的模型上实现并加以解释，这样就把对原问题的求解或证明转化为对所构造的数学模型的求解或证明。有关数学模型的构造方法详见第 7 章。

(4) 构造现实原型。与构造数学模型相对，对一个以数学模型形式出现的数学问题，也可以构造它的一个现实原型，以探求问题的实际意义，并寻求解决思路。

(5) 构造几何图形。通过构造适当的几何图形，可以化抽象为直观。借助于几何图形，可以为问题求解提供简捷的思路，避免复杂的运算和讨论。对于条件与结论之间联系比较隐蔽的问题，还可以通过几何图形揭示出二者之间的内在联系。

(6) 构造辅助函数。构造辅助函数与几何证明中的辅助线法在数学思想上是一致的，辅助函数本身并不是问题的结果或要求，它只是证明过程中的一个工具。没有这个工具，可能就得不到所要的结论或增大解题难度。相反，如果辅助函数选得好,许多看似很难的问题就可以轻易解决。该方法技巧性较强,一般需要根据问题的条件构造起辅助作用的新函数、新方程等对象,使问题实现转化而获得解决。例如,在证明拉格朗日中值定理时,构造了一个满足罗尔定理条件的辅助函数;在证明柯西中值定理时,构造了一个满足拉格朗日中值定理条件的辅助函数,它们在证明中都起到了关键作用。

2. 构造法的应用实例

上述介绍的构造法类型中,类型(1)~(3)均已给出应用实例,类型(4)~(6)尚未给出应用实例,下面给出类型(4)~(6)的应用实例。

例 6-16 设 m, n, k 是自然数且 $m \geqslant k, n \geqslant k$,证明组合等式
$$C_m^0 C_n^k + C_m^1 C_n^{k-1} + \cdots + C_m^{k-1} C_n^1 + C_m^k C_n^0 = C_{m+n}^k$$

分析 待证明的是抽象的数学模型,可构造这一数学模型的现实原型,以启发证明思路。如果能构造出一个具有两种解法的实际组合问题,使一种解法与等式左边相对应,另一种解法与等式右边相对应,那么问题就解决了。

设想某学校有两个班级:班级 A 有 m 名足球运动员,班级 B 有 n 名足球运动员,从两个班级共选出 k 名足球运动员参加校际比赛,问有多少种选法?

解法 1:不考虑足球运动员来自哪个班级,相当于从 $m+n$ 名足球运动员中选出 k 名足球运动员,所以有 C_{m+n}^k 种不同的选法。

解法 2:考虑足球运动员来自哪个班级,则当班级 A 选出 j 个运动员时($0 \leqslant j \leqslant k$),班级 B 选出 $k-j$ 个,有 $C_m^j C_n^{k-j}$ 种不同的选法,由于 j 的取值范围是 $0 \sim k$ 的整数,所以共有
$$C_m^0 C_n^k + C_m^1 C_n^{k-1} + \cdots + C_m^{k-1} C_n^1 + C_m^k C_n^0$$
种不同的选法。

两种解法的结果必然是相等的,因而所要证明的等式成立。

例 6-17 给定代数方程 $\sqrt{2x - x^2} = x + b$,试求:

(1) 若此方程有解,参数 b 的取值范围;

(2) 若此方程有唯一解,参数 b 的取值范围。

分析 如果直接用代数方程求解本题将很烦琐,若根据方程结构的特征,构造出相应的几何图形,将待求解的问题转化成几何问题并利用几何知识求解,则会更容易。

解 将原方程左边看成一个函数:$y = \sqrt{2x - x^2}$,它是以点 $(1, 0)$ 为圆心、以 1 为半径的半

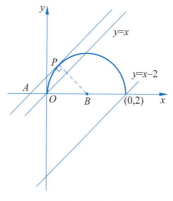

图 6-3 例 6-17 图

圆($y \geqslant 0$)。将原方程右边也看成一个函数：$y=x+b$，它是斜率为 1 的直线，当参数 b 变动时形成一个直线族（b 为截距）。于是原方程是否有解等价于半圆与直线是否相交，若相交且只有一个交点，则对应原方程有唯一解(见图 6-3)。

当直线与半圆相切时，该直线到圆心 (1,0) 的距离为半径 1，由于 △PAB 是等腰直角三角形，容易求出这时 $b=\sqrt{2}-1$，于是借助几何图形容易得出如下结论：

(1) 当 $-2 \leqslant b \leqslant \sqrt{2}-1$ 时，直线与半圆有交点，即原方程有解；

(2) 当 $-2 \leqslant b < 0$ 或 $b=\sqrt{2}-1$ 时，直线与半圆有唯一交点，即原方程有唯一解。

例 6-18 拉格朗日中值定理的证明。

拉格朗日中值定理 若函数 $f(x)$ 满足：(1)在闭区间 $[a,b]$ 上连续；(2)在开区间 (a,b) 内可导，则在 (a,b) 内至少存在一点 ξ，使等式

$$f(b)-f(a)=f'(\xi)(b-a)$$

成立。

分析 罗尔定理的内容为：若函数 $f(x)$ 满足：①在闭区间 $[a,b]$ 上连续；②在开区间 (a,b) 内可导；③在区间端点处的函数值相等，即 $f(a)=f(b)$，则在 (a,b) 内至少存在一点 ξ，使得 $f'(\xi)=0$。罗尔定理是拉格朗日中值定理在区间端点处的函数值相等时的特例，因此自然会想到利用罗尔定理来证明拉格朗日中值定理。

但在拉格朗日中值定理中，函数 $f(x)$ 不一定具备 $f(a)=f(b)$ 这个条件，为此可考虑构造一个与 $f(x)$ 有密切联系的辅助函数 $\varphi(x)$，使 $\varphi(x)$ 满足条件 $\varphi(a)=\varphi(b)$，对 $\varphi(x)$ 应用罗尔定理，再把对 $\varphi(x)$ 所得的结论转化到 $f(x)$ 上，从而完成等式证明。

如何构造这一辅助函数？应该从拉格朗日中值定理的几何解释中去寻找答案。如图 6-4 所示，有向线段 NM 的值是 x 的函数，将其表示为 $\varphi(x)$，它满足两个条件：①与 $f(x)$ 有密切联系，这是因为有向线段 NM 的端点 M 的坐标是 $(x, f(x))$；②当 $x=a$ 或 $x=b$ 时，点 M 与点 N 重合，这时有 $\varphi(a)=\varphi(b)=0$，因此 $\varphi(x)$ 满足要求。

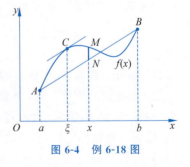

图 6-4 例 6-18 图

直线 AB 的方程为

$$y=f(a)+\frac{f(b)-f(a)}{b-a}(x-a)$$

则 $\varphi(x)$ 的表达式为

$$\varphi(x) = f(x) - f(a) - \frac{f(b)-f(a)}{b-a}(x-a)$$

证 连续函数 $f(x)$ 的一段以 A、B 为端点的弧示于图 6-4,引进辅助函数

$$\varphi(x) = f(x) - f(a) - \frac{f(b)-f(a)}{b-a}(x-a)$$

容易验证函数 $\varphi(x)$ 满足罗尔定理的条件:$\varphi(a)=\varphi(b)=0$,$\varphi(x)$ 在闭区间 $[a,b]$ 上连续,在开区间 (a,b) 内可导,且

$$\varphi'(x) = f'(x) - \frac{f(b)-f(a)}{b-a}$$

根据罗尔定理,在 (a,b) 内至少存在一点 ξ,使得 $\varphi'(\xi)=0$,即

$$f'(\xi) - \frac{f(b)-f(a)}{b-a} = 0$$

整理可得

$$\frac{f(b)-f(a)}{b-a} = f'(\xi)$$

也即

$$f(b)-f(a) = f'(\xi)(b-a)。$$

6.3 其他思想方法

除了已介绍的演绎法、构造法,还有其他数学证明思想方法,如利用原理证明、通过计算证明、利用定义证明。

6.3.1 利用原理证明

利用原理可以证明某些数学命题,这是数学证明的一种思想方法,下面以利用鸽巢原理进行证明为例进行说明。

鸽巢原理 如果把 $n+1$ 个物品放到 $n(n \geqslant 1)$ 个盒子中去,则至少有一个盒子放有 2 个或更多的物品。

证 假设这 $n(n \geqslant 1)$ 个盒子中每个盒子至多放入 1 个物品,则放入 n 个盒子中的物品总数至多为 n 个,这与有 $n+1$ 个物品矛盾。

以上用反证法证明了鸽巢原理,鸽巢原理也称为鸽笼原理、抽屉原理、鞋盒原理。

例 6-19 试证明:

(1) 在 13 个人中,至少有 2 个人的生日在同一月份;

(2) 在 367 个人中,至少有 2 个人的生日相同。

证 （1）将"月份"当作盒子,将"人"当作物品,由鸽巢原理,即得证。

（2）将"天"当作盒子且一年最多 366 天,将"人"当作物品,由鸽巢原理,即得证。

例 6-20 试证明：从 1 到 $2n$ 的正整数中任取 $n+1$ 个,则这 $n+1$ 个数中至少有两个数,其中一个数是另一个数的倍数($n \geqslant 1$)。

分析 任取的 $n+1$ 个数有奇数也有偶数,如果将其中偶数的因子 2 全去掉,则得到的 $n+1$ 个数全是奇数,而从 1 到 $2n$ 的正整数中只有 n 个奇数(可看作鸽巢原理中的盒子),所以得到的 $n+1$ 个奇数(可看作鸽巢原理中的物品)至少有 2 个是相等的,它们对应的原数则是倍数关系(2 的正整数次幂倍)。

证 设所取 $n+1$ 个数是 $a_1, a_2, \cdots, a_n, a_{n+1}$,对该序列中的每一个数去掉 2 的因子直至其成为奇数,所得的这些奇数组成的序列记为 $b_1, b_2, \cdots, b_n, b_{n+1}$,因从 1 到 $2n$ 的正整数中只有 n 个奇数,故序列 $b_1, b_2, \cdots, b_n, b_{n+1}$ 中至少有 2 个数是相同的,设 $b_i = b_j = b, i \neq j$,对应的原数为 $a_i = 2^{\alpha_i} b, a_j = 2^{\alpha_j} b$,不妨设 $\alpha_i > \alpha_j$,则 a_i 是 a_j 的倍数。

例 6-21 试证明：把 5 个点放到边长为 2 的正方形中,至少存在 2 个点,它们之间的距离小于或等于 $\sqrt{2}$。

分析 边长为 2 的正方形的对角线长为 $2\sqrt{2}$,其一半为 $\sqrt{2}$,由此为划分正方形提供思路。

证 将边长为 2 的正方形分成 4 个全等的边长为 1 的小正方形,则每个小正方形的对角线长为 $\sqrt{2}$,把 5 个点放到 4 个小正方形中,则至少有一个小正方形中放入了 2 个或更多点,如图 6-5 所示。对于放入了 2 个或更多点的小正方形,由于其对角线长为 $\sqrt{2}$,即该小正方形中任意两点的最大距离为 $\sqrt{2}$,故命题得证。

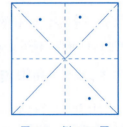

图 6-5 例 6-21 图

由上述例题可知：利用鸽巢原理证明数学命题的关键是把什么看作物品(鸽子)、把什么看作盒子(鸽巢),有些问题比较显然,容易建立与物品(鸽子)、盒子(鸽巢)的对应关系,而有些问题不够显然,需要去构造这种对应关系,这个构造的过程就是解决问题的关键点和难点。

6.3.2 通过计算证明

通过计算证明也是数学证明的一种思想方法,下面以组合等式证明为例进行说明。

集合的排列包括线排列、圆排列、重排列三种情形,通常所说的排列是指线排列。

(线)排列 设 $A=\{a_n\}$,从 A 中选择 $r(0\leqslant r\leqslant n)$ 个元素组成 A 的 r-有序子集,称为集合 A 的 r-排列,排列数记为 $P(n,r)$。

定理 若 $n,r\in\mathbb{Z}$ 且 $0\leqslant r\leqslant n$,则
$$P(n,r)=\frac{n!}{(n-r)!}$$

证 构造集合 A 的 r-排列,从 A 的 n 个元素中任选一个作为排列的第一项,有 n 种选法;第一项选定后从剩余的 $n-1$ 个元素中选排列的第二项有 $n-1$ 种选法;……;以此类推,第 r 项有 $n-r+1$ 种选法,根据乘法法则,有
$$P(n,r)=n(n-1)(n-2)\cdots(n-r+1)=\frac{n!}{(n-r)!}$$

集合的组合包括无重组合、可重组合两种情形,通常所说的组合是指无重组合。

(无重)组合 设 $A=\{a_n\}$,从 A 中选择 $r(0\leqslant r\leqslant n)$ 个元素组成 A 的 r-无序子集,称为集合 A 的 r-组合,组合数记为 $C(n,r)$ 或 $\binom{n}{r}$。

定理 若 $r\leqslant n$,则有 $C(n,r)=\dfrac{P(n,r)}{r!}=\dfrac{n!}{r!(n-r)!}$。

证 从 n 个不同元素中取 r 个元素构成一个 r-组合,而 r 个元素可组成 $r!$ 个 r-排列,即一个 r-组合对应 $r!$ 个 r-排列,于是
$$r!C(n,r)=P(n,r)$$
因此
$$C(n,r)=\binom{n}{r}=\frac{P(n,r)}{r!}=\frac{n!}{r!(n-r)!}$$

例 6-22 证明:$C(n,r)=C(n,n-r)$。

证 1 从 n 个不同元素中选出 r 个元素的同时,就有 $n-r$ 个元素没有被选出,因此选出 r 个元素的方式数等于选出 $n-r$ 个元素的方式数,即 $C(n,r)=C(n,n-r)$。

证 2 可直接通过计算证明:
$$C(n,n-r)=\frac{n!}{(n-r)!(n-(n-r))!}=\frac{n!}{(n-r)!r!}=C(n,r)$$

例 6-23 证明 Pascal 公式:$C(n,r)=C(n-1,r)+C(n-1,r-1)$。

证 1 设 $a_1\in A=\{a_n\}$,从 n 个不同元素中选出 r 个元素的组合有两种情况。

(1) 包含 a_1:相当于从除去 a_1 的 $n-1$ 个元素中选出 $r-1$ 个元素的组合再加上 a_1 得到,组合数为 $C(n-1,r-1)$。

(2) 不包含 a_1。相当于从除去 a_1 的 $n-1$ 个元素中选出 r 个元素的组合得到,组合数为 $C(n-1,r)$。

因此组合数为
$$C(n,r)=C(n-1,r)+C(n-1,r-1)$$

证 2 可直接通过计算证明：
$$C(n,r)=\frac{n!}{r!(n-r)!}=\frac{(n-r)(n-1)!+r(n-1)!}{r(r-1)!(n-r)(n-r-1)!}$$
$$=\frac{(n-1)!}{r!(n-r-1)!}+\frac{(n-1)!}{(r-1)!(n-1-(r-1))!}$$
$$=C(n-1,r)+C(n-1,r-1)$$

6.3.3 利用定义证明

利用定义可以证明某些数学命题,这是数学证明的一种思想方法,下面以群的相关证明为例进行说明。

给定集合 G 和 G 上的二元运算"·",如 G 的运算"·"满足封闭性、结合律、有单位元、有逆元,则称集合 G 关于运算"·"构成一个群或集合 G 在运算"·"下是一个群,记作 $(G,·)$。

例 6-24 证明 $G=\{1,-1\}$ 在普通乘法下是群。

分析 逐一验证群定义中关于集合运算的 4 条要求。

证 验证如下:

(1) 封闭性:$(1)(1)=1,(1)(-1)=-1,(-1)(1)=-1,(-1)(-1)=1$。

(2) 结合律:显然。

(3) 单位元:$e=1$。

(4) 逆元:由于 $(1)(1)=1,(-1)(-1)=1$,故 $(1)^{-1}=1,(-1)^{-1}=-1$。

因此 $G=\{1,-1\}$ 在普通乘法下是群。

例 6-25 证明 $G=\{0,1,2,\cdots,n-1\}$ 在 mod n 的加法下是群。

分析 对任意两整数,当它们除以 n 的余数相等时,称它们是 mod n 相等的。

证 验证如下:

(1) 封闭性:任意整数除以 n 的余数只能是 $0,1,2,\cdots,n-1$,故封闭性成立。

(2) 结合律:显然。

(3) 单位元:$e=0$。

(4) 逆元:对任意元素 $a\in G$,有 $n-a\in G$,且 $a+(n-a)=n\equiv 0 \bmod n$,故 $a^{-1}=n-a \bmod n$。

因此 $G=\{0,1,2,\cdots,n-1\}$ 在 mod n 的加法下是群。

例 6-26 证明群的单位元唯一。

分析　假设存在两个不同的单位元,利用群定义证明他们相等。

证　假设存在两个不同的单位元 e_1 和 e_2,根据单位元的定义,当 e_1 作为单位元有 $e_1 e_2 = e_2$,同理,当 e_2 作为单位元有 $e_1 e_2 = e_1$,故 $e_1 = e_2$。

问题研究

1. 试用三段论推理证明：若 x 是 9 的倍数,则 x 是 3 的倍数。
2. 数学归纳法的归纳假设是强归纳法的归纳假设的一部分,为什么二者是等价的？
3. 反例法与反证法相同吗？试举例说明。
4. 简述分析演绎、综合演绎、分析—综合演绎的思维方向的区别。
5. 试证明 ln2 是无理数。
6. 构造一个满足拉格朗日中值定理条件的辅助函数,用构造法证明柯西中值定理。
7. 从 10 双鞋子中随便拿几只能确保有一双相配的鞋？试回答并证明。
8. 证明：设 $a_1, a_2, \cdots, a_n$ 是 n 个给定的正整数,则存在整数 k 和 l,$0 \leqslant k < l \leqslant n$,使得 $a_{k+1} + a_{k+2} + \cdots + a_l$ 能够被 n 整除。
9. 证明：对 $n, k \in \mathbf{N}$,$C(n,k) = (n/k)C(n-1, k-1)$。
10. 证明：酉矩阵的特征值的模为 1。（提示：为了利用酉矩阵的定义式,应进行针对性的构造。）
11. 证明群的每个元的逆元唯一。

第7章 应用数学思想方法选讲

数学的重要价值之一是应用,即解决实际问题。第1章已经对应用数学进行了简要介绍,应用数学分支众多,其思想方法也各有差异,限于篇幅,本章介绍部分应用数学内容,并分析其思想方法。

7.1 数学建模

数学建模是联系数学与实际问题的桥梁,是数学在各个领域广泛应用的媒介,是数学科学转化为生产力的重要途径。数学建模法是利用数学建模解决实际问题的数学思想方法。计算机技术的进步与普及使数学建模成为一种重要的数学技术,并广泛应用于自然科学、工程技术、社会科学的各个领域,数学建模法也成为一种重要的数学思想方法。

7.1.1 数学模型与数学建模

1. 模型

客观存在的研究对象称为现实原型,简称**原型**。在不同学科中,原型也被称为系统、过程等。例如机械系统、电力系统、化学反应过程、生产销售过程等。对于原型,我们希望研究其结构和原理,从而进行优化、预测、评价、控制等操作。

但是,研究原型经常会遇到各种困难。

(1) 无法直接研究。例如恐龙的生活习性、地质演变等问题。

(2) 不允许直接研究。例如克隆人、生化武器等。

(3) 研究成本高、具有破坏性。例如核爆炸实验等。

研究原型会遇到这么多困难,是否可以找到一个原型的替代物呢?答案是可以,这就是模型。

模型是为了一定目的,对原型的一部分进行减缩、抽象、提炼,形成的替代物。

注意，对于同一个原型，由于不同学科有不同的研究角度，所以模型的定义要强调"一定目的"和"一部分"。也就是说：模型不能完全替代原型，同时，模型也不需要反映原型的所有特征。此外，模型也不一定是看得见、摸得着的实物。

常见的模型有以下几种类型。

（1）展示类模型：用于展览、宣传等用途的模型。如售楼部的楼宇模型、地球仪。

（2）符号模型：用符号代表系统的各种因素和它们之间的相互关系。例如电路图、化学中的分子符号。符号模型使用符号表示实际事物，具有一定的抽象性。

（3）概念模型：以结构图、流程图等形式对事物的结构和机理进行描述的模型。例如光合反应。

（4）物理模型：根据相似原理，将客观事物按比例放大或缩小制成的模型，其结构和机理与原事物基本相同。例如 DNA 模型、科研实验用的舰艇模型、风洞实验用的飞机模型。物理模型的优点是与原型的机理有一定相似性、直观形象，缺点往往是占用场地大、成本昂贵、实验周期长。

（5）数学模型：数学模型是用数学语言模拟现实问题或系统的模型，即基于数学理论和方法，对客观事物的结构和机理进行数量化和几何化的模型。数学模型克服了物理模型的一些缺点。

2. 数学模型

数学模型一般并非现实问题的直接翻版，它的建立常常既需要对现实问题深入细致的观察和分析，又需要灵活巧妙地运用各种数学知识。科学技术的进步离不开数学模型，日常生活也离不开数学模型，数学模型在科技领域和日常生活中都发挥着重大作用。

数学模型所表达的内容可以是定量的，也可以是定性的，但必须以定量的方式体现出来。数学模型的常见形式有：数学公式、方程、函数、命题、算法、图形、图表等。

从广义角度，数学中的一切概念、公式、各种理论体系、算法系统等都可称为数学模型，因为它们都是由现实世界的原型抽象出来的、利用数学语言模拟现实的模型，从这个意义上讲，整个数学可以说是一门关于数学模型的科学。例如，算术是计算盈亏、分配劳动成果等实际问题的数学模型；自然数、整数、分数、实数等是度量的数学模型；几何则是物体外形和空间的数学模型。

广义数学模型可以分为三类。

（1）概念型数学模型：如整数、实数、复数、函数、集合、概率、测度等。

（2）方法型数学模型：如方程、公式、运算法则等。

（3）结构型数学模型：如群、环、域、线性空间等。

从狭义角度,数学模型是用数学语言模拟特定问题或系统的模型。例如,匀速直线运动的数学模型是一次函数、行星运行轨迹的数学模型是二次曲线。如果狭义数学模型是方法型数学模型或结构型数学模型的子类,则可利用已有数学理论求解,若不是已有模型的子类,则所得到的是一种新的数学模型,这就需要建立它的理论。若所研究的问题具有普遍性,又能建立成熟的理论,所建立的理论就是数学上的成就。应用数学中的数学模型一般指狭义数学模型,下文中的"数学模型"均指狭义数学模型。

数学模型的特性:

(1) **抽象性**。数学模型舍弃了现实原型中的一些非本质属性,通过简化假设使本质要素形式化,因此比现实原型抽象,抽象也使同一个数学模型可以应用于不同的实际问题。

(2) **准确性**。数学模型是用数学语言表述的,比用自然语言表述更加简洁,具有准确性、严密性、无歧义性。

(3) **演绎性**。数学语言表述为使用数学知识和工具进行演绎推理提供了可能,极大地提高了思维效率和思维深度。

(4) **应用性**。建立数学模型的目的是解决实际问题,数学模型的研究成果应能解释实际现象或为实际问题的解决提供有效方案,例如预测事物的发展、为系统提供最优控制方案等,没有任何应用价值的数学模型是注定会被抛弃的。

从不同角度,可以得到数学模型的不同分类。

(1) 按模型的应用领域:可分为人口模型、生态模型、经济学模型、地质学模型、交通流量模型等。

(2) 按构建模型的数学方法:可分为初等模型、微分方程模型、数学规划模型、图论模型等。

(3) 按建模目的:可分为描述模型、预测模型、优化模型、决策模型等。

(4) 按模型特性:按是否考虑随机因素的影响可分为确定性模型、随机性模型;按是否考虑时间因素引起的变化可分为静态模型、动态模型;按模型中的变量是连续的还是离散的可分为连续模型、离散模型;按模型基本关系是否是线性的可分为线性模型、非线性模型。

(5) 按对模型结构和参数的了解程度:可分为白箱模型(模型结构和参数都已知)、灰箱模型(模型结构已知,但参数未知)、黑箱模型(模型结构和参数都未知)。

3. 数学建模

数学建模是建立数学模型的全过程。具体而言,数学建模是对实际问题进行简化和抽象并归结为数学问题、用数学方法构建数学模型、对数学模型求解和分析、将数学解答返回实际问题从而解决实际问题的全过程。

随着现代数学的发展,数学建模已经成为数学的一个重要分支,这一分支专门研究数学建模的理论问题及其在各个学科中的应用。

数学建模的目的和应用主要有:

(1) 解释客观现象。通过数学建模可以解释某些客观现象。

(2) 预测事物未来的发展趋势。通过数学建模可以揭示客观事物的规律性,从而预测其未来趋势。

(3) 实现最优化。通过数学建模可以获得定量分析结果,提供某种意义下的最优方案。

(4) 提供控制策略。通过数学建模可以获得定量分析结果,提供最优控制策略。

有人认为:数学建模就是复杂一些的数学应用题,这种说法是否正确?我们来看具体问题。

问题1 甲乙两地相距750km,船从甲地到乙地顺水航行需要30h,从乙地到甲地逆水航行需要50h,问船速是多少?

解 设船速为x,水速为y,则

$$\begin{cases} (x+y) \times 30 = 750 \\ (x-y) \times 50 = 750 \end{cases}$$

解之得$x=20, y=5$。

答:船速是20km/h。

这是一个典型的数学应用题,并不是一个数学建模问题。

问题2 评估某国一艘新型舰艇的巡航速度。

分析 因为无法登船、无法全面监测,可行方案是:收集该舰艇实际航行距离和所用时间,将两者结合就可以估算该舰艇的速度。由于海浪、风速等很多因素会影响舰艇速度,为简化问题,假设船速恒定、水流速度恒定、不考虑风浪和水面其他因素的影响。在此基础上收集数据:该舰艇从甲地到乙地航行用时30h,从乙地到甲地航行用时50h,甲乙两地的距离经过查资料和计算是750km,此外假设甲乙两地的水流始终是以同一种趋势、同一种速度在流动。有了这些数据和假设之后,将该问题归纳为一个数学问题,可以求解并用其评估该舰艇巡航速度。因此,这是一个数学建模问题。可见,数学建模问题是一个现实中的实际问题,只有经过简化假设、收集数据等过程,才转化为一个数学问题。

问题3 一个大城市有5个卫星城,需建设一个道路系统连接大城市和卫星城,试确定道路系统建设方案。

分析 可以由大城市至每一个卫星城都建设快速路,构成星型拓扑结构;

也可以在卫星城间建立环线,再建设若干条快速路连接至环线。哪种方案更好呢?

方案的确定需要如下步骤。

(1) 确定方案的选择原则和目标。

(2) 量化评估不同方案的交通能力。

(3) 量化评估卫星城之间、卫星城与大城市之间的交通流量(道路系统是要长期使用的,不仅要看目前的交通流量情况,还要预计未来一段时期的交通流量情况)。

(4) 需要考虑的其他因素。

在这个过程中需要建立数学模型来对比哪一种方案更好,更满足实际需要,因而这是一个数学建模问题。可见,数学建模不仅需要数学知识和能力,还需要数学之外的专业知识和能力。

7.1.2 数学模型法

1. 数学建模法

数学建模法是利用数学建模解决实际问题的数学思想方法,其关键是建立适合实际问题的数学模型,即数学建模。

再以哥尼斯堡七桥问题为例,了解什么是数学建模法。欧拉首先将哥尼斯堡七桥问题抽象为一个数学问题,通过将岛和陆地分别抽象为点,将每座桥抽象成线,得到一个图形,这个图形比原始的由岛、陆地、桥构成的地图简单得多,但是仍然保留了原来的桥与岛、陆地之间的连接关系,因此,原问题"从某地出发,不重复地走遍七座桥,最后回到出发点"和"从图的某一顶点出发,把图不重复地一笔画出来,最后又回到出发点"是一回事。欧拉研究一笔画问题并证明了"一个图形能够一笔画成的充要条件是:它是连通的,且奇点个数等于 0 或 2",而七桥问题的图中四个顶点都是奇点,故不能一笔画出,七桥问题无解,即使只要求不重复地走遍七座桥而不要求回到出发点,也是不可能的。

哥尼斯堡七桥问题的求解过程可以用图 7-1 表示。

图 7-1 七桥问题的求解过程

由此可见,数学建模法解决问题的基本步骤是:

(1) 从现实原型抽象出数学模型;

（2）对数学模型进行逻辑推理、论证、演算，求得数学模型的解；

（3）将数学模型的解返回现实原型，得到实际问题的解答。

上述步骤可用图 7-2 表示。

图 7-2 数学建模法解决问题的基本步骤

数学建模法已成为各门科学中非常重要的方法，并且是数学和其他科学共同发展的桥梁和纽带。

2. 数学建模的基本方法

数学建模的基本方法如下。

（1）机理分析法。通过分析客观事物的特性、规律和内在机理，建立变量之间的数学关系，来描述事物的运行，从而建立数学模型，这就是机理分析法。例如，微分方程建模法是通过分析两个或两个以上变量之间的变化规律，使用微元分析法建模。

（2）测试分析法。通过对观测数据的统计分析，找出与数据拟合最好的模型，这就是测试分析法。具体应用中，研究对象常常无法拆解或没必要拆解，无法确定其内在机理，即研究对象是"黑箱"，这时，通过输入一些数据，采集其输出数据，找出与输入、输出数据最吻合的规律，这就是测试分析法的基本过程。

（3）机理分析和测试分析结合法。用机理分析法建立模型结构、用测试分析法确定模型参数，这就是机理分析和测试分析二者结合的方法。在实际应用中经常采用机理分析和测试分析二者相结合的方法，用机理分析法建立数学模型，但模型的参数有待确定，可用测试分析法确定或估计模型参数。

问题 4 转基因食品危害人体健康吗？

分析 用机理分析法，就要把问题拆解，分析其原理；测试分析法则侧重实验的结果分析。

（1）机理分析法。分析食品有哪些成分可以被人体吸收 → 被吸收成分里有哪些成分对人体有危害？→ 转基因对这些危害人体的成分会产生什么影响？

（2）测试分析法。通过大量的转基因食品动物实验收集数据，确定转基因食品是否有危害。此外，还可以进行公众健康情况调查、环境情况检测等。可见，测试分析法是用数据说话，与机理分析法存在明显差异。

3. 数学建模的基本步骤

不同类型的实际问题的数学建模方法不同，但建模的思维过程和基本步骤大体相同,数学建模的基本步骤如图7-3所示。

(1) 建模准备。了解实际问题的背景知识,收集有关信息,明确要达到的目标。

(2) 模型假设。根据问题特点和建模目的,进行合理的简化假设,抓住主要矛盾、忽略次要因素,规范和简化问题,以利于模型的建立。同时,利用各种数学符号表示问题中的各种变量,这就是抽象,即用数学语言描述问题,将实际问题转化为数学问题。

(3) 模型构建。运用数学方法对变量之间的关系进行刻画,建立相应的数学结构。

(4) 模型求解和分析。对所得数学模型进行计算求解,得到数学上的结果。对以数学命题为形式的数学模型,则要进行数学命题的证明。这一步骤

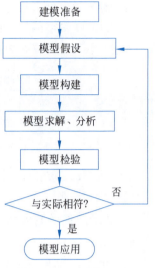

图 7-3　数学建模的基本步骤

可以使用传统的数学方法,也可以使用现代的基于计算机技术的数值计算方法。在模型求解的基础上,可对所得数学模型进行数学上的分析,如分析各变量之间的依赖关系、稳定性、预测、优化或决策。

(5) 模型检验。将模型求解和分析结果等数学上的结论返回到实际问题中,用实际数据或现象等检验模型的合理性、实用性。如果模型与实际吻合,则对所得结果给出实际含义和解释;如果检验结果不符合或部分不符合实际情况,则必须回到建模之初,修改或补充简化假设,重新建模,直到检验结果与实际情况相符。对于符合实际情况,且稳定性、可靠性良好的数学模型,可以在实际中进行应用,并可根据实际情况继续进行改进和优化,这就是数学建模成功后的工作——模型应用。

值得注意的是,并非所有数学建模过程都需要历经上述这些步骤,有些情况下各步骤之间的界限也不明显,如模型分析可以与模型求解融为一体,因此数学建模不必局限于固定的形式,应根据实际问题的特点确定建模步骤,建模步骤具有一定的灵活性。

此外还应注意:数学建模结果具有多样性,数学建模没有唯一正确的标准答案。这是因为对同一个实际问题,不同的数学建模方案存在以下几方面的不同。

(1) 简化假设不同,因此,解决问题的前提条件、考虑问题的出发点也就不同。

(2) 建模使用的数学知识、数学方法不同。这是因为解决同一个问题的方法并不唯一。

(3) 建模使用的数据范围不同。因为这个原因,所得数学模型的适用范围也

随之不同。

(4) 同一结果的表述形式不同。同一结果也可以用不同的形式表述,这也造成了数学模型的不同。

因此,对同一个实际问题进行数学建模时,经常会得出不同的数学模型,这些模型都是有意义的,没有对错的问题,但一般可以根据模型与现实的符合程度、模型的适用范围等,评价数学模型的优劣。

7.1.3 数学建模应用实例

下面给出数学建模法的应用实例,并分析其思想方法。

例 7-1 在某一山区,甲、乙两地相距 72km,两地间的道路崎岖,上坡和下坡交替出现,一个人开汽车从甲地到乙地需要 6 小时 24 分钟,而从乙地到甲地需要 5 小时 36 分钟,已知下坡比上坡平均每小时多行驶 5km,试求上坡、下坡的平均车速分别是多少?

分析 (1) 甲、乙两地间的道路上坡、下坡交替出现,如图 7-4 所示。但不清楚上、下坡的段数、每段上(下)坡的长度、角度等信息,无法利用运动学规律直接分段计算,且在每一段上坡、下坡的车速也并不相同,精确得出车速随时间变化的函数也不可能,因此,需要对该问题适当简化。

图 7-4 上坡、下坡交替出现图示

(2) 将该问题进行等价的转化,设想将上坡、下坡的道路分别拼接在一起,如图 7-5 所示,且假定上坡、下坡的车速恒定,则可求出平均车速。

图 7-5 上坡、下坡的道路分别拼接在一起图示

数学建模 1 设从甲地到乙地上坡路长为 $l$km,上坡车速为 $v$km/h,则可建立方程组模型:

$$\begin{cases} \dfrac{l}{v} + \dfrac{72-l}{v+5} = 6\dfrac{2}{5} \\ \dfrac{72-l}{v} + \dfrac{l}{v+5} = 5\dfrac{3}{5} \end{cases}$$

解之得 $v=10$ 或 $v=-3$,舍去无现实意义的 $v=-3$,可得上坡车速为 10km/h,下坡车速为 15km/h。

数学建模 2 利用化归思想方法对问题中的已知条件进行等价的改变,设想该汽车从甲地开往乙地,再从乙地开回甲地,则上、下坡的里程均为 72km,而所用的时间为 $6\frac{2}{5}+5\frac{3}{5}=12$ h,仍然设上坡车速为 v km/h,则可建立方程模型

$$\frac{72}{v}+\frac{72}{v+5}=12$$

显然,这个模型比模型 1 更简洁。仔细观察可发现,将模型 1 的方程组模型的两个方程相加,则所获得的方程就是模型 2。

本例的思想方法总结如下:

(1) 应分析问题并进行适当的简化假设(本例中假设上、下坡的速度恒定)。

(2) 用数学语言描述问题中变量的关系,经整理得到数学模型,数学模型是变量之间关系的数学表达。

(3) 本例中的数学模型的具体形式是方程组(模型 1)或方程(模型 2)。

(4) 需要对所建立的数学模型进行求解,并通过实际问题的背景分析排除无现实意义的解,求得有意义的解。

(5) 通过数学建模获得的数学模型一般并不唯一,本例给出了两个不同的数学模型,二者都是正确的,没有对错的问题,但有优劣的区别,模型 2 因更简洁而更优。

例 7-2 椅子能在不平的地面平稳地放置吗?

分析 (1) 本问题的实质是分析椅子的 4 个脚能否同时与不平的地面接触。

(2) 如果把椅脚看成一个平面上的几个点,引入椅脚与地面距离的函数就可以将该问题与平面几何、连续函数联系起来,从而可以用这些方面的知识进行数学建模。

数学建模

模型假设:

(1) 椅子有四条腿且等长,椅脚与地面点接触,四脚连线呈正方形;

(2) 地面高度连续变化,可视为数学上的连续曲面,沿任何方向都没有高度的突变;

(3) 地面相对平坦,椅子在任意位置至少有 3 只脚着地。

引入坐标系如图 7-6 所示,A、B、C、D 为椅子的 4 个脚,椅子中心作为坐标系的原点,4 个脚

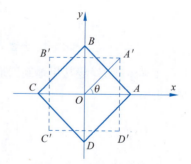

图 7-6 椅脚与坐标系

的对角线作为坐标轴。由假设(2),椅子的位置移动可以用正方形以坐标原点为圆心的旋转角度 θ 来表示。椅脚与地面的垂直距离就是 θ 的函数。

记函数 $f(\theta)$ 为 A、C 两脚与地面的垂直距离之和,函数 $g(\theta)$ 为 B、D 两脚与地面的垂直距离之和,则 $f(\theta) \geqslant 0, g(\theta) \geqslant 0$,且由于地面为连续曲面,故 $f(\theta)$、$g(\theta)$ 都是 θ 的连续函数。

由假设(3),对任意 θ,$f(\theta)$ 和 $g(\theta)$ 至少有一个为 0,不妨设当 $\theta=0$ 时,$g(0)=0$,$f(0)>0$,故该问题归结为证明如下数学命题:

数学命题 已知 $f(\theta)$ 和 $g(\theta)$ 都是 θ 的非负连续函数,对任意 θ,有 $f(\theta)g(\theta)=0$,且 $f(0)>0, g(0)=0$,则存在 θ_0,使得 $f(\theta_0)=g(\theta_0)=0$。

证 将椅子旋转 $90°$,对角线 AC 与 BD 互换,由 $g(0)=0, f(0)>0$,知 $f\left(\dfrac{\pi}{2}\right)=0, g\left(\dfrac{\pi}{2}\right)>0$,构造函数 $h(\theta)=f(\theta)-g(\theta)$,则有 $h(0)>0, h\left(\dfrac{\pi}{2}\right)<0$,由 $f(\theta)$ 和 $g(\theta)$ 的连续性知 $h(\theta)$ 也是连续函数,根据连续函数的基本性质可知,必存在一点 $\theta_0 \in \left(0, \dfrac{\pi}{2}\right)$ 使得 $h(\theta_0)=0$,即 $f(\theta_0)=g(\theta_0)$,又由于对任意 θ,有 $f(\theta)g(\theta)=0$,即有 $f(\theta_0)g(\theta_0)=0$,从而有 $f(\theta_0)=g(\theta_0)=0$,证毕。

因此,将椅子绕中心旋转,一定能找到 4 只脚着地的放稳位置。

本例的思想方法总结如下:

(1) 该问题看似与数学无关,但通过处理将该问题转化为一个数学命题的证明,使其可以通过数学建模来解决。将实际问题转化为数学建模问题的关键是:①抓住问题的主要对象;②分析主要对象之间的数量关系;③通过适当简化、假设将其转化为数学问题。

(2) 该问题的数学模型是数学命题,可见,数学模型的形式可以是数学命题。

(3) 建立模型后需要对模型进行求解,当数学模型的形式是数学命题时,求解就是证明。

例 7-3 根据某国 1790—1950 年的历史人口数据资料(见表 7-1),预测该国 1980 年的人口数据。

表 7-1 某国的历史人口数据

年 份	人口/百万	年 份	人口/百万
1790	3.929	1880	50.156
1800	5.308	1890	62.948
1810	7.240	1900	75.995
1820	9.638	1910	91.972
1830	12.866	1920	105.711
1840	17.069	1930	122.775
1850	23.192	1940	131.669
1860	31.443	1950	150.697
1870	33.553	—	—

分析 （1）人口问题的影响因素众多,如每一个人的生育能力、寿命、移民、战争、自然灾害、社会稳定、经济发展水平等,为使问题简化,必须做出简化假设。

（2）由已给出的数据资料绘制出散点图,然后用直线或曲线去拟合,以尽可能地与这些散点吻合,可以认为这条直线或曲线近似描述了人口发展的规律,再基于这条直线或曲线进行人口数据预测。

数学建模

建模假设：

(1) 该国的人口数量的变化是连续的,不会出现突变；

(2) 该国政治、经济、社会发展等环境稳定；

(3) 该国的人口发展是本国人口的生育、死亡决定的,没有大规模移民等情况。

基于以上假设,可以认为人口数量是时间 t 的函数, t 时刻的人口数量是 $P(t)$。

数学建模 1 根据给出的数据绘制出散点图,如图 7-7 所示。

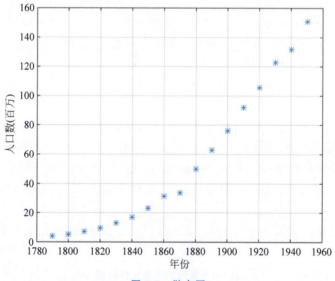

图 7-7 散点图

可以发现,1890 年以后,散点近似分布在一条直线上,故过两点 (1900,75.995) 和 (1920,105.711) 作一条直线：

$$\frac{P(t)-105.711}{t-1920}=\frac{105.711-75.995}{1920-1900}$$

即

$$P(t)=1.4858t-2747.025$$

故可求得 1980 年的人口数为

$$P(1980)=1.4858\times 1980-2747.025=194.859(百万)$$

数学建模 2 观察散点图的总体情况,可以认为其近似一条抛物线,其对称轴为 $t=1790$,以点 $(1790,3.929)$ 为顶点的抛物线方程求解如下:

记 $P(t)=y$,则 $(x-1790)^2=2p(y-3.929)$,其中 p 为抛物线的焦点到准线间的距离,代入另一点坐标 $(1890,62.948)$,解得 $p=84.718$,抛物线方程为 $(x-1790)^2=169.436(y-3.929)$,即

$$P(t)=\frac{1}{169.436}(t-1790)^2+3.929$$

故可求得 1980 年的人口数为

$$P(1980)=\frac{1}{169.436}(1980-1790)^2+3.929=216.989(百万)$$

以上得到了两个模型,由于考虑的范围不同,所得到的模型和答案也不同。实际上该国 1980 年的人口数是 227 百万,第一个模型是基于部分数据构造出来的,求解相对简单,但精度较差;第二个模型是基于更大范围数据的分布趋势构造出来的,因此具有较高的精度。

本例的思想方法总结如下:

(1) 数学模型的形式可以是函数。

(2) 数学模型并不唯一,不同模型的求解结果也并不相同,没有"标准答案"。但数学模型有优劣之分,区分数学模型优劣的标准是与事实吻合的程度。

(3) 需要对所建立的数学模型进行求解,这也是评价数学模型优劣的需要。

(4) 从数学建模方法角度,本问题建模采用的是测试分析法。

例 7-4 在生猪收购站,人们希望由猪的身长估计猪的体重,试建立数学模型给出猪的躯干长度(不含头、尾)与其体重的关系。

分析 (1) 不同种类动物的生理构造不同,如果陷入对生物学复杂生理构造的研究,就会导致问题复杂化,难以得到具有应用价值的数学模型。问题要解决的是猪的身长和体重的函数关系问题,因此,应该舍弃具体生理结构方面的讨论。

(2) 猪的身长与体重的关系与力学知识有关。应借助力学的某些已知结果,采用类比法建立猪的身长与体重之间函数关系的数学模型。

数学建模

1) 建模准备

查询弹性力学资料,得到两端固定的弹性梁的一个结果:长度为 l 的圆柱形弹性梁在自身重力 f 的作用下,弹性梁的最大弯曲 b 与重力 f 和梁长度 l 的立方成正比,与梁的截面面积 S 和梁的直径 d 的平方成反比。

猪的体重越大、躯干越长,其脊椎下陷就越大,这与弹性梁类似。将猪的躯干类比为一根支撑在四肢上的圆柱体弹性梁,这样就可以借助力学的已有结果研究动物的身长与体重的关系。

2) 模型假设

利用上述结果,采用类比法给出如下模型假设:

(1) 设猪的躯干(不含头、尾)是圆柱体,设其长度为 l,直径为 d,截面面积为 S,其体积为 Sl。

(2) 猪的体重与其躯干(不含头、尾)重量相同,记为 f。

(3) 猪的躯干可以看作一根支撑在四肢上的截面为圆的弹性梁,其腰部最大下垂对应弹性梁的最大弯曲,记为 b。

3) 模型构建

弹性梁示意图如图 7-8 所示。

设动物在自身体重 f 的作用下,躯干最大下垂长度为 b,即弹性梁的最大下垂度,根据对弹性梁的研究结果,可知

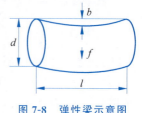

图 7-8 弹性梁示意图

$$b \propto \frac{fl^3}{Sd^2}$$

又因为体重与躯干体积成正比,即 $f \propto Sl$,于是

$$b \propto \frac{Sl \cdot l^3}{Sd^2} = \frac{l \cdot l^3}{d^2}$$

即

$$\frac{b}{l} \propto \frac{l^3}{d^2}$$

这里,b 是躯干的绝对下垂度,b/l 则可以看作是躯干的相对下垂度,从生物进化角度,对相对下垂度分析如下:

(1) 若 b/l 太大,则动物的四肢将无法支撑躯干,此种动物将在进化过程中被淘汰;

(2) 若 b/l 太小,则四肢的尺寸和材料超过了支撑躯干的需要,这无疑是一种浪费,不符合进化理论。

因此从生物学角度可以确定:经过漫长的进化过程,对每一种四足动物,b/l 已经达到了最优值,即 b/l 值仅与动物的种类有关,不同种类动物的 b/l 值不同,但对确定的某种动物,b/l 值是一个常数,与动物尺寸无关,因此有

$$l^3 \propto d^2$$

又由于 $f \propto Sl$ 且 $S \propto d^2$,有

$$f \propto Sl \propto d^2 l \propto l^4$$

即 $f = kl^4$,四足动物的体重与躯干长度的 4 次方成正比,公式 $f = kl^4$ 就是所得到的数学模型。对于猪,根据统计数据确定比例系数 k 之后,就可以依据模型由躯干长度估计体重了。

4）模型检验

随机选取养猪场的若干头猪，分别测量其身长、体重获得一组实验数据，代入所得数学模型中，用最小二乘法确定公式中的比例常数 k，由此得到该养殖场由猪的身长估计其体重的具体公式，用这个具体公式估计该养殖场其他猪的体重，如果结果是令人满意的，则模型检验肯定了所得数学模型的正确性。

本例的思想方法总结如下：

（1）正比关系与等式关系具有同样的性质。例如 x 与 y 成正比，用正比关系表达就是 $x \propto y$，而用等式关系表示就是 $x = ky$，其中 k 是常数，从数学形式上，使用正比关系可以使公式推导的过程更简洁。

（2）推断"相对下垂度 b/l 值是一个常数"是关键的一步。b/l 值是一个常数的好处是什么？是去除了下垂度变量 b，在本问题中 b 不是需要分析的量，去除后便于解决原问题。

（3）将动物躯干类比为弹性梁是关键，该类比的合理性、模型的可信度应该用实际数据进行检验，但这种通过类比法建立数学模型的方法是值得借鉴的。类比法是建立数学模型的一种常见的、重要的方法，其作用是启迪思维，帮助人们寻求解题的思路。类比法要求建模者具有广博的知识，只有这样才能将所研究的问题与已知的问题、已知的模型建立起联系。本实例中，如果不熟悉弹性力学的有关知识，就不可能把动物躯干类比为弹性梁，就不可能想到将动物的躯干长度和体重的关系这样一个看似无从下手的问题转化为已经有明确研究成果的弹性梁在自重作用下的挠曲问题。在数学思想方法中，类比法是一种寻求解题思路、猜测问题答案、发现结论的方法，但不是一种数学论证的方法，因此使用类比法建模后，还需要对所得数学模型进行模型检验。

7.2 数值计算方法

数值计算方法是研究通过计算完成数学问题求解的数学分支。算法是数值计算方法的核心，数值计算方法和算法是两个相关但不同的概念。本节介绍数值计算方法并结合应用实例分析其思想方法。

7.2.1 计算与数值计算方法

1．计算

数学的形成和数的概念的扩张都离不开计算，任何定量分析都离不开计算，数学的产生和发展是与计算密切相关的，计算对数学具有重要意义。**计算**是按照一定的已确定的规则，由初始数据经过有限次数据处理得到新结果的过程。以整数乘法计算为例：

$$\begin{array}{r} 2023 \\ \times\ 23 \\ \hline 6069 \\ 4046 \\ \hline 46529 \end{array}$$

以上计算包括如下步骤。

(1) 将被乘数乘以乘数的个位数，得到 6069，将其末位数与乘数的个位数对齐。

(2) 将被乘数乘以乘数的十位数，得到 4046（实际上是 40460），将其末位数与乘数的十位数对齐。

(3) 将上面所得的两个数相加，就得到计算结果 46529。

这个计算过程不是必须写成上述的二维形式，也可以写成宽度只能写一个数的一维形式：

$$2023 \times 23 = 6069 + 40460 = 46529$$

可见，计算是根据已知数据通过数学方法求得未知数据的过程，对于给定的初始数据，经过计算只能得到唯一确定的计算结果。

计算是一种最基本的数学思想，也是人类最早使用的数学方法之一。随着计算机的广泛应用，基于计算机技术的数值计算得到普遍重视。

2. 数值计算方法

数值计算方法又称为数值分析、计算方法、数值方法、科学计算等。对于简单的数学问题，应用数值计算方法可以手算求解，但一般是用计算机编程求解，随着计算机技术的发展和计算机的普及，在计算机上用数值计算方法进行科学与工程计算已经是数值计算方法应用的主要方式。

在现代科学中，数值计算方法已成为与理论方法、实验方法并列的第三种科学方法。与理论方法和实验方法相比，数值计算方法有其独到之处。

(1) 对于某些理论方法难以解决的问题，通过数值计算可以给出丰富、系统的数值结果，从而使人们获得感性认识和启示，有效地促进理论的发展。

(2) 实验方法往往费时、费力、成本高、效率低，且某些实验存在危险或困难，这时数值计算方法就成为关键甚至唯一可行的方法。在那些基本规律已明确、数学模型已定型的科学领域中，数值计算方法所取得的结论在精确性、可靠性方面可以达到甚至超过实验方法。

数值计算方法的主要研究内容如表 7-2 所示。

表 7-2　数值计算方法的主要研究内容

分支方向	主要研究内容
数值代数	线性方程组、矩阵特征值、矩阵特征向量、非线性方程、非线性方程组的数值解法
数值逼近	函数逼近问题数值解、数值积分、数值微分
常微分方程数值解	线性、常系数、规则区域常微分方程数值解；非线性、变系数、不规则几何区域等复杂常微分方程数值解
偏微分方程数值解	线性、常系数、规则区域偏微分方程数值解；非线性、变系数、不规则几何区域等复杂偏微分方程数值解

数值计算方法的意义主要表现在以下几方面。

(1) 极具应用价值。数值计算方法是与理论方法、实验方法并列的第三种科学方法，在很多情况下，数值计算方法更具优势，甚至是解决问题的唯一途径。例如，在现代自然科学和工程技术中，当涉及基本规律的精确表述时，其数学形式常常是微分方程。但是，能用分析方法求解的微分方程仅限于线性、常系数、规则区域等少数"初等"情况，对占实际问题大多数的非线性、变系数、不规则几何区域的复杂微分方程求解问题，分析方法显得无能为力，这种情况下，采用数值计算方法求其数值解(近似解)就是更符合实际的选择。

(2) 促进数学自身的发展。数值计算方法将数学家从繁重单调的重复性脑力劳动中解放出来，让他们有更多时间从事更富有创造性的抽象思维工作，从而更有利于数学理论的发展。同时，数值计算方法的发展本身也提出了许多数学理论问题，这些问题的研究和解决都将促进数学自身的发展。

(3) 推动科学的数学化。20 世纪以来，科学的数学化已经成为潮流。当一门科学已经具有一定的逻辑体系、积累了较多知识和数据、已达到相当的抽象化和形式化程度，就可以通过数学模型建立起该学科与数学的联系，从而应用数学来解决该学科的具体问题，这样的发展过程就是科学的数学化。由于数学模型建立后通常需要用数值计算方法来计算求解，因而数值计算方法推动了科学的数学化。此外，数值计算方法与各门科学直接结合，产生了许多与计算有关的边缘学科和交叉学科，如计算力学、计算物理学、计算化学、计算生物学、计算地质学等。

7.2.2　算法和计算复杂性

1. 算法

对于复杂问题的数值计算离不开算法。公元 825 年左右，阿拉伯数学家阿尔·花拉子米在他的数学著作中概括了进行算术四则运算的法则。阿尔·花拉子米的著作是使欧洲人认识十进位值制记数法的最早著作之一，在当时的欧洲，十进位值制记数法和十进制四则运算就叫算法。现代名词"算法"(algorithm)就来源于这位阿拉伯数学家的名字的拉丁语转写。

算法是求解问题的具有完整而准确步骤的方法。中国的《九章算术》介绍了很多算法,只要按照算法给出的程序进行操作就可以得出问题的求解结果。可见,算法实质上是解决一类问题的一个解决方案,它包括一套指令,只要一步步地按照指令进行操作,就能解决问题。

关于算法的概念,应注意:

(1) 算法所适用的计算对象并不限于数。广义地说,为解决一个问题而采用的方法和步骤都可称为算法。算法可分为两大类:数值计算算法和非数值计算算法。数值计算类算法的目的是求数值解,而非数值计算类算法类型很多,例如图书检索、人力资源管理等。目前,计算机在非数值计算方面的应用远远超过在数值计算方面的应用,计算机的主要工作已经不是"计算",而是"信息处理"了。

(2) 并非所有问题都能找到算法。所谓问题,可以理解为寻求具有某些属性的对象的任务,这种对象就是该问题的解。如果实际上不存在具有该问题所需属性的对象,这个问题就没有解,或者说,这个问题是不可解的。

算法一般的表达方式有:普通语言叙述算法步骤、框图表达、计算机程序表达。每一种表达方式都各有优缺点,通常,一种算法总是先用普通语言表达出来,然后设计成框图,最后写成详细且精确的程序语言,以便于计算机执行。

算法具有以下特点。

(1) 有穷性。算法的有穷性是指算法应该在有限的操作步骤之内结束。如 10 除以 2 等于 5 就符合有穷性。但对于 10 除以 3,则无论怎样延续这个过程都不能结束。如果中断这个过程,则只能得到一个近似结果,而且如果中断计算过程也已经不是执行原来的算法。可见,十进制小数的除法对于 10 和 3 这组数不符合算法的有穷性。

(2) 确定性。算法的确定性是指算法的每一个步骤都不是含糊的、模棱两可的。也就是说,算法的含义应该是唯一的,不应该产生歧义。

(3) 有输入和输出。一个算法有 0 个或多个输入、1 个或多个输出。所谓输入就是指在执行算法时需要从外部取得的必要信息;所谓输出就是算法的解或算法得到的结果。没有输出的算法是没有意义的。

(4) 有效性。算法的有效性是指算法的每一个步骤都能执行并得到确定的结果。否则,这个算法就是无效的。例如,若 $b=0$,则 a/b 是不能有效执行的。

算法具有非常重要的意义。一方面,算法对数学中许多问题的解决有着决定性作用;另一方面,由于数学应用极其广泛,数学中的算法已深入其他科学技术中,成为现代科学技术的重要组成部分。值得提及的是,《九章算术》和数学家刘徽开创了中国传统数学构造性和机械化的算法模式。中国古代数学以算为主、以术为法的算法体系,同古希腊以《几何原本》为代表的逻辑演绎体系,在数学历史发展进程中争奇斗艳、交相辉映。随着计算机的出现,其所需要的数学方法正与《九章算术》中的方法体系相符。我国著名数学家吴文俊院士认为,"以《九章算术》为代表的算法化、程序化、机械化的数学思想方法体系,凌驾于以《几何原本》为代表的公理化、逻辑化、演绎化的数学思想方法体系之上,不仅不无可能,甚至可以说是殆成定局"。

2. 计算复杂性

如果某一类问题存在算法且已构造出算法,是否就一定能求出问题的解呢?实际上,有了算法并不能保证计算一定可行,要用计算机来完成计算,还必须考虑计算的"复杂性"。

假设计算机每秒运算一亿次(10^8 次),一年约 3.2×10^7 秒,即使计算机不停地运行,一年也只能运算 3.2×10^{15} 次。如果一个数学问题要计算 30! 次,而 $30! \approx 2.6 \times 10^{32}$。这就是说,对于 30! 次运算,一台计算机要不停地计算 8.0×10^{16} 年,这在实际中是无法做到的。因此,在用计算机进行计算时,计算的复杂性是必须考虑的问题。

计算复杂性是使用计算机解决计算问题的复杂程度。计算复杂性可以用一个函数模型刻画:设 A 是解决问题 D 的一种算法,以 $f_A(D,n)$ 表示用算法 A 求解规模为 n 的问题 D 所需的运算次数。

要缩短运算时间或在一定时间内解更大规模的问题,主要办法有两个:①提高计算机的运算速度;②改进算法、减少运算次数。

关于计算机运算速度的影响,可进行如下测算:设现有计算机每小时的解题规模为 N,用快 100 倍、1000 倍的新计算机,1 小时解题规模的变化如表 7-3 所示。

表 7-3 计算机运算速度对解题规模的影响

算法复杂性	解题规模的变化		
	现有计算机	计算机快 100 倍	计算机快 1000 倍
n	N	$100N$	$1000N$
n^2	N	$10N$	$31.62N$
n^3	N	$4.64N$	$10N$
n^5	N	$2.51N$	$3.98N$
2^n	N	$N+6.64$	$N+9.97$
3^n	N	$N+4.19$	$N+6.29$

从表 7-3 可以看出，若算法复杂性为规模 n 的多项式，当计算机成倍提速时，解题规模也相应地成倍增大；若算法复杂性为指数函数，如 $f_A(D,n)=3^n$，尽管计算机提速 1000 倍，可是解题规模仅增加 6.29。因此，对于指数函数的算法，依靠计算机提速来增加解题规模收效很小，需要转向算法的研究。

如果算法 A 的运算次数 $f_A(D,n)$ 由一个多项式所界定，则称 A 为解决问题 D 的多项式算法，多项式算法是实际可行的算法，又称为有效算法。如果 $f_A(D,n)$ 是 n 的指数函数，则称算法 A 为解决问题 D 的指数型算法，又称为无效算法。

在解决实际问题时，首先应寻求多项式算法。对于一个实际问题，如果已经证明不存在多项式算法，就认为这个问题是"难问题"。

7.2.3 数值计算方法应用实例

下面给出数值计算方法的应用实例，并分析其思想方法。

1. 非线性方程数值求解的二分法

科学研究和工程技术中的许多问题常常可归结为解一元函数方程

$$f(x)=0 \tag{7-1}$$

对于方程(7-1)，若 $f(x)$ 是 n 次多项式，则称方程(7-1)为 n 次多项式方程或代数方程；若 $f(x)$ 是超越函数，则称方程(7-1)为超越方程。

阿贝尔已经证明：当次数 $n\leqslant 4$ 时，多项式方程的根可用解析式表示，但当 $n\geqslant 5$ 时，多项式方程的根一般不能用解析式表示。在实际应用中，一般不需要根的解析表达式，只需满足一定精度要求的根的数值解即可。

求方程(7-1)数值解的大致步骤和思想方法：

(1) 根的存在性：判断方程是否有根？如果有，有几个根？对于多项式方程，n 次方程有 n 个根（重根计重数）。

(2) 根的隔离：将有根区间分成较小的子区间，每个子区间或者有一个根，或者没有根，这就可将有根子区间内的任一点看作根的近似值。

(3) 根的精确化：对根的近似值逐步精确化，使其满足一定的精度要求。

非线性方程数值解法中最基本的方法是二分法(bisection method)。

二分法的原理是：设函数 $f(x)$ 在 $[a,b]$ 上连续（记为 $f(x)\in C[a,b]$），且 $f(a)f(b)<0$，则由闭区间上连续函数的性质和根的存在性定理，方程 $f(x)=0$ 在 (a,b) 上至少有一个实根。区间 (a,b) 称为方程 $f(x)=0$ 的有根区间。

为讨论方便，下面假设方程 $f(x)=0$ 在区间 (a,b) 只有一个实根 x^*。

二分法的数学思想是：逐步二分区间 $[a,b]$，通过判断两端点函数值的符号，进一步缩小有根区间，将有根区间的长度缩小到充分小，从而求出满足精度要求的根 x^* 的近似值，如图 7-9 所示。

二分法的计算过程如下。

(1) 取区间$[a,b]$的中点$x_0=\dfrac{a+b}{2}$,并计算$f(x_0)$,进行如下判断:若$f(a)f(x_0)<0$,则有根区间为$[a,x_0]$,取$a_1=a,b_1=x_0$,新的有根区间为$[a_1,b_1]$;若$f(a)f(x_0)=0$,则x_0即为所求的x^*;若$f(a)f(x_0)>0$,则有根区间为$[x_0,b]$,取$a_1=x_0,b_1=b$,新的有根区间为$[a_1,b_1]$。

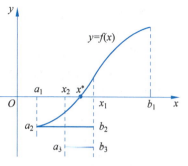

图 7-9　二分法示意图

(2) 取区间$[a_1,b_1]$的中点$x_1=\dfrac{a_1+b_1}{2}$,并计算$f(x_1)$,进行如下判断:若$f(a_1)f(x_1)<0$,则有根区间为$[a_1,x_1]$,取$a_2=a_1,b_2=x_1$,新的有根区间为$[a_2,b_2]$;若$f(a_1)f(x_1)=0$,则x_1即为所求的x^*;若$f(a_1)f(x_1)>0$,则有根区间为$[x_1,b_1]$,取$a_2=x_1,b_2=b_1$,新的有根区间为$[a_2,b_2]$。

此过程一直进行下去,将得到一系列有根区间

$$[a,b]\supset[a_1,b_1]\supset[a_2,b_2]\supset\cdots\supset[a_k,b_k]\supset\cdots$$

其中,每个区间是前一个区间二等分后取其一,因此得名"二分法"。

二分k次后得到有根区间$[a_k,b_k]$,区间长度是

$$b_k-a_k=\dfrac{b-a}{2^k}$$

可见,如果二分过程无限进行下去,则有根区间将缩为一点,该点就是所求的根x^*。

在实际应用中,没必要无限进行这个二分过程,获得的根的近似值满足预定精度即可,这时,令有根区间$[a_k,b_k]$的中点$x_k=\dfrac{a_k+b_k}{2}$为x^*的近似值,其误差上限为

$$|x^*-x_k|\leqslant\dfrac{b_k-a_k}{2}=\dfrac{b-a}{2^{k+1}}$$

当$k\to\infty$时,$|x^*-x_k|\to 0$,即$x_k\to x^*$。对于给定精度$\varepsilon>0$,若使$|x^*-x_k|<\varepsilon$,只需令$\dfrac{b-a}{2^{k+1}}<\varepsilon$,即$2^{k+1}>\dfrac{b-a}{\varepsilon}$,解得

$$k>\log_2\dfrac{b-a}{2\varepsilon}=\dfrac{\ln(b-a)-\ln 2\varepsilon}{\ln 2}$$

对于给定精度$\varepsilon>0$,由这个公式即可预先确定二分的次数k。

例 7-5 用二分法求方程 $x^3-2x-3=0$ 在区间 $[1,3]$ 内的一个实根，要求误差不得超过 0.001。

分析 本例可以手算，但用科学计算软件编程求解更加准确高效，且后续遇到同类问题时可以方便地调用已有程序。

解 编写 MATLAB 函数文件如下：

```
function [x_star,k] = bisection(fun,a,b,epsilon)
% Using the Bisection Method to Solve Nonlinear Equation f(x) = 0
% fun is the function f(x) that requires roots
% a,b are the endpoints of the initial interval
% epsilon is the precision (default value is 1e-5)
% x_star is the root of the equation when the iteration is successful
% k is the number of iterations
% When k = 0, it means that the equation has no roots in this interval
if nargin < 4
    epsilon = 1e-5;
end
fa = feval(fun,a); fb = feval(fun,b);
if fa * fb > 0
    x_star = [fa,fb];
    k = 0;
    return;
end
k = 1;
while abs(b-a)/2 > epsilon
    x = (a+b)/2; fx = feval(fun,x);
    if fa * fx < 0
        b = x; fb = fx;
    else
        a = x; fa = fx;
    end
    k = k+1;
end
x_star = (a+b)/2;
```

在 MATLAB 命令窗口运行如下命令：

```
>> fun = inline('x^3-2*x-3'); [x_star,k] = bisection(fun,1,3,0.001)
```

运行结果如下：

```
x_star =
    1.8936
k =
    11
```

例 7-6 用二分法求方程 $x^3\cos x + 2x^2 - 2\sin x = 0$ 在区间 $[1,4]$ 内的一个实根,要求误差不得超过 0.001。

分析 本例为超越方程,用科学计算软件编程求解。

解 在 MATLAB 命令窗口运行如下命令：

```
>> fun = inline('x^3*cos(x)+2*x^2-2*sin(x)'); [x_star,k]=bisection(fun,1,4,0.001)
```

运行结果如下：

```
x_star =
    2.3982
k =
    12
```

2. 非线性方程数值求解的迭代法

迭代法是用某种收敛于所给问题精确解的一个极限过程来逐步逼近精确解的一种数值计算方法。

迭代法的数学思想是：若已知方程 $f(x)=0$ 的一个近似根,通过构造一个递推关系,即迭代格式,并根据这个迭代格式反复校正根的近似值,计算出方程 $f(x)=0$ 的一个根的近似值序列,使之逐步精确化,直到满足给定精度要求为止。该序列收敛于方程 $f(x)=0$ 的根。

迭代法有很多种,下面介绍不动点迭代法,不动点迭代法可以用有限步骤算出精确解的具有指定精度的近似解。

将方程 $f(x)=0$ 改写成等价形式

$$x = \varphi(x) \tag{7-2}$$

若 x^* 满足 $f(x^*)=0$,则 $x^*=\varphi(x^*)$,反之亦然,称 x^* 为 $\varphi(x)$ 的一个**不动点**。求 $f(x)$ 的零点等价于求 $\varphi(x)$ 的不动点。在根 x^* 的附近任取一点 x_0 作为 x^* 的预测值,将 x_0 代入式(7-2)的右端,计算得到

$$x_1 = \varphi(x_0)$$

一般地,$x_1 \neq x_0$(如果 $x_1 = x_0$,则 $x_1 = x^*$),再把 x_1 作为 x^* 的新的预测值代入式(7-2)的右端,计算得到

$$x_2 = \varphi(x_1)$$

重复上述步骤,则有迭代方程

$$x_{k+1} = \varphi(x_k) \tag{7-3}$$

若对 $\forall x_0 \in [a,b]$,由式(7-3)得到的迭代序列 $\{x_k\}$ 的极限存在,则称迭代过程收敛,显然有

$$x^* = \lim_{k \to \infty} x_k$$

当 $\varphi(x)$ 连续时，由式(7-3)取极限得
$$x^* = \varphi(x^*)$$
因为式(7-1)与式(7-2)等价，所以有
$$f(x^*) = 0$$
即得到了方程 $f(x) = 0$ 的实根 x^*。

其中，x_0 称为**初始近似值**或**迭代初始值**，x_k 称为 k **次迭代近似值**，$\varphi(x)$ 称为**迭代函数**，式(7-3)称为**迭代公式**或**迭代格式**。由于 $x^* = \varphi(x^*)$ 为 $\varphi(x)$ 的不动点，所以上述迭代法称为**不动点迭代法**。

综上，不动点迭代法的数学思想是：将隐式方程 $f(x) = 0$ 转化为求一组显式的计算公式 $x_{k+1} = \varphi(x_k)$，不动点迭代过程是一个逐次逼近的过程，也是一个逐步显式化的过程。

图 7-10 给出了不动点迭代法收敛时的迭代过程。

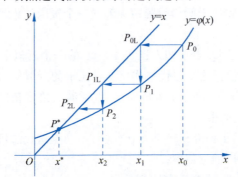

图 7-10　不动点迭代法收敛时的迭代过程

方程 $x = \varphi(x)$ 的求根问题在几何上就是确定曲线 $y = \varphi(x)$ 和直线 $y = x$ 的交点 P^* 的横坐标 x^*，设迭代初值为 x_0，曲线 $y = \varphi(x)$ 上以 x_0 为横坐标的点是 P_0，其纵坐标是 $\varphi(x_0)$，过 P_0 点引平行于 x 轴的直线与直线 $y = x$ 交于点 P_{0L}，其横坐标为 $x_1 = \varphi(x_0)$，过点 P_{0L} 引平行于 y 轴的直线与曲线 $y = \varphi(x)$ 交于点 P_1，迭代值 x_1 即为点 P_1 的横坐标，同理可得 $x_2 = \varphi(x_1)$，继续这个过程，将在曲线 $y = \varphi(x)$ 上得到点列 $P_1, P_2, P_3, \cdots$，其横坐标依次为由式 $x_{k+1} = \varphi(x_k)$ 所确定的迭代值 $x_0, x_1, x_2, \cdots$，如果迭代收敛，则序列 $\{x_k\}$ 将随着迭代逐渐逼近所求交点的横坐标 x^*。值得注意的是，迭代也可能是发散的，如果迭代发散，则序列 $\{x_k\}$ 将随着迭代逐渐远离所求交点的横坐标 x^*。

例 7-7　用不动点迭代法求方程 $x^3 - 2x - 3 = 0$ 在区间 $[1, 3]$ 内的一个实根，要求最大迭代次数 1000 次，误差不得超过 0.001。

分析　本例与例 7-5 所求解问题相同，但所采用的算法不同，可以比较二者的

数值解结果。

解 编写 MATLAB 函数文件如下：

```
function [x_star,k] = iterateFP(fun,x0,epsilon,N_max)
% Using the Fixed-Point Iterative Method to Solve Nonlinear Equation f(x) = 0
% fun is the function f(x) that requires roots
% x0 is the initial approximate value
% epsilon is the precision (default value is 1e-5)
% Terminate calculation when |x(k) - x(k-1)|< epsilon
% N_max is the maximum number of iterations (default value is 500)
% x_star is the root of the equation when the iteration is successful
% Output the final iteration value when the iteration fails
% k is the number of iterations
if nargin < 4
    N_max = 500;
end
if nargin < 3
    epsilon = 1e-5;
end
x = x0; x0 = x + 2 * epsilon; k = 0;
while abs(x - x0)> epsilon & k < N_max
    x0 = x; x = feval(fun,x0);
    k = k + 1;
end
x_star = x;
if k == N_max
    warning('The maximum number of iterations has been reached!');
end
```

算法 1 取原方程的等价形式 $x = \dfrac{1}{2}(x^3 - 3)$，建立迭代格式 $x_{k+1} = \dfrac{1}{2}(x_k^3 - 3)$，$k = 0, 1, 2, \cdots$，取迭代初始值 $x_0 = 3$，在 MATLAB 命令窗口运行如下命令：

```
>> fun = inline('0.5 * (x^3 - 3)'); [x_star,k] = iterateFP(fun,3,0.001,1000)
```

运行结果如下：

```
x_star =
    Inf
k =
    8
```

可见产生的迭代序列没有收敛，是一个发散的迭代过程，因此应该重新建立迭代函数和迭代格式。

算法 2 取原方程的等价形式 $x = \sqrt[3]{2x+3}$，建立迭代格式 $x_{k+1} = \sqrt[3]{2x_k+3}$，$k = 0, 1, 2, \cdots$，取迭代初始值 $x_0 = 3$，在 MATLAB 命令窗口运行如下命令：

```
>> fun = inline('(2 * x + 3)^(1/3)'); [x_star,k] = iterateFP(fun,3,0.001,1000)
```

运行结果如下：

```
x_star =
    1.8935
k =
    5
```

经对比可知：

(1) 在相同的精度要求下，迭代法与二分法的计算结果相差不大，但迭代法的迭代次数大大降低，收敛速度更快，算法效率更高。

(2) 二分法的收敛性可以保证，对函数性质要求低，仅要求函数连续即可；迭代法则只有在一定条件下才能收敛，需要谨慎选取迭代函数。

例 7-8 用不动点迭代法求方程 $x^2 - \sin x = 0$ 在 0.5 附近的一个实根。

分析 本例要求求出"某点附近的一个实根"，对于二分法，需要进行预处理以确定有根区间及其端点，而迭代法则无须处理，这也是迭代法的优势之一。

解 在 MATLAB 命令窗口运行如下命令：

```
>> fun = inline('sin(x)^(1/2)'); [x_star,k] = iterateFP(fun,0.5)
```

运行结果如下：

```
x_star =
    0.8767
k =
    12
```

本例没有设置最大迭代次数和精度，均按函数设定的默认值，精度达到了"1e-5"，即 0.00001。

3. 常微分方程初值问题的数值解法

微分方程是包含自变量、未知函数、未知函数的导数或微分的方程。许多自然科学和工程技术问题的数学模型就是微分方程，如物体运动、化学反应、电路振荡、生物群体变化等。

在求解微分方程时必须附加某种已知条件，称为定解条件，微分方程和定解条件一起组成定解问题。定解条件通常有两种：①未知函数初始时刻的性态，这类定解条件称为初始条件，相应的定解问题就称为初值问题；②未知函数首末两端的性态，这类定解条件称为边界条件，相应的定解问题就称为边值问题。

未知函数为一元函数的微分方程称为常微分方程（Ordinary Differential Equation，ODE）。未知函数为多元函数，从而有多元函数偏导数的微分方程称为偏微分方程（Partial Differential Equation，PDE）。微分方程中各阶导数的最高阶数称为微分方程的阶。

本节讨论一阶常微分方程的初值问题

$$\begin{cases} \dfrac{dy}{dx} = f(x,y) \\ y(x_0) = y_0 \end{cases} \qquad (*)$$

的数值解法。

所谓数值解法,就是求微分方程的解 $y(x)$ 在若干点
$$a = x_0 < x_1 < x_2 < \cdots < x_{N-1} < x_N = b$$
处的近似值 $y_n (n=1,2,\cdots,N-1,N)$ 的方法, $y_n (n=1,2,\cdots,N-1,N)$ 称为微分方程的数值解。$h_n = x_{n+1} - x_n$ 称为由 x_n 到 x_{n+1} 的步长,一般取步长为常数 h。

由常微分方程理论,若函数 $f(x,y)$ 连续,并且关于 y 满足李普希茨(Lipschitz)条件,即存在常数 L 使得
$$|f(x,y) - f(x,\bar{y})| \leqslant L(y - \bar{y})$$
则初值问题的解必定存在且唯一。

能用解析方法求出准确解的微分方程并不多,且有的方程即使有解析解,也常由于解的表达式非常复杂而不易计算,因此研究微分方程的数值解法非常重要。

常微分方程初值问题(*)数值解法的思想方法是:采用"离散化""步进式"的总体策略。首先将微分方程离散化,离散化是把连续的微分方程初值问题转化为离散的差分方程初值问题,将差分方程初值问题的解 y_n 作为微分方程的解 $y(x)$ 在 $x = x_n$ 处的值 $y(x_n)$ 的近似值。其次,求解过程是依节点的排列次序,通过由 $y_n, y_{n-1}, \cdots$ 计算 y_{n+1} 的递推公式步进式地向前推进。建立求数值解的递推公式有两种方法:①计算 y_{n+1} 时只用到前一点的值 y_n,称为单步法;②计算 y_{n+1} 时用到前面 k 点的值 $y_n, y_{n-1}, \cdots, y_{n-k+1}$,称为多步法($k$ 步法)。

常微分方程初值问题(*)的解是通过点 (x_0, y_0) 的一条曲线 $y = y(x)$,称为微分方程的积分曲线。积分曲线上每一点 (x,y) 的切线斜率 $y'(x)$ 等于函数 $f(x,y)$ 在这点的值。

欧拉(Euler)法是常微分方程初值问题数值解法中最简单的一种方法,由于其精度不高,实际中已经很少直接使用,但构造欧拉法的基本原理和所涉及的基本概念对一般数值方法都有普遍意义,因此应对其进行分析讨论。

欧拉法(见图 7-11)的原理如下:从初始点 $P_0(x_0, y_0)$ 出发,作切线 $y'(x_0)$,与 $x = x_1$ 交于 $P_1(x_1, y_1)$ 点,用 y_1 作为曲线 $y(x)$ 上的点 $(x_1, y(x_1))$ 的纵坐标 $y(x_1)$ 的近似值。再从 $P_1(x_1, y_1)$ 作切线 $y'(x_1)$,与 $x = x_2$ 交于 $P_2(x_2, y_2)$ 点,用

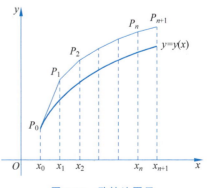

图 7-11 欧拉法图示

y_2 作为曲线 $y(x)$ 上的点 $(x_2, y(x_2))$ 的纵坐标 $y(x_2)$ 的近似值。这样下去便可作出一条折线 $\overline{P_0 P_1 P_2 \cdots}$。设已作出折线的顶点为 P_n，再从 P_n 作切线 $y'(x_n)$，推进到 $P_{n+1}(x_{n+1}, y_{n+1})$。

过 $P_0(x_0, y_0)$ 作以 $y'(x_0) = f(x_0, y_0)$ 为切线斜率的方程 $y = y_0 + f(x_0, y_0)(x - x_0)$，当 $x = x_1$ 时，得 $y_1 = y_0 + f(x_0, y_0)(x_1 - x_0)$，取 $y(x_1) \approx y_1$。

过 $P_1(x_1, y_1)$ 作以 $y'(x_1) = f(x_1, y_1)$ 为切线斜率的方程 $y = y_1 + f(x_1, y_1)(x - x_1)$，当 $x = x_2$ 时，得 $y_2 = y_1 + f(x_1, y_1)(x_2 - x_1)$，取 $y(x_2) \approx y_2$。

一般地，过 $P_n(x_n, y_n)$ 作以 $y'(x_n) = f(x_n, y_n)$ 为切线斜率的方程 $y = y_n + f(x_n, y_n)(x - x_n)$，当 $x = x_{n+1}$ 时，得 $y_{n+1} = y_n + f(x_n, y_n)(x_{n+1} - x_n)$，取 $y(x_{n+1}) \approx y_{n+1}$。

这样，从 x_0 出发逐个算出 $x_1, x_2, \cdots, x_n$ 对应的数值解 $y_1, y_2, \cdots, y_n$。通常取 $x_{n+1} - x_n = h$，则欧拉法的计算公式为

$$\begin{cases} y_{n+1} = y_n + h f(x_n, y_n) \\ x_n = x_0 + nh \end{cases}, \quad n = 0, 1, \cdots, N-1$$

欧拉法的几何意义是用一条初始点重合的折线来近似表示微分方程的解（积分曲线）$y = y(x)$。

以上介绍的欧拉法是显式算法，也称为欧拉显式格式。此外，还有多种改进欧拉法，如隐式欧拉法、两步欧拉法等。

例 7-9 求解初值问题

$$\begin{cases} \dfrac{\mathrm{d}y}{\mathrm{d}x} = y - \dfrac{2x}{y}, x \in [0, 1] \\ y(0) = 1 \end{cases}$$

分析 可以用欧拉显式格式编程求解，本题对步长未作要求，可取步长 $h = 0.2$。

解 编写 MATLAB 函数文件如下：

```
function [x,y] = EulerES(dyfun,xspan,y0,h)
% Using Euler explicit scheme to solve ordinary differential equations
% y' = f(x,y), y(x0) = y0
% dyfun is the function f(x,y)
% xspan is the initial [x0,xN]
% y0 is the initial value
% h is the step size
% x returns discrete points, y returns numerical solutions
x = xspan(1):h:xspan(2); y(1) = y0;
for n = 1:length(x) - 1
    y(n + 1) = y(n) + h * feval(dyfun,x(n),y(n));
```

```
end
    x = x'; y = y';
```

在 MATLAB 命令窗口运行如下命令：

`>> dyfun = inline('y - 2 * x/y'); [x,y] = EulerES(dyfun,[0,1],1,0.2); [x,y]`

运行结果如下：

```
ans =
         0    1.0000
    0.2000    1.2000
    0.4000    1.3733
    0.6000    1.5315
    0.8000    1.6811
    1.0000    1.8269
```

例 7-10 用欧拉法求初值问题

$$\begin{cases} y' = x - y + 1, x \in [0, 0.5] \\ y(0) = 1 \end{cases}$$

的数值解，取步长 $h = 0.1$。

解 在 MATLAB 命令窗口运行如下命令：

`>> dyfun = inline('x - y + 1'); [x,y] = EulerES(dyfun,[0,0.5],1,0.1); [x,y]`

运行结果如下：

```
ans =
         0    1.0000
    0.1000    1.0000
    0.2000    1.0100
    0.3000    1.0290
    0.4000    1.0561
    0.5000    1.0905
```

7.3 概率论与数理统计

概率论与数理统计是面向应用的数学分支，二者中，概率论是数理统计的基础。概率论的基本内容包括：随机变量及其概率分布、多维随机变量及其分布、随机变量的数字特征、大数定律、中心极限定理等。数理统计的基本内容包括：参数估计、假设检验、回归分析等。限于篇幅，本节介绍概率论的基础知识并举出应用实例、介绍数理统计中回归分析的基础知识并举出应用实例，通过应用实例进一步分析其思想方法。

7.3.1 概率论基础

1. 随机事件的概率

设 A、B 为两个事件,若 A 发生必然导致 B 发生,则 B 包含 A,或 A 包含于 B,记作 $A \subset B$ 或 $B \supset A$;如果 A 包含 B 且 B 包含 A,则称 A、B 相等,记作 $A = B$。

设 A,B 为两个事件,$A \cup B$ 或 $A + B$ 表示事件 A 与 B 至少有一个发生;$A \cap B$ 或 $A \cdot B$ 或 AB 表示事件 A 与 B 同时发生。

若事件 A、B 在同一次实验中不能同时发生,则称 A 与 B 互斥或互不相容。事件 A 不发生为 A 的逆或 A 的对立事件,记作 $\overline{A}$,若 $B = \overline{A}$,则 A、B 是对立关系。

设 E 为含有 n 个基本事件的实验,A 为由 m 个基本事件组成的随机事件,则 A 的概率为 $P(A) = \dfrac{m}{n}$,称这样定义的概率为概率的古典型定义。

古典型概率的性质:

(1) $0 \leqslant P(A) \leqslant 1$;

(2) $P(\Omega) = 1$(Ω 为试验的样本空间);

(3) 有限可加性:若 $A_1, A_2, \cdots, A_n$ 两两互斥,则 $P\left(\sum\limits_{i=1}^{n} A_i\right) = \sum\limits_{i=1}^{n} P(A_i)$;

(4) 加法定理:若 A、B 为任意两个随机事件,则 $P(A + B) = P(A) + P(B) - P(AB)$;

(5) $P(\overline{A}) = 1 - P(A)$。

条件概率:在事件 B 发生的条件下,事件 A 发生的概率为

$$P(A \mid B) = \frac{P(AB)}{P(B)}$$

乘法公式:对任意两个事件 A、B,若 $P(A) > 0$,则有

$$P(AB) = P(A) P(B \mid A)$$

若 $P(B) > 0$,则有

$$P(AB) = P(B) P(A \mid B)$$

概率的乘法公式可以推广到有限多个事件的情形。

全概率公式:设 $B_1, B_2, \cdots, B_n$ 为样本空间的一个划分,且 $P(B_i) > 0$,$i = 1, 2, \cdots, n$,则对任一事件 A,有

$$P(A) = \sum_{i=1}^{n} P(B_i) P(A \mid B_i)$$

贝叶斯公式(贝叶斯定理):

$$P(B_i \mid A) = \frac{P(AB_i)}{P(A)} = \frac{P(A \mid B_i)P(B_i)}{\sum_{j=1}^{n} P(A \mid B_j)P(B_j)}, \quad i = 1, 2, \cdots, n$$

贝叶斯定理由英国数学家贝叶斯(T. Bayes)提出,用来描述两个条件概率之间的关系,如 $P(B|A)$ 和 $P(A|B)$。由于 $P(AB) = P(A)P(B|A) = P(B)P(A|B)$,可立刻导出:

$$P(A \mid B) = P(B \mid A) \cdot \frac{P(A)}{P(B)}$$

2. 常用的概率分布

(1) 二项分布。二项分布的分布律是

$$P\{X = k\} = C_n^k p^k (1-p)^{n-k}, \quad k = 0, 1, \cdots, n$$

其理想模型是:若 X 表示 n 重贝努利试验中事件 A 发生的次数,则 X 服从二项分布。

伯努利(Bernoulli)试验:设随机试验 E 只有两种可能结果:A 及 $\overline{A}$,且 $P(A) = p$,$0 < p < 1$,将试验 E 独立地重复进行 n 次,简称 n 重伯努利试验,n 重伯努利试验中事件 A 出现的次数服从二项分布。

(2) 泊松(Poisson)分布。泊松分布的分布律是

$$P\{X = k\} = \frac{\lambda^k}{k!} e^{-\lambda}, \quad k = 0, 1, 2, \cdots, \lambda > 0 \text{ 为常数}$$

泊松分布是一种离散概率分布,由法国数学家泊松(S. D. Poisson)在 1838 年提出。泊松分布的参数 λ 是单位时间(或单位面积)内随机事件的平均发生次数。泊松分布适合于描述单位时间内随机事件发生的次数,在生物学、医学、工业统计、保险科学、公用事业的排队等问题中都有应用。

(3) 指数分布。指数分布是一个连续型随机变量的分布,其密度函数是

$$f(x) = \begin{cases} \theta e^{-\theta x}, & x > 0 \\ 0, & x \leqslant 0 \end{cases}$$

其中,$\theta > 0$ 为常数。

指数分布常用于可靠性统计研究中,如元件的寿命、动物的寿命、电话问题中的通话时间、服务时间等,故指数分布也称为寿命分布。

(4) 正态分布。正态分布的密度函数是

$$f(x) = \frac{1}{\sqrt{2\pi}\sigma} e^{-\frac{(x-\mu)^2}{2\sigma^2}}, \quad x \in \mathbb{R}$$

其中,μ 是数学期望,σ^2 是方差,正态分布一般记为 $X \sim N(\mu, \sigma^2)$。

如果决定试验结果 X 的是大量随机因素的总和,假设各个因素之间近似独

立,并且每个因素的单独作用相对均匀地小,那么 X 的分布近似正态分布,如同龄人的身高、考试分数、某地区年降水量等服从正态分布。

3. 数学期望的概念和计算

数学期望是试验中每次可能结果的概率乘以其结果的总和,它反映了随机变量平均取值的大小。数学期望的计算要区分随机变量是离散型还是连续型。

对离散型随机变量:

$$E(X) = \sum_{k=1}^{\infty} x_k p_k$$

其中,p_k 为可能取值 x_k 的概率。

对连续型随机变量:

$$E(X) = \int_{-\infty}^{+\infty} x f(x) \mathrm{d}x$$

其中,$f(x)$ 为 X 的概率密度函数。

随机变量的函数 $Y = g(X)$ 的数学期望也可求出。

对离散型随机变量:

$$E(Y) = E[g(X)] = \sum_{k=1}^{\infty} g(x_k) p_k$$

对连续型随机变量:

$$E(Y) = E[g(X)] = \int_{-\infty}^{+\infty} g(x) f(x) \mathrm{d}x$$

4. 转移概率和转移矩阵

设系统的离散状态为 $E_1, E_2, \cdots$,则称 $P_{ij}^{(k)} = P(E_j^{(k)} | E_i^{(k-1)})$ 为系统在第 k 次转移到 E_j 状态的转移概率。由 P_{ij} 构成的矩阵称为系统状态转移矩阵

$$\boldsymbol{P} = \begin{bmatrix} P_{11} & \cdots & P_{1n} \\ \vdots & \vdots & \vdots \\ P_{n1} & \cdots & P_{nn} \end{bmatrix}$$

5. 马尔可夫链

马尔可夫链(Markov Chain,MC)是具有马尔可夫性质(Markov property)且存在于离散指数集和状态空间内的随机过程,简称马氏链。这种过程的特点是在给定当前状态信息的情况下,只有当前状态与将来状态有关,而过去的历史状态与将来状态无关。马尔可夫链的命名来自俄国数学家马尔可夫,以纪念其首次提出马尔可夫链以及对其收敛性的研究。

马尔可夫链可分为离散时间马尔可夫链(Discrete-Time MC,DTMC)和连续时间马尔可夫链(Continuous-Time MC,CTMC),后者适用于连续指数集的情况。

马尔可夫链可通过转移矩阵和转移图描述,除马尔可夫性外,还可能具有不可约性、常返性、周期性和遍历性。

7.3.2 概率论应用实例

例 7-11 由于钢琴的销售量小,商店为避免积压资金,一般库存量不大。一家商店根据销售经验估计出平均每周钢琴需求仅 1 架。该商店目前的存储策略是:每周末检查库存量,仅当库存量为零时才订购 3 架,下周初到货,否则不订购。试估计在这种策略下失去销售机会的概率有多大?每周的平均销售量是多少?

分析

(1) 顾客到来是相互独立的,需求量近似服从泊松分布,其参数由需求均值每周 1 架确定,由此可以计算需求概率。

(2) 存储策略:周末库存量为 0 时订购 3 架,周末库存量可能是 0,1,2,3,周初库存量可能是 1,2,3。每周的需求不同,会导致周初的库存发生变化,故可用马氏链描述不同需求导致的周初库存状态的变化。

(3) 当需求超过库存时,就会失去销售机会,可以计算这种情况的概率。

(4) 动态过程中每周销售量不同,失去销售机会(需求超过库存)的概率不同。可按稳态情况(时间充分长以后)计算失去销售机会的概率和每周的平均销售量。

数学建模

模型假设:

(1) 钢琴每周需求量服从泊松分布,平均每周 1 架。

(2) 存储策略:当周末库存量为零时,订购 3 架,周初到货,否则不订购。

(3) 以每周初的库存量作为状态变量,状态转移具有无后效性。

(4) 在稳态情况下计算失去销售机会的概率和每周的平均销售量。

模型建立:

D_n 为第 n 周需求量,服从均值为 1 的泊松分布(见表 7-4),即

$$P(D_n = k) = \frac{e^{-1}}{k!}, \quad k = 0, 1, 2, \cdots$$

表 7-4 例 7-11 表(一)

D_n	0	1	2	3	>3
P	0.368	0.368	0.184	0.061	0.019

S_n 为第 n 周初库存量(状态变量),$S_n \in \{1,2,3\}$。

状态转移规律为

$$S_{n+1} = \begin{cases} S_n - D_n, & D_n < S_n \\ 3, & D_n \geqslant S_n \end{cases}$$

通过 D_n 的概率分布可计算状态转移概率

$p_{11} = P(S_{n+1} = 1 \mid S_n = 1) = P(D_n = 0) = 0.368$

$p_{12} = P(S_{n+1} = 2 \mid S_n = 1) = 0$

$p_{13} = P(S_{n+1} = 3 \mid S_n = 1) = P(D_n \geqslant 1) = 0.632$

⋮

$p_{33} = P(S_{n+1} = 3 \mid S_n = 3) = P(D_n = 0) + P(D_n \geqslant 3) = 0.448$

状态转移矩阵为

$$\boldsymbol{P} = \begin{bmatrix} p_{11} & p_{12} & p_{13} \\ p_{21} & p_{22} & p_{23} \\ p_{31} & p_{32} & p_{33} \end{bmatrix} = \begin{bmatrix} 0.368 & 0 & 0.632 \\ 0.368 & 0.368 & 0.264 \\ 0.184 & 0.368 & 0.448 \end{bmatrix}$$

状态概率

$$a_i(n) = P(S_n = i), \quad i = 1, 2, 3$$

马氏链的基本方程

$$a(n+1) = a(n)P$$

根据此公式,已知初始状态,可预测第 n 周初库存量 $S_n = i$ 的概率。此外,由于 $P^2 > 0$,所以状态转移矩阵是正则链,说明马氏链经过长时间后,其各个状态的概率趋于稳定,且概率稳定值与初始状态无关,设稳定概率分布是 w,则满足 $wP = w$,解这个方程,可得

$$w = (w_1, w_2, w_3) = (0.285, 0.263, 0.452)$$

即 $n \to \infty$,平稳状态的概率分布

$$a(n) = (0.285, 0.263, 0.452)$$

有了上述结果,就可以计算存储策略的评价指标。

模型求解过程如下。

(1) 估计失去销售机会的概率。

第 n 周失去销售机会的概率为

$$P(D_n > S_n) = \sum_{i=1}^{3} P(D_n > i \mid S_n = i) P(S_n = i)$$

此为全概率公式。

当 n 充分大时,$P(S_n = i) = w_i$,代入上式,得

$$P(D_n > S_n) = \sum_{i=1}^{3} P(D_n > i \mid S_n = i) P(S_n = i)$$
$$= P(D > 1) w_1 + P(D > 2) w_2 + P(D > 3) w_3$$

根据概率分布表、解出的稳态概率分布,代入数值可得结果(见表 7-5)。

表 7-5　例 7-11 表(二)

D_n	0	1	2	3	>3
P	0.368	0.368	0.184	0.061	0.019

$$w = (w_1, w_2, w_3) = (0.285, 0.263, 0.452)$$
$$= P(D > 1)w_1 + P(D > 2)w_2 + P(D > 3)w_3$$
$$= 0.264 \times 0.285 + 0.080 \times 0.263 + 0.019 \times 0.452 = 0.105$$

故从长期看,失去销售机会的概率大约为 10%。

(2) 估计每周的平均销售量。

每周平均需求量是 1 架。

第 n 周平均销售量(取值乘以相应的概率,加到一起):

$$R_n = \sum_{i=1}^{3} \left[\sum_{j=1}^{i} jP(D_n = j, S_n = i) + iP(D_n > i, S_n = i) \right]$$

↑ 需求不超过存量,销售量=需求　　↑ 需求超过存量,销售量=存量

$$R_n = \sum_{i=1}^{3} \left[\sum_{j=1}^{i} jP(D_n = j \mid S_n = i) + iP(D_n > i \mid S_n = i) \right] P(S_n = i)$$

当 n 充分大时,$P(S_n = i) = w_i$,代入上式,得

$$R_n = 0.632 \times 0.285 + 0.896 \times 0.263 + 0.976 \times 0.452 = 0.857$$

故从长期看,每周的平均销售量为 0.857 架。

请读者思考:为什么每周的平均销售量略小于每周平均需求量?(提示:当需求量大于库存量时,销售量是库存量,而不是需求量。)

7.3.3　回归分析基础

一般而言,变量之间的关系大致可分为两类。

(1) 完全确定的关系,即函数关系。

(2) 变量之间有一定依赖关系但又不完全确定。这类关系很普遍,例如身高与体重的关系,一般身高者体重也大,但用身高并不能确定体重,二者之间的关系不能用一个确定的函数关系式表达。这类变量之间的关系称为相关关系。

回归分析是研究多个变量之间相关关系的一种统计方法。

在回归分析中,当变量只有两个时,称为一元回归分析;当变量有两个以上时,称为多元回归分析;变量间呈线性关系时,称为线性回归;变量间不具有线性关系时,称为非线性回归。

1. 一元线性回归

一元线性回归是描述两个变量之间相关关系的数学模型,即:

$$\begin{cases} y = a_0 + a_1 x + \varepsilon \\ E(\varepsilon) = 0, D(\varepsilon) = \sigma \end{cases}$$

上式称为变量 y 对 x 的**一元线性回归模型**。称 y 为被解释变量或因变量 (dependent variable), x 为解释变量或自变量 (independent variable),式中 a_0, a_1 和 σ 是未知参数, a_0, a_1 称为**回归系数**, ε 是一个随机变量,通常假定其服从期望值为 0、方差为 σ^2 的正态分布,即 $\varepsilon \sim N(0, \sigma^2)$,可知 $y \sim N(a_0 + a_1 x, \sigma^2)$。

只要估计出回归系数 a_0, a_1,就可以计算 x 已知时 y 的值,实现预测。称

$$E(y) = a_0 + a_1 x$$

为**一元线性回归函数**,其图形是一条截距为 a_0、斜率为 a_1 的直线。

由观测数据可以求出参数 a_0、a_1 和 σ^2 的估计值 $\hat{a}_0$、$\hat{a}_1$、$\hat{\sigma}^2$,称方程

$$\hat{y} = \hat{a}_0 + \hat{a}_1 x$$

为 y 关于 x 的**一元线性回归方程**,该方程对应的直线称为**一元线性回归直线**。

对于每个 x_i,由 $\hat{y} = \hat{a}_0 + \hat{a}_1 x$ 可确定相应 y_i 的估计值,即

$$\hat{y}_i = \hat{a}_0 + \hat{a}_1 x_i \quad i = 1, 2, \cdots, n$$

称 $\hat{y}_i$ 为 y_i 的回归值。

2. 回归系数 a_0, a_1 和方差 σ^2 的估计

通常使用最小二乘法由样本数据得到回归系数的估计值,即对每一对样本观测值 $(x_i, y_i), i = 1, 2, \cdots, n$,尽量使线性回归直线与样本数据点都比较靠近,使观测值 y_i 与其期望值 $E(y_i | x = x_i) = a_0 + a_1 x_i$ 的差尽量小,即偏差最小,为避免正负偏差相互抵消,考虑这 n 个偏差值的平方和达到最小,即求满足

$$\min Q(a_0, a_1) = \sum_{i=1}^{n} (y_i - (a_0 + a_1 x_i))^2 \quad (*)$$

的参数估计值 $\hat{a}_0$、$\hat{a}_1$。

由于 $Q(a_0, a_1)$ 是 a_0, a_1 的非负二次函数且关于 a_0, a_1 可微,因而其最小值总是存在的,根据多元函数求极值的方法,对 $Q(a_0, a_1)$ 分别关于 a_0、a_1 求偏导并令其为 0,得

$$\begin{cases} \dfrac{\partial Q}{\partial a_0} = -2 \sum_{i=1}^{n} (y_i - (a_0 + a_1 x_i)) = 0 \\ \dfrac{\partial Q}{\partial a_1} = -2 \sum_{i=1}^{n} (y_i - (a_0 + a_1 x_i)) x_i = 0 \end{cases}$$

即方程组

$$\begin{cases} \sum_{i=1}^{n}(y_i-(a_0+a_1x_i))=0 \\ \sum_{i=1}^{n}(y_i-(a_0+a_1x_i))x_i=0 \end{cases}$$

整理后,得方程组

$$\begin{cases} na_0+a_1\sum_{i=1}^{n}x_i=\sum_{i=1}^{n}y_i \\ a_0\sum_{i=1}^{n}x_i+a_1\sum_{i=1}^{n}x_i^2=\sum_{i=1}^{n}x_iy_i \end{cases}$$

求解该方程组,得

$$\begin{cases} a_1=\dfrac{n\sum_{i=1}^{n}x_iy_i-\sum_{i=1}^{n}x_i\sum_{i=1}^{n}y_i}{n\sum_{i=1}^{n}x_i^2-(\sum_{i=1}^{n}x_i)^2} \\ a_0=\dfrac{1}{n}\sum_{i=1}^{n}y_i-\dfrac{a_1}{n}\sum_{i=1}^{n}x_i \end{cases}$$

这样得到的 a_0、a_1 称为最小二乘估计,记为 $\hat{a}_0$、$\hat{a}_1$。

3. 一元线性回归方程的统计检验

从求一元线性回归方程 $\hat{y}=\hat{a}_0+\hat{a}_1x$ 的过程看,对任意两变量 x 和 y 的一组观测数据,不管变量 x 和 y 之间是否存在线性相关关系,用最小二乘法都可以求得 y 关于 x 的回归方程,但这样求得的回归方程就不一定有意义。因此,有必要对 y 与 x 之间是否存在线性相关关系进行检验,虽然散点图可以作为一种直观的检验方法,但还必须通过统计检验。一元线性回归方程的统计检验方法主要有:显著性检验(F 检验)、拟合优度检验(R 检验)。

1) 显著性检验(F 检验)

显著性检验是利用样本信息判断事先所做的假设是否合理,其原理就是基于"小概率事件实际不可能性原理"来接受或否定假设。

在一元线性回归模型

$$y=a_0+a_1x+\varepsilon, \varepsilon\sim N(0,\sigma^2)$$

中,当且仅当 $a_1\neq 0$ 时,y 与 x 之间存在线性相关关系,因此,为判断 y 与 x 之间的线性相关关系是否显著,只需要检验假设是否成立。

$$H_0: a_1 = 0$$

具体步骤如下:

(1) 提出假设: $H_0: a_1 = 0$; $H_1: a_1 \neq 0$。

(2) 当 H_0 成立时,由统计量 F 分布的定义知 $F = \dfrac{Q_R}{Q_E/(n-2)} \sim F(1, n-2)$。

(3) 给定显著性水平 α,确定临界值 $F_\alpha(1, n-2)$。

(4) 若 $F \geq F_\alpha(1, n-2)$,则拒绝 H_0,说明回归系数 $a_1 \neq 0$,即回归方程是显著的,一般情况下 F 值越大,回归效果越显著。

若回归效果不显著,可能的原因有:①y 与 x 不存在关系;②$E(y)$ 与 x 的关系不是线性关系,而是非线性关系;③影响 y 取值的,除了 x,还有其他不可忽略的因素,应考虑多元回归分析。

2) 拟合优度检验(R 检验)

拟合优度检验是对回归直线和样本观测值之间拟合程度(观测值聚集在回归直线周围紧密程度)的检验,常用指标是可决系数(判定系数)R^2。

首先介绍一个具有统计意义的平方和分解公式。

平方和分解公式 对任意 n 对数据 $(x_1, y_1), (x_2, y_2), \cdots, (x_n, y_n)$,恒有

$$\sum_{i=1}^{n}(y_i - \bar{y})^2 = \sum_{i=1}^{n}(y_i - \hat{y}_i)^2 + \sum_{i=1}^{n}(\hat{y}_i - \bar{y})^2$$

其中,$\hat{y}_i = \hat{a}_0 + \hat{a}_1 x_i$, $i = 1, 2, \cdots, n$。

平方和分解公式中的三个平方和都具有统计意义,具体如下。

$\sum_{i=1}^{n}(y_i - \bar{y})^2$ 反映了变量 y 的 n 个观测值的总的分散程度,称

$$Q_T = \sum_{i=1}^{n}(y_i - \bar{y})^2$$

为**总离差平方和**(Total Deviation Sum of Squares, SST)。

$\sum_{i=1}^{n}(y_i - \hat{y}_i)^2$ 来源于随机误差及 x 对 y 的非线性影响,称

$$Q_E = \sum_{i=1}^{n}(y_i - \hat{y}_i)^2$$

为**残差平方和**(Residual Sum of Squares, SSE)。其中,记 e_i 为实际观测值 y_i 与其估计值 $\hat{y}_i = \hat{a}_0 + \hat{a}_1 x_i$ 的差值,称 $e_i = y_i - \hat{y}_i$ 为**残差**。

$\sum_{i=1}^{n}(\hat{y}_i - \bar{y})^2$ 来源于 $x_1, x_2, \cdots, x_n$ 的分散性,而且是通过 x 对 y 的线性相关

关系引起的,称
$$Q_R = \sum_{i=1}^{n}(\hat{y}_i - \bar{y})^2$$
为**回归平方和**(Regression Sum of Squares, SSR)。

至此,平方和分解公式可表示为
$$Q_T = Q_E + Q_R$$
它表明:y 的 n 个观测值 $y_1, y_2, \cdots, y_n$ 的分散程度,一方面来自 x 对 y 的线性影响,另一方面是受到其他随机因素影响所致。

将平方和分解公式两端同除以 Q_T,得
$$\frac{Q_E}{Q_T} + \frac{Q_R}{Q_T} = 1$$

Q_E 所占的比例越大,回归直线与样本观测值就拟合得越不理想;Q_R 所占的比例越大,回归效果就越好。因此把 Q_R 与 Q_T 之比定义为可决系数(Coefficient of Determination),也称判定系数,即
$$R^2 = \frac{Q_R}{Q_T} = \frac{\sum_{i=1}^{n}(\hat{y}_i - \bar{y})^2}{\sum_{i=1}^{n}(y_i - \bar{y})^2}$$

可决系数 R^2 的取值范围是 $0 \sim 1$,它是样本的函数,是一个统计量,R^2 越接近 1,说明实际观测点离回归直线越近,拟合优度越高。

4. 多元线性回归

多元线性回归是研究一个变量同其他多个变量之间关系的方法之一,它是一元线性回归的推广形式,二者在参数估计、显著性检验等方面非常相似。

多元线性回归模型的一般形式是:
$$y = a_0 + a_1 x_1 + a_2 x_2 + \cdots + a_p x_p + \varepsilon$$
其中,$\varepsilon \sim N(0, \sigma^2)$,$a_0, a_1, \cdots, a_n$ 是未知系数,称为回归系数。$p=1$ 时即为一元线性回归模型,$p \geq 2$ 时为多元线性回归模型,"线性"指这些自变量对 y 的影响是线性的,即
$$\begin{cases} y_1 = a_0 + a_1 x_{11} + a_2 x_{12} + \cdots + a_p x_{1p} + \varepsilon_1 \\ y_2 = a_0 + a_1 x_{21} + a_2 x_{22} + \cdots + a_p x_{2p} + \varepsilon_2 \\ \cdots \\ y_n = a_0 + a_1 x_{n1} + a_2 x_{n2} + \cdots + a_p x_{np} + \varepsilon_n \end{cases}$$
其中,$\varepsilon_1, \varepsilon_2, \cdots, \varepsilon_n$ 相互独立,且 $\varepsilon_i \sim N(0, \sigma^2)$,$i = 1, 2, \cdots, n$

令 $Y = \begin{bmatrix} y_1 \\ y_2 \\ \vdots \\ y_n \end{bmatrix}$, $X = \begin{bmatrix} 1 & x_{11} & x_{12} & \cdots & x_{1p} \\ 1 & x_{21} & x_{22} & \cdots & x_{2p} \\ \vdots & \vdots & \vdots & & \vdots \\ 1 & x_{n1} & x_{n2} & \cdots & x_{np} \end{bmatrix}$, $a = \begin{bmatrix} a_0 \\ a_1 \\ \vdots \\ a_p \end{bmatrix}$, $\varepsilon = \begin{bmatrix} \varepsilon_1 \\ \varepsilon_2 \\ \vdots \\ \varepsilon_p \end{bmatrix}$

则得到多元线性回归模型的矩阵形式

$$Y = Xa + \varepsilon$$

其中,X 称为回归设计矩阵或数量矩阵,ε 是 n 维随机向量,它的分量相互独立。

7.3.4 回归分析应用实例

例 7-12 某公司生产一种汽车零件,加工零件所需工时随产量而变,还受其他一些因素的影响,表 7-6 给出了汽车零件产量 x 和所需工时 y 的数据,试分析二者之间的相关关系。

表 7-6 汽车零件产量和所需工时数据

生产顺序 i	汽车零件产量 x/万件	工时 y/小时
1	30	73
2	20	50
3	60	128
4	80	170
5	40	87
6	50	108
7	60	135
8	30	69
9	70	148
10	60	132

解 将每对实测数据 (x_i, y_i) $(i = 1, 2, \cdots, 10)$ 看成平面直角坐标系的一个点,得散点图 7-12。

从图 7-12 可以看出:这些点散布在一条直线附近,说明汽车零件产量 x 和所需工时 y 之间具有线性相关关系,但这些点又不完全落在一条直线上,所以二者之间不存在确定的线性关系,这是因为二者关系还受其他一些因素的影响。可以认为所需工时 y 和汽车零件产量 x 之间的关系由两部分叠加而成,一部分是由 x 的线性函数 $a_0 + a_1 x$ 引起的,另一部分是由随机因素 ε 引起的,即

$$y = a_0 + a_1 x + \varepsilon$$

由表 7-6 数据,用最小二乘法估计出参数

$$\hat{a}_0 = \frac{1}{n}\sum_{i=1}^{n} y_i - \frac{a_1}{n}\sum_{i=1}^{n} x_i = 10$$

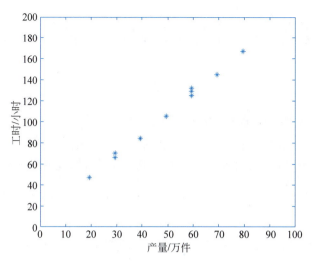

图 7-12 汽车零件产量和所需工时

$$\hat{a}_1 = \frac{n\sum_{i=1}^{n} x_i y_i - \sum_{i=1}^{n} x_i \sum_{i=1}^{n} y_i}{n\sum_{i=1}^{n} x_i^2 - (\sum_{i=1}^{n} x_i)^2} = 2$$

故所求一元线性回归方程为

$$\hat{y} = 10 + 2x$$

其含义是：基础工时是 10 小时，汽车零件产量每增加 1 万件，所需工时平均增加 2 小时。

下面对所求得的一元线性回归方程进行 F 检验（显著性水平 $\alpha = 0.05$）。

假设：$H_0: a_1 = 0$，若 H_0 成立，因为 $n = 10$，则统计量 $F = \dfrac{Q_R}{Q_E/8} \sim F(1,8)$，对给定的 $\alpha = 0.05$，查 F 分布表，得 $F_{0.05}(1,8) = 5.32$。

由已知数据，可算得

$$Q_T = \sum_{i=1}^{n}(y_i - \bar{y})^2 = 13660$$

$$Q_R = \sum_{i=1}^{n}(\hat{y}_i - \bar{y})^2 = 13600$$

$$Q_E = \sum_{i=1}^{n}(y_i - \hat{y}_i)^2 = Q_T - Q_R = 60$$

$$F = \frac{Q_R}{Q_E/(n-2)} = \frac{13600}{60/8} = 1813.33 > 5.32 = F_{0.05}(1,8)$$

所以,在显著性水平 $\alpha=0.05$ 下拒绝 H_0,可认为汽车零件产量 x 和所需工时 y 之间线性相关关系显著,也称一元线性回归方程是显著的。

问题研究

1. 为什么说最早使用数学建模法的是中国人?
2. 例 7-4 中,猪的躯干可以类比为理论力学中的刚体梁吗?为什么?
3. 推导和验证表 7-3 给出的计算机运算速度对解题规模影响的数值结果。
4. 用二分法求方程 $2\sin x-\dfrac{1}{4}x^2=0$ 在区间 $[2,3]$ 内的一个实根,要求误差不得超过 0.001。
5. 用不动点迭代法求方程 $x^3-x-1=0$ 在区间 $[1,2]$ 内的一个实根,要求误差不得超过 0.001。
6. 用欧拉法求初值问题

$$\begin{cases}\dfrac{\mathrm{d}y}{\mathrm{d}x}=xy, & x\in[0,1]\\ y(0)=1\end{cases}$$

的数值解,取步长 $h=0.2$。

7. 例 7-11 中,对于新的存储策略:周末库存为 0 或 1 则订购使下周初库存量为 3 架,否则不订购,计算失去销售机会的概率、每周平均销售量,并比较两种存储策略哪种更好。
8. 查阅资料,证明平方和分解公式,并绘图解释其含义。
9. 查阅资料,进一步了解拟合优度检验(R 检验)的具体方法,并对例 7-12 所求得的一元线性回归方程进行 R 检验(可自行设置检验参数)。

第8章 其他数学思想方法

本章介绍其他数学思想方法,包括分析法与综合法、一般化与特殊化。各种思想方法经常是交叉使用、共同发挥作用的。

8.1 分析法与综合法

第6章介绍分析演绎法与综合演绎法时,"分析"和"综合"指的是逻辑推理的形式,本节介绍的分析法、综合法指的是逻辑思维的方法。

8.1.1 分析法与综合法的本质

1. 分析法

分析法是指通过对研究对象各个组成部分的研究来认识研究对象本质或特征的一种逻辑思维方法。

可将分析法比喻为"化整为零"。在科学研究中,常采用分析法把事物的各个部分暂时割裂开来,依次把被考查的部分从总体中突出出来,让它们单独起作用,事实上,只有这样,才能深入事物内部,对它们进行细致的研究,找出隐藏在事物深层的矛盾和特征,分析事物的个性与共性的关系,发现内在规律,为下一步进行综合提供必需的材料。例如,要研究一个函数 $y=f(x)$ 的基本性质,可分别从函数的定义域、值域和对应关系几个方面开始,进一步考查函数的连续性、可微性、可积性等方面的性质。再如,要描绘一元连续函数的函数图像,可先确定其定义域、奇偶性、单调区间、极值、凹凸区间、拐点、与坐标轴的交点等方面特征,如该函数可导,可利用导数的性质来研究极值、凸性和拐点等。

采用分析法,可以结合观察法和实验法进行,更重要的是要开展积极的思维活动,通过必要的抽象思维进行分析,使认识达到更深和更广的境界。

2. 综合法

综合法是指从事物的各个组成部分、影响因素等出发，考察它们之间的内在联系并进行总结和提高，以达到认识事物整体的本质规律的一种逻辑思维方法。

可将综合法比喻为"积零为整"。综合不是将研究对象的各个组成部分、各种影响因素等简单地进行叠加和汇总，而是要发现它们之间的内在联系，从整体的高度、以动态的观点来总结和阐述事物的本质及其运动规律。因此，综合是建立在分析的基础上，又不只停留在这个基础上，而是达到总体上和理论上的更高层次的认识。它在许多方面优于分析，能克服分析给人们带来的局限性、片面性，并能在新的高度上指导下一次分析。例如，上面谈及的用分析法对一元函数 $y=f(x)$ 的定义域、值域和对应关系进行考察，又对它的连续性、可微性和可积性分别进行研究，但至此还不能说对函数已经有了深刻的认识，因为此时的知识还是片面的、割裂的，只有通过综合将这些知识融会贯通，找出各部分知识之间的相互关系，并对函数的总体性质及有关问题有了全面了解，才算是有了真正的掌握。这里，所谓全面了解，就这个例子而言，至少需要弄清楚值域与定义域有什么联系，函数的对应关系是否可逆（即反函数是否存在），等等。

数学发展史中处处可找到综合法起重要作用的例子。例如，在古希腊前期，在希腊文化普遍繁荣的时代背景下，数学得到高度发展，先后出现了毕达哥拉斯学派、柏拉图学派等数学学派，由于他们的出色工作，积累了丰富的几何学知识，对之进行综合整理已经被提上日程。在希波克拉底和托伊提乌斯等整理的基础上，欧几里得借助于亚里士多德提出的公理化方法，采用综合法进行总结提高，完成了他的巨著《几何原本》，建立了系统完整的初等几何理论。再如，17 世纪以来，欧洲大批杰出数学家在研究曲线、切线和斜率、平面上用曲线围成的面积、曲面围成的体积、速度与加速度等方面取得了丰富的局部成果，牛顿和莱布尼兹在此基础上，采用先分析后综合的方法，找出了其中的内在关系和规律，进而分别创立了微积分。

8.1.2 分析法与综合法的协同

1. 分析法与综合法的关系

分析法与综合法既相互对立，又相互依存、相互渗透、相互转化，是一个对立统一体。没有分析，则认识无法深入，对数学对象的认识只能是表面认识；反之，只有分析而没有综合，则认识只限于局部或各个不同的侧面，不能统观全局，加深对数学对象的认识。因此，综合必须以分析为基础，分析必须以综合为指导，两者结合、协同作用才能获得对数学对象的深刻认识。

人们对客观事物的认识是螺旋式上升的，常常经历"分析—综合—再分析—再综合—……"的过程，但层次一次比一次高，认识一次比一次深刻。以微积分的创立为例,牛顿、莱布尼兹创立的微积分在新一轮的分析,即应用到具体实践中受检验时,发现了许多不完善的地方,特别是"无穷小"概念的理论基础不完善。之后的一个多世纪,柯西、拉格朗日、戴德金、魏尔斯特拉斯、康托尔等一大批数学家先后进行了大量研究工作才建立起实数理论,用算术方法给出无穷小的严格描述,其间经历很多次分析和综合的过程,才使微积分理论达到完善,形成了今天的数学分析,也称为"标准分析"。

2. 分析法与综合法的协同使用

下面以具体例子说明在数学中分析法与综合法的协同使用。

例 8-1 讨论曲边梯形的面积与定积分概念的形成过程。

讨论 要求 $[a,b]$ 上函数 $f(x) \geqslant 0$ 的函数曲线 C 下方图形的面积,即曲线 C、x 轴及直线 $x=a$、$x=b$ 围成的曲边梯形的面积 S,首先采用分析法,将图形分成 n 个小块曲边梯形来考察,如图 8-1 所示。

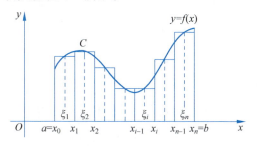

图 8-1 例 8-1 图示

通过给出 $[a,b]$ 的划分,即一组分点 $\{x_0, x_1, x_2, \cdots, x_n\}$ 使得 $x_0 = a < x_1 < \cdots < x_{n-1} < x_n = b$,于是将求 S 的问题归结为求 n 个小曲边梯形 S_i 的面积。通过对每个 S_i 进行观察发现,如果 $f(x)$ 在区间 $[x_{i-1}, x_i]$ 上的函数值变化不大且区间 $[x_{i-1}, x_i]$ 的长度很小时,S_i 的面积与矩形面积 $f(\xi_i)(x_i - x_{i-1})$ 很接近,其中 $\xi_i \in [x_{i-1}, x_i]$,这就是人们在分析中发现的内在规律。然后,利用综合法进行整体考虑,第一步想到的是把 n 个小矩形面积相加,得到 $S_n = \sum_{i=1}^{n} f(\xi_i)(x_i - x_{i-1})$,则有 $S_n \approx S$,这是将分析结果进行简单的叠加,但综合并不终止于此水平上,经过进一步的抽象和概括,并用极限思想指导,想象当划分的分点越来越密时,S_n 的极限就是曲边梯形的面积 S,这时即产生了质的飞跃,积分的思想已基本形成,这是第一轮分析与综合的结果。

用这个综合的结论去指导实践,进一步分析后发现:

(1) 同样 n 个分点,若划分 T 不同(即分点不同),S_n 不同;对同一种划分,若 ξ_i 的取法不同,S_n 也不同。

(2) 对于一个可求的曲边梯形面积,其面积大小应与划分及 ξ_i 的取法无关。

(3) 应允许 $f(x)$ 在 $[x_{i-1}, x_i]$ 上存在有限个间断点,因为对于实际问题,这只是分块求面积的问题。

在此基础上再经过综合,并采用精确的数学语言描述,就形成如今常见的定积分概念的形式化定义,在形式化定义中,并不要求被积函数 $f(x) \geqslant 0$,也不对它们的连续性提出要求,只要求:①积分和 S_n(或记作 $\sigma(T, \xi)$)当各小区间的长度的最大值 $L(T) \rightarrow 0$ 时极限存在,记作 I;②极限 I 与划分 T 及各小区间的代表点 ξ_i 的取法无关。那么,I 就是 f 在 $[a, b]$ 上的积分,记作

$$I = \int_a^b f(x) \mathrm{d}x$$

尽管对一般的 f,极限 I 并不表示面积(当 $f \geqslant 0$ 且分段连续时,I 仍表示函数曲线下方图形的面积),但它的理论意义更深刻、更普遍,这一次综合的结果使定积分的定义达到相对完善的地步,它比第一次综合达到了更高的层次。

8.1.3 分析法与综合法的应用

下面介绍常用的分析法与综合法。

1. 分类分解法

分类分解法是把一个问题分解成若干小问题,只要把每个小问题解决了,整个问题也就解决了,这种以分析为主的方法称为分类分解法。

例如,求解一元二次方程 $ax^2 + bx + c = 0$,按照判别式 $\Delta = b^2 - 4ac$ 的值大于 0、等于 0、小于 0 三种情况分别处理,就解决了整个问题。这时各类之间是并列的、同一层次的。若其中某些类仍不便于统一处理,还可以进行下一层次的分类。

2. 关联分解法

关联分解法是把整个问题归结为若干有一定关联的基本问题,在各基本问题分别解决的基础上,对它们之间的关联关系做进一步考察,综合得出整个问题的解答的方法。关联关系是多种多样的,如函数论中的复合函数分解法、几何变换分解法等,它们的关联关系就是复合。

例如,把复合函数 $f(x) = e^{\sin x}$ 分解成两个基本函数 e^u 和 $u = \sin x$ 时,这两个基本函数的层次地位不同,它们之间用复合关系相关联,即通过中间变量 u 把它们联系起来。要论证 $f(x)$ 具有某种性质(比如连续、可微等),不仅要分别考虑两个基本函数是否具有相应的性质,还要考虑它们复合的过程能否保持这种性质。

3. 因素分解法

因素分解法是把整个问题归结为决定该问题的、具有代表性的若干基本因素,先考虑各个基本因素对该问题结论产生的影响,再考虑多个因素综合作用对问题

结论产生的影响,从而解决问题的方法。具体应用时,可以以一个最重要的因素为基础,逐步加入其他因素,考虑综合作用的效果。

例如,证明如下命题"设 A 是度量空间的紧集,B 是 A 的闭子集,则 B 也是紧集。"由于紧集的两个因素(条件)是:①相对紧性;②闭性。为了证明 B 是紧集,在分别考虑相对紧性与闭性的作用的基础上,可以先证明"相对紧集的任何子集也是相对紧集",再证明"闭的相对紧集的任何闭子集也是闭的相对紧集",即推出"紧集的任何闭子集也是紧集"。

4. 中途点法

中途点法是在处理一个复杂问题时,先考虑一个或数个过渡性问题,再进一步实现原问题的解决。过渡性的问题称为**中途点**,这种解决问题的方法称为中途点法。

中途点法可以通过先特殊化后一般化的过程实现,如处理一个复杂问题 M 时,可先考虑并解决其中一个特殊而容易解决的小问题 A(起步问题),再设法解决一个介于 A 与 M 之间的过渡性问题 B,然后再实现从 B 到 M 的过渡。只要中途点选择恰当,就可能使问题迎刃而解。在实际应用中,为了解决一个问题,可能要多次采用这种方法,通过一系列中途点最终达到目标。

例 8-2 设 f 是区间 $[a,b]$ 上的 Lebesgue 可积函数,证明

$$\lim_{n\to\infty}\int_a^b f(x)\sin nx\, dx = 0$$

证明概要 先考虑 f 是区间 $[a,b]$ 上的常值函数的特殊情形,不妨设 $f(x)\equiv k\neq 0$。那么由下式可知这时结论成立(把要求证的问题记作 M,这步考虑的就是简单、特殊而易解的起步问题 A):

$$\lim_{n\to\infty}\int_a^b f(x)\sin nx\, dx = \lim_{n\to\infty}\int_a^b k\sin nx\, dx = k\lim_{n\to\infty}\frac{\cos na - \cos nb}{n} = 0$$

再考虑 f 是区间 $[a,b]$ 上的简单函数的情形,不妨设 $f(x) \equiv \sum_{j=1}^m \alpha_j 1_{[a_j,b_j]}(x)$,其中每个 $[a_j,b_j]$ 都是 $[a,b]$ 的子区间,1_I 表示区间 I 上的特征函数。于是,

$$\lim_{n\to\infty}\int_a^b f(x)\sin nx\, dx = \lim_{n\to\infty}\int_a^b \sum_{j=1}^m \alpha_j 1_{[a_j,b_j]} \sin nx\, dx$$

$$= \sum_{j=1}^m \lim_{n\to\infty}\int_{a_j}^{b_j} \alpha_j \sin nx\, dx = 0$$

第二步考虑的问题 B 就是处于问题 A 与问题 M 之间的中间点。

接着考虑 f 是区间 $[a,b]$ 上的非负可积函数的情形,这是 f 可以表示成一列

单调增加的简单函数的极限,利用单调性收敛定理可推出这时结论也成立(这一步考虑的问题 C 是处于问题 B 与问题 M 之间的中途点)。

最后,设 f 是一般的可积函数,那么 f^+ 和 f^- 都是非负可积函数且 $f=f^+-f^-$。把上一步的结果分别用于 f^+ 和 f^-,根据积分可加性可推出结论对一般的可积函数 f 也成立,这一步实现了从问题 C 到问题 M 的过渡。

5. 动静转态法

动静转态法是通过对一些特定时刻所作的静态考察综合得出整个动态过程全貌或把一个静态问题当成动态过程的特定时刻来考察的思维方法。由动入静主要体现分析法,由静转动主要体现综合法,这种互相转换的方法也是化归法的一种形式。

例如,把描述运动的与时间 t 有关的方程 $\begin{cases} x=\varphi(t) \\ y=\psi(t) \end{cases}$ 通过取定特定时刻 t 使其处于静止状态来进行考察。当 $\varphi(t)$、$\psi(t)$ 的规律性不够强时(如分段表示),应在适当选取的时刻 $t_1, t_2, \cdots, t_n$ 分别进行静态观察,然后综合得出整个动态过程的全貌;当 $\varphi(t)$、$\psi(t)$ 的规律性强时(如其中一个的反函数存在),也可以消去参数 t,得出 y 与 x 的函数关系 $y=f(x)$ 或 $x=g(y)$,这就是运动轨迹方程,它只考虑运动曲线而不再管时刻 t 在何处。反之,一个静态问题也可以转化为动态问题来处理。例如,对一条曲线 $y=f(x)$ 可引入参数 $x=\varphi(t), y=\psi(t)$,利用参数法来描述函数,也给原问题赋予了物理意义。

例 8-3 分析牛顿-莱布尼茨公式 $\int_a^b f(x)\mathrm{d}x = F(b) - F(a)$ 的证明过程,假设函数 $f(x)$ 在区间 $[a,b]$ 连续,$F(x)$ 是 $f(x)$ 的一个原函数。

分析 根据定积分的定义,$I = \int_a^b f(x)\mathrm{d}x$ 是一个常数,现引入变上限函数

$$\Phi(x) = \int_a^x f(t)\mathrm{d}t, \quad a \leqslant x \leqslant b$$

则有 $\int_a^b f(x)\mathrm{d}x = \Phi(b)$,即把常量 I 看成变量 $\Phi(x)$ 的特殊取值,然后,通过证明 $\Phi(x)$ 是 $f(x)$ 的一个原函数,就可推出结论(因为 $\Phi(x)$ 与 $F(x)$ 只相差一个常数)。

本例是将常量转化为变量、将静态问题转化为动态问题,这种把个体看成整体的特殊情形的方法便于在大范围内采用新的工具来解决问题,体现了综合法的优势。

6. 整体处理法

整体处理法是用综合法对问题进行整体处理的方法。一般地,解决问题都要

先弄清楚条件和结论,并常用分析法入手考虑和解决局部问题,但有的问题从局部出发会非常复杂,用综合法进行整体处理却更容易。

例 8-4 甲、乙两人分别从东西两地同时出发,相向而行,两地相距 20km,甲、乙每小时走 4km,甲带着一只狗同时出发,狗以每小时 6km 的速度奔跑,遇到乙时立即回头向甲奔去,而后遇到甲时又回头向乙奔去,如此反复,直到甲、乙两人相遇时,狗才停止,试求这只狗一共跑了多少千米?

分析 通常将这种运动加以分解,然后逐段计算,但本题中狗是不断改变运动方向的,采用分段计算反而困难。若从总体考虑,只需求出狗的运动时间即可求出狗跑过的总里程,而狗的运动时间就是甲乙两人从出发到相遇的时间,这是容易计算的。

解 狗的运动时间为 $t = \dfrac{20}{4+4} = 2.5 \text{h}$

狗跑过的总里程为 $s = vt = 6 \times 2.5 = 15 \text{km}$。

8.2 一般化与特殊化

一般化与特殊化是用辩证的观点来观察和处理问题的两个思维方向相反的思想方法。例如,归纳法、概括法和弱抽象都体现了一般化思想,强抽象则体现了特殊化思想,它们都可以看成一般化与特殊化的特定情形。

8.2.1 一般化

一般化是从考虑一个对象过渡到考虑包含该对象的一个集合,或者从考虑一个较小的集合过渡到一个包含该较小集合的更大集合的思想方法。

一般化思想方法在数学上的应用大致有如下几方面。

(1) 指明数学发展的方向。数学大师陈省身指出:"历史上数学的进展不外两途:增加对于已知材料的了解和推广范围。"从整体看,数学的主要发展方向之一是其适用范围的扩大,可通过数学模式的抽象层次不断提高和寻求在更大范围内的新的统一性来实现这种可能。抽象法、概括法、归纳法、类比法、联想法都是实现一般化的具体措施,一般化是数学创造的基本思想方法。

(2) 提示学科之间的交流互动。通过类比与联想,可将某一范围内成立的数学命题与理论移植到另一范围中去,并加以发展和提高。这里的"另一范围"可能与原来的范围有交叉或包含关系,如 20 世纪 70 年代建立了模糊集的概念之后,人们引入了模糊拓扑等新概念并研究其性质,把原来在经典拓扑中的许多概念和命题都推广到模糊拓扑中去,取得了一系列新成果。但"另一范围"也可能与原来的范围没有交叉或包含关系,例如,20 世纪 50 年代发现概率论与分析学中的位势论有内在联系后,把一个学科的成果移植到另一学科去考察,取得了令人满意的结果。

(3) 指导数学模式的推广。一般化思想方法指导人们将一个数学模式(如命题)的条件从各方面加以推广。以数学命题为例,在小范围内成立的某一数学命题可通过削弱充分条件来推广其适用范围,并使其结论的基本特征不变,且限制在原条件下时,由新命题仍能推出原结论。这种数学模式推广是数学研究的一种重要形式、数学发现的一个重要手段。

(4) 形成数学解题的技巧。在具体解题中,采用一般化方法或把一般化方法与特殊化方法结合使用,常可成功解题。有些特殊问题一时不容易解决,不妨把它们一般化,如果该一般化问题能得到解决,则原来的特殊问题也随之得到了解决。之所以一般化思想方法可以用于解决特殊问题,是因为一般化命题不但包含了特殊命题,而且也把这些特殊命题有机结合起来了,这可能比孤立地处理这些特殊命题更容易,或可能采用更一般的工具来处理。

例 8-5 对一元一次方程 $ax=c$ 的解法进行一般化。

解 对于一元一次方程 $ax=c$,当 $a \neq 0$ 时,可得解 $x = \dfrac{c}{a}$。

对于二元一次方程组

$$\begin{cases} a_1 x + b_1 y = c_1 \\ a_2 x + b_2 y = c_2 \end{cases} \tag{8-1}$$

当 $a_1 b_2 - a_2 b_1 \neq 0$ 时,可用消元法求得方程组的解为

$$x = \frac{b_2 c_1 - b_1 c_2}{a_1 b_2 - a_2 b_1}, \quad y = \frac{a_1 c_2 - a_2 c_1}{a_1 b_2 - a_2 b_1}$$

为了把它与一元一次方程比较并进一步发展线性方程组理论,人们引入了行列式这个工具,用行列式改写上述结果就得到:当方程组(*)的系数行列式 $D = a_1 b_2 - a_2 b_1 \neq 0$ 时有解

$$x = \frac{\begin{vmatrix} c_1 & b_1 \\ c_2 & b_2 \end{vmatrix}}{D}, \quad y = \frac{\begin{vmatrix} a_1 & c_1 \\ a_2 & c_2 \end{vmatrix}}{D}$$

这就是克莱姆法则。如果把一个数构成的行列式定义为它本身,那么克莱姆法则对于一元一次方程也成立。因此,二元一次方程组的行列式解法可看成一元一次方程解法的推广或一般化。进一步,过渡到由 n 个 n 元一次方程组成的方程组时,也有相应的克莱姆法则,这是推广,即一般化的过程。

从上例可看出,一般化经常需要运用抽象、概括等思想方法对概念、命题进行推广,并引入新的思想观念、采用新工具,最终实现创新。

例 8-6 一般化思想方法在微分中值定理中的应用。

讨论 微积分中的罗尔定理的内容是：若函数 $f(x)$ 满足：①在闭区间 $[a,b]$ 上连续；②在开区间 (a,b) 内可导；③在区间端点处的函数值相等，即 $f(a)=f(b)$，则在 (a,b) 内至少存在一点 ξ，使得 $f'(\xi)=0$。

拉格朗日则将 $f'(\xi)$ 视为切线的斜率，将罗尔定理的第三个条件 $f(a)=f(b)$ 舍去，得到的结论改为：在 (a,b) 内至少存在一点 ξ，使等式

$$f(b)-f(a)=f'(\xi)(b-a)$$

成立。也即在 (a,b) 上至少存在一点 ξ 使得

$$f'(\xi)=\frac{f(b)-f(a)}{b-a} \tag{8-2}$$

这个结论即曲线在 ξ 点的切线与过 $(a,f(a))$ 与 $(b,f(b))$ 的弦平行，特别地，当 $f(a)=f(b)$ 时，仍然有 $f'(\xi)=0$，即切线是水平的，这就是罗尔定理的几何意义。这说明拉格朗日中值定理的条件比罗尔定理的条件更一般，拉格朗日中值定理在更弱的条件下得出了适用范围更广的定理，这是一个很有意义的一般化推广。

但这并不是终点，之后，柯西建立了更一般的中值定理。

柯西中值定理 设函数 $f(x)$ 与 $g(x)$ 满足下列条件：①在闭区间 $[a,b]$ 连续；②在开区间 (a,b) 可导；③ $\forall x\in(a,b)$ 都有 $g'(x)\neq 0$，则在 (a,b) 内至少一点 ξ 使得

$$\frac{f'(\xi)}{g'(\xi)}=\frac{f(b)-f(a)}{g(b)-g(a)} \tag{8-3}$$

这个定理的条件在形式上比前两个定理都复杂，与拉格朗日中值定理相比，增加了一个函数 g，除了要求 g 与 f 同样具有连续性、可导性外，还要求 $g'(x)$ 在 (a,b) 上不为 0，以保证式(8-3)左右两边的分母不为 0，此外，结论也更复杂了。

实际上，令 $g(x)=x$，则式(8-3)就是式(8-2)，柯西是看出了式(8-2)中的一个隐含条件，即 $g(x)=x$，并把 $g(x)=x$ 这样的特殊情况推广为更一般的、如定理条件所描述的函数，因此，实际上定理的条件是削弱的。所以，柯西中值定理又包含了拉格朗日中值定理，是拉格朗日中值定理的一般化。

例 8-7 数系的扩张。

由数学史可知，人类最早形成的数的概念是自然数，而后是分数，中国人在公元 1 世纪的《九章算术》中已经使用了负数，西方直到近代才认识了负数。但是，从近代研究的数系理论来看，则是先由自然数扩张到整数，再扩张到有理数。这种扩张就是一个概括（一般化）的过程，推动这种扩张的内部矛盾运动是数系关于算术运算规则的"封闭性"要求：扩张后的数系仍然满足自然数的算术运算规则，例如加法交换律、结合律、乘法交换律、结合律、乘法对加法的分配律等，即把自然数的算术运算规则推广成更广泛的一类对象的算术运算规则（算术运算规则可进一步

一般化为某些共同性质)。

基于此要求,数系由自然数为起点进行了下述扩张。

(1) 扩张为整数以保证减法运算封闭。

(2) 扩张为有理数以保证除法运算封闭(规定除数不为 0)。

(3) 由于度量中"无公度"现象的研究导致了无理数的诞生和有理数向实数扩张。

(4) 由于三元方程的需要,无法回避虚数的存在,实数向复数作扩张,这种扩张仍是概括过程。推动这种扩张的内部矛盾运动仍然是算术运算规则的封闭性要求。

将上述情况进行归纳整理,1867 年德国数学家汉克尔(H. Hanckel)首先找出扩张数系过程中应遵循的原则,后来被发展为所谓的"固本原则"。

固本原则 一个包含无限多个元素(符号)的集合,若满足下述三个条件,就称为数域,其中每个元素称为一个数:

① 在该集合中可找出一个与自然数列相一致的元素列;

② 能建立一个大小判断准则,依此准则能判断该集合中任何两个元素是否相等;如不相等则能判断哪个大、哪个小,如这两个元素都是自然数,则准则与自然数系中的标准一致;

③ 对集合中的任意两个元素,可以定义加法和乘法运算,他们具有自然数加法与乘法运算所具有的交换律、结合律、分配律等性质,若两个元素均为自然数,则此两种运算就化为自然数运算。

容易验证,有理数向实数扩张的过程是符合固本原则的,由实数理论可知:用戴特金分割或柯西列的等价类都可以实现这种扩张。

关于实数向复数的扩张,类比于高斯用序偶表示有理数的观点,1833 年哈密顿(Hamilton)提出用序偶表示复数的思想,若用R 表示实数集,则复数集可表示为

$$\mathbb{C} = \{(a,b) \mid a, b \in \mathbb{R}\}$$

其中 a 称为复数 (a,b) 的实部,b 称为复数 (a,b) 的虚部。

注意:复数用 (a,b) 表示与目前通用的 $a+ib$ 表示都是表示法(记法),本质上是一致的。

当 $b=0$ 时,集合

$$R^1 = \{(a,0) \mid a \in \mathbb{R}\}$$

与实数集R 同构。

在C 中定义"+"和"·"为如下运算:

$$(a,b) + (c,d) = (a+c, b+d)$$

$$(a,b) \cdot (c,d) = (ac-bd, ad+bc)$$

不难验证,除了一般的两个复数不能比较大小外,固本原理的其他条件复数均满足,包括可以判断是否相等,从这个意义上说,复数是满足固本原则条件下进行扩张的最大数域。

(5) 四元数、八元数、十六元数。类似于实数概括为复数的扩张过程,哈密顿于1843年提出四元数集 $H=\{(z,w)|z,w\in\mathbb{C}\}$,即一个复数的序偶集,其中的加、乘分别定义为

$$(z,w)+(u,v)=(z+u,w+v)$$

$$(z,w)\cdot(u,v)=(zu-w\bar{v},zv+w\bar{u})$$

这时,除了乘法不再保持可交换性外,固本原则的基本条件均可满足(如同复数集一样,两个四元数可以判断是否相等,但未必可以比较大小)。

类似地,还可以扩张成八元数集、十六元数集,但概括使外延扩大的同时必然使内涵逐渐减少,例如:八元数集已不再具有乘法的结合律。因此,尽管抽象与概括可以无止境地进行,但保留一定性质的概括是有限度的。为保证扩张的可能性,应允许少数非本质性质的丢失,但为保证扩张的价值性,应尽量减少本质性质的丢失。现在,许多文献把"数学概念和命题在扩张过程中应保持一定的基本性质"这一要求也列入固本原则,形成了新的固本原则(固本思想方法)。

8.2.2 特殊化

1. 特殊化

特殊化是指通过对所考虑问题的特例的研究获得该问题的解决或为该问题的解决提供思路或信息的思想方法。

美籍匈牙利数学家波利亚(G. Polya)在《数学与猜想》一书中指出:"特殊化是从考虑对象的一个给定集合过渡到考虑该集合的一个较小的子集,或仅仅一个对象。例如我们从多边形转而特别考虑正 n 边形,我们还可以从正 n 边形转而特别考虑等边三角形……"显然,仅就一般性问题的特例进行验证或计算并不能解决该一般性问题,但当面对复杂问题而无从着手时,不妨先采取特殊化方法进行尝试,力图获得解决思路或有用信息。

2. 特殊化的途径和类型

特殊化通常可从几个方面实现。

(1) 通过某种法则来限制范围,形成特殊的子集。

(2) 通过选定特殊元素,形成特殊子集或单个特殊对象。

(3) 当研究对象是变量形式时,可通过将可变对象换成固定对象来实现特殊化,这又有几种方式:①将对象完全固定。例如从正 n 边形转而特别考虑正三角形,把变数 n 取为常数 3;②将对象部分固定,例如要讨论三次方程 ax^3+bx^2+

$cx+d=0 (a\neq 0)$ 的根,可令部分系数取定值,如令 a 取定值 1;③增加对研究对象的条件限制,例如从多边形转而特别考虑正 n 边形。

特殊化的两种常见类型是随意特殊化、系统特殊化。

(1) 随意特殊化。随意特殊化是随意选取某些较为简单的特例进行研究的方法。随意特殊化可使我们对一般性问题有个初步了解,获得对其中有关概念的认识,从中获得某些启示,如能因此获得解决问题的思路当然最好,如不能也可能为更进一步的特殊化研究提供方案。例如,在用数学归纳法证明命题时,常在验证 $n=1$ 时命题成立后,再验证 $n=2$ 甚至 $n=3$ 时的情况,这样做的目的在于了解由 $n=1$ 时命题成立如何去推导 $n=2$ 时命题成立,或由 $n=2$ 推出 $n=3$ 时的情形,这往往能对由假设 $n=k$ 时命题成立去推 $n=k+1$ 时命题成立提供证明方法或证明思路。

(2) 系统特殊化。系统特殊化是在进行了一定分析研究的基础上,选取一些有代表性的特殊对象进行深入研究的方法。事物的共性存在于个性之中,若想发现共性,往往需要从先发现一部分个性着手,采用系统特殊化方法常常可以找出问题的关键,有助于揭示一般性问题的本质,进而使一般性问题得到解决。

例如,为证明复线性变换

$$w=\frac{az+b}{cz+d} \quad (bc-ad\neq 0)$$

是共形变换,在对上式右端进行适当分解的基础上,把问题归结为只要证明其中三种特殊的变换是共形变换就可以了:① $w=az$;② $w=z+b$;③ $w=\dfrac{1}{z}$。

无论是采用随意特殊化还是系统特殊化,其目的都是获得足够的关键信息,因此应使所找的特殊对象具有代表性、典型性。

3. 典型化方法

典型化方法是指对某一数学模式,通过抽取部分具有代表性的元素组成一个特殊模式,以加深对原模式的认识、简化或便于问题解决的思想方法。

典型化是特殊化的一种重要形式,已成为一种在数学中广泛应用的思想方法。

以线性空间的"基"的思想为例进行说明。在一个 n 维线性空间 V 中,寻找它的基底(简称为基),即 V 的一个能代表全空间的子集(向量组) B,它在同类子集中所含元素的个数最少。根据线性结构的要求,这种代表性体现在:V 中的每一个元素 a 必须能用 B 中的元素来线性表示且这种表示是唯一的。满足这种要求的向量组称为空间 V 的一个基底,它是一个最大线性无关向量组。基底的进一步作用还表现在:V 中任意两个向量的线性运算和空间的线性变换都可以通过基底表示出来。基底不仅体现了线性空间的结构,而且由于同一个空间不同基底的元素的个数一样，人们把基底中元素的个数 n 定义为该空间的维数。为使基底更富典型性，可以要求所找到的基底满足任意两个元素正交（内积为 0）且每个元素的长度为 1，这可以使向量的表示和运算更简单且与标准直角坐标系能对应起来，这种基底称为标准正交基。对整个 n 维线性空间的研究就可以归结为对这个标准正交基的研究，这就体现了典型化方法的巨大作用！受这种思想影响，人们在无限维的希尔伯特空间也寻找正交基，在巴拿赫空间寻找绍德尔（Schauder）基，在一般的线性空间寻找哈美尔（Hamel）基，这样，既可以达到原来的目的，又可以简化论证过程，典型化的优越性十分明显。

再以空间解析几何的典型曲面方程为例，说明典型化方法与分类思想相结合，通过寻找分类中的典型代表，可以把所考查的数学对象的内部结构研究清楚。在空间解析几何中，数学家找出 17 种典型的曲面方程，代表着二次曲面的所有情形，任何一个二次方程通过正交变换都可以化简为这 17 种方程之一，而正交变换是保持曲面各种基本性质的，因此，只要把这 17 种代表曲面研究清楚了，那么所有二次曲面的情形也就完全清楚了。

8.2.3 一般化与特殊化的应用

由特殊到一般和由一般到特殊是两个方向相反的思维过程，尽管如此，这两者又是密切相关、互相依赖的。

1. 用一般化解决特殊问题

用一般化解决特殊问题的第一种子类型是把常量看成变量的特殊取值。

例 8-8 设 a,b 是实数且 $e<a<b$，试证 $a^b>b^a$。

证 要证明 $a^b>b^a$ 等价于证明 $b\ln a>a\ln b$，也等价于证明 $\dfrac{\ln a}{a}>\dfrac{\ln b}{b}$。将这个不等式两边的常量看成函数 $f(x)=\dfrac{\ln x}{x}, x>0$ 的特殊取值，原不等式等价于 $f(a)-f(b)>0$。由于 $f(x)$ 在区间 $[a,b]$ 连续且可导，根据微分中值定理知，存在 $\xi\in(a,b)$，从而 $\xi>e, \ln\xi>1$ 使得

$$f(a)-f(b)=f'(\xi)(a-b)=\dfrac{1-\ln\xi}{\xi^2}(a-b)>0$$

原不等式得证。

本例通过一般化得到一个辅助函数 $f(x)$，从而可以利用更好的工具——微分中值定理，体现了一般化的优势。

用一般化解决特殊问题的第二种子类型是把离散型问题 $f(n)$ 看成连续型问

题 $f(x)$ 的特殊情形(从 $f(n)$ 到 $f(x)$ 的过程是一般化过程,而从 $f(x)$ 到 $f(n)$ 的过程是特殊化过程)。

例 8-9 求极限 $\lim_{n\to\infty} n(e^{\frac{1}{n}}-1)$。

解 将该问题一般化为

$$\lim_{x\to+\infty} x(e^{\frac{1}{x}}-1)$$

则可利用洛必达法则求得 $\lim_{x\to+\infty} x(e^{\frac{1}{x}}-1)=1$。从而,它的子列也有同样的极限,即

$$\lim_{n\to\infty} n(e^{\frac{1}{n}}-1)=1$$

例 8-10 证明级数 $1-\dfrac{1}{3}+\dfrac{1}{5}-\dfrac{1}{7}+\cdots$ 的和为 $\dfrac{\pi}{4}$。

证 注意到 $\arctan x$ 的幂级数展开式为:

$$\arctan x = x - \frac{x^3}{3} + \frac{x^5}{5} - \frac{x^7}{7} + \cdots, \quad (-1 \leqslant x \leqslant 1)$$

令 $x=1$,就得到所要证明的结论。

上述例题先一般化,然后在一般化情形下解决问题,由于一般化的结论成立,原来的特殊结论自然成立。

2. 先特殊化后一般化

先特殊化后一般化方法的步骤是:①选定特殊对象;②把关于特殊对象的结论推广到一般对象。

例 8-11 求 $f(x)=\left(1+\dfrac{1}{x}\right)^x$ 当 $x\to+\infty$ 的极限。

分析 可考虑已经学过的一个序列极限:

$$\lim_{n\to\infty}\left(1+\frac{1}{n}\right)^n = e \qquad (*)$$

由于 $f(n)=\left(1+\dfrac{1}{n}\right)^n$ 是 $f(x)$ 的特殊情形,所以,若 $\lim_{x\to+\infty}\left(1+\dfrac{1}{x}\right)^x$ 存在且为 L,则必有 $L=e$,否则将导致矛盾。这个特例不仅为我们提供了可能的答案,也提供了证明的工具。

证 把 $x\to+\infty$ 的过程先特殊化为任意取定的趋于 $+\infty$ 的单调增的点列 $\{x_k\}$,然后对每个自然数 k,取自然数 n_k 使得 $n_k \leqslant x_k < n_k+1$,得到自然数列 $\{n\}$ 的一个单调不减的子列 $\{n_k\}$,$n_k \to \infty (k\to\infty)$,于是

$$a_k := \left(1+\frac{1}{n_k+1}\right)^{n_k} < \left(1+\frac{1}{x_k}\right)^{x_k} < b_k := \left(1+\frac{1}{n_k}\right)^{n_k+1}$$

因$\left\{\left(1+\dfrac{1}{n_k+1}\right)^{n_k+1}\right\}$和$\left\{\left(1+\dfrac{1}{n_k}\right)^{n_k}\right\}$都是$\left\{\left(1+\dfrac{1}{n}\right)^n\right\}$的子列,可由(*)知,它们都具有极限e(注:从一般到特殊),再由极限运算法则推出$a_k\to e,b_k\to e$,利用两边夹准则就推出当$k\to\infty$时,

$$\lim_{k\to\infty}\left(1+\dfrac{1}{x_k}\right)^{x_k}=e$$

再由$\{x_k\}$的任意性可推出当$x\to+\infty$时,$\left(1+\dfrac{1}{x}\right)^x$的极限存在且为e。

本题容易直接看出关于一般对象的结论和特殊对象的结论一样,所以推广的目标明确,而在很多情况下,对一般对象的结论需要先进行猜测,然后设法验证或求出,其难度更大,需要敏锐的眼光和更高的技巧。

3. 一般化与特殊化协同

这是波利亚举出的典型例子,此题的求解经历了"特殊化→一般化→另一特殊化"的过程。

例 8-12 设直角三角形 ABC 三边长分别为 a,b,c(斜边),试用一般化、特殊化的方法证明勾股定理:

$$c^2=a^2+b^2 \qquad\qquad (*)$$

分析 要证式(*)等价于要证明以 c 为一边的正方形面积等于分别以 a,b 为一边的两个正方形的面积之和(见图 8-2(a))。

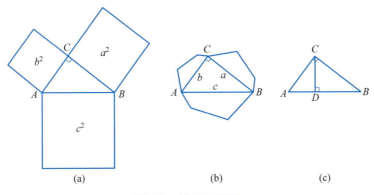

图 8-2 例 8-12 图示

证 先一般化。将 3 个正方形一般化为 3 个分别以 a、b、c 为对应边的相似多边形(形状与边数任意)。若以 a 为一边的那个多边形的面积为 λa^2,则分别以 b、c 为一边的多边形的面积为 λb^2 和 λc^2。由于

$$\lambda c^2=\lambda a^2+\lambda b^2$$

与式(*)等价,所以,要证明式(*)等价于要证明以 c 为一边的多边形面积等于另

两个多边形面积之和(图 8-2(b))。

再特殊化。将多边形特殊化为三角形,特别考虑 △ABC、△CAD 和 △BCD (图 8-2(c)),它们相似且分别以 AB、AC 和 CB 为对应边,即满足一般化的条件。故(*)成立与否等价于这 3 个三角形的面积是否满足

$$S_{\triangle ABC} = S_{\triangle CAD} + S_{\triangle BCD},$$

而这显然成立,从而推出(*)成立。

4. 先逐步特殊化再逐步一般化

先逐步特殊化再逐步一般化的方法是所谓"先退后进法"的一种情形。我国著名数学家华罗庚说过:"善于'退',足够地'退','退'到最原始而不失去重要性的地方,是学好数学的一个诀窍!"

在先逐步特殊化再逐步一般化的过程中,特殊化就是退,一般化就是进,退是为了进,进就是逼近目标。

例 8-13 假定某小学生会求矩形的面积,也了解一些关于三角形的知识,但没记住三角形的面积公式,现在要他求一个不规则的五边形的面积,请设计一条解题思路。

分析 为了求五边形的面积,先退而考虑求三角形的面积;为了求一般三角形的面积,先退而考虑求特殊三角形——直角三角形的面积;为了求直角三角形的面积,先退而考虑求矩形的面积。根据假定,该小学生会求矩形的面积,这说明已经退到合适位置了。根据直角三角形可看成矩形的一半、一般三角形是两个直角三角形的合并、多边形可分割成若干三角形等关系,再逐步推出五边形面积的计算方法。

问题研究

1. 查阅资料,进一步总结分析法与综合法的应用及其思想方法。
2. 一般化思想方法在数学上的应用有哪些?
3. 查阅资料,进一步了解数系的扩张和固本原则。
4. 特殊化的途径和类型分别有哪些?
5. 举一个典型化方法的例子。
6. 用一般化来解决特殊问题有哪些途径?
7. 先特殊化后一般化的解题过程是?
8. 举一个一般化与特殊化协同的例子。
9. 举一个先逐步特殊化再逐步一般化的例子。

附录A APPENDIX A

中国数学家一览表

数　学　家	基　本　信　息
中国古代数学家	
刘徽(约225—约295)	中国魏晋时期数学家
祖冲之(429—500)	南北朝时期数学家、天文学家、机械制造专家和文学家
祖暅[gèng](456—536)	南北朝时期数学家、天文学家
王孝通(生卒年不详)	唐代数学家、天文学家
一行(683—727)	唐代数学家、天文学家
贾宪(11世纪中叶)	北宋数学家
沈括(1031—1095)	宋代科学家
秦九韶(1202—1261)	南宋数学家、天文学家
杨辉(13世纪中叶)	南宋数学家
李治(1192—1279)	元代数学家
朱世杰(1249—1314)	元代数学家
徐光启(1562—1633)	明代数学家、天文学家、翻译家
王锡阐(1628—1682)	明末清初历算学家、数学家
梅文鼎(1633—1721)	清初数学家、天文学家
年希尧(18世纪)	清代数学家
明安图(1692—1763)	清代数学家
汪莱(1768—1813)	清代数学家
李善兰(1811—1882)	清代数学家、教育家、翻译家
中国现代数学家	
姜立夫(1890—1978)	数学家,浙江人
陈建功(1893—1970)	数学家,浙江人
熊庆来(1893—1969)	数学家,云南人
苏步青(1902—2003)	数学家,浙江人
江泽涵(1902—1994)	数学家,安徽人
华罗庚(1910—1985)	数学家,江苏人

续表

数　学　家	基　本　信　息
陈省身(1911—2003)	数学家,美籍华人
吴文俊(1919—2017)	数学家,上海人
冯康(1920—1993)	数学家,江苏人
陈景润(1933—1995)	数学家,福建人
姜伯驹(1937—)	数学家,浙江人
丘成桐(1949—)	数学家,美籍华人
彭实戈(1947—)	数学家,山东人
徐宗本(1955—)	数学家,陕西人

附录B APPENDIX B

外国数学家一览表

数 学 家	生 卒 年	基 本 信 息
芝诺（Zeno）	约前490—前425	古希腊哲学家
柏拉图（Plato）	前427—前347	古希腊哲学家、数学家
亚里士多德（Aristotle）	前384—前322	古希腊哲学家
欧几里得（Euclid）	约前330—前275	古希腊数学家
阿基米德	前287—前212	古希腊科学家、数学家
丢番图（Diophantus）	约246—330	古希腊数学家
普罗克鲁斯（Proclus）	410—485	古希腊数学家
阿耶波多（I. Aryabhata）	476—550	印度数学家
阿尔·花拉子米（Al-Khwarizmi）	约780—约850	阿拉伯数学家
巴塔尼（al-Battani）	约858—929	阿拉伯数学家
奥马·海雅姆（Omar Khayyami）	1044—1123	阿拉伯数学家
丘凯（N. Chuquet）	1445—1500	法国数学家
费罗（S. del Ferro）	1465—1526	意大利数学家
施蒂费尔（M. Stifel）	1487—1567	德国数学家
卡尔达诺（G. Cardano）	1501—1576	意大利数学家
费拉里（L. Ferrari）	1522—1565	意大利数学家
邦贝利（R. Bombelli）	1526—1572	意大利数学家
韦达（F. Viete）	1540—1603	法国数学家
吉拉德（A. Girard）	1593—1632	荷兰数学家
笛卡尔（R. Descartes）	1596—1651	法国数学家
费马（P. Fermat）	1601—1665	法国数学家
帕斯卡（B. Pascal）	1623—1662	法国数学家
惠更斯（C. Huygens）	1629—1695	荷兰数学家
巴罗（I. Barrow）	1630—1677	英国数学家
牛顿（I. Newton）	1643—1727	英国物理学家、数学家
莱布尼茨（G. W. Leibniz）	1646—1716	德国哲学家、数学家

续表

数 学 家	生 卒 年	基 本 信 息
萨凯里(G. Saccheri)	1667—1733	意大利数学家
哥德巴赫(C. Goldbach)	1690—1764	德国数学家
贝叶斯(T. Bayes)	1702—1761	英国数学家
欧拉(L. Euler)	1707—1783	瑞士数学家
达朗贝尔(d'Alembert)	1717—1783	法国数学家
兰伯特(J. Lambert)	1728—1777	德国数学家
拉格朗日(J. L. Lagrange)	1736—1813	法国数学家
蒙日(G. Monge)	1746—1818	法国数学家
普莱菲尔(Playfair)	1748—1819	苏格兰数学家
拉普拉斯(P. S. Laplace)	1749—1827	法国数学家
高斯(J. C. F. Gauss)	1777—1855	德国数学家
波尔查诺(B. P. J. N. Bolzano)	1781—1848	捷克数学家
柯西(A. L. Cauchy)	1789—1857	法国数学家
莫比乌斯(A. F. Moebius)	1790—1868	德国数学家
罗巴切夫斯基(Н. И. Лобачевский)	1793—1856	俄国数学家
阿贝尔(N. H. Abel)	1802—1829	挪威青年数学家
刘维尔(J. Liouville)	1809—1882	法国数学家
伽罗瓦(E. Galois)	1811—1832	法国青年数学家
布尔(G. Boole)	1815—1864	英国数学家
魏尔斯特拉斯(K. T. W. Weierstrass)	1815—1897	德国数学家
克罗内克(L. Kronecker)	1823—1891	德国数学家
黎曼(G. F. B. Riemann)	1826—1866	德国数学家
戴德金(J. W. Dedekind)	1831—1916	德国数学家
贝尔特拉米(E. Beltrami)	1835—1899	意大利数学家
皮尔斯(C. S. Peirce)	1839—1914	美国哲学家、逻辑学家
汉克尔(H. Hanckel)	1839—1873	德国数学家
吉布斯(J. W. Gibbs)	1839—1903	英国数学家
帕施(M. Pasch)	1843—1930	德国数学家
康托尔(G. Cantor)	1845—1918	德国数学家
克莱因(C. F. Klein)	1845—1925	德国数学家
弗雷格(G. Frege)	1848—1925	德国数学家、逻辑学家
海维赛德(O. Heaviside)	1850—1925	英国数学家
庞加莱(J. H. Poincare)	1854—1912	法国数学家
皮亚诺(G. Peano)	1858—1932	意大利数学家
希尔伯特(D. Hilbert)	1862—1943	德国数学家
豪斯道夫(Hausdorff)	1868—1942	德国数学家
罗素(B. A. W. Russell)	1872—1970	英国哲学家、数学家

续表

数　学　家	生　卒　年	基　本　信　息
布劳威尔(I. E. J. Brouwer)	1881—1966	荷兰数学家
诺特(A. E. Noether)	1882—1935	德国女数学家
布朗(V. Brun)	1885—1978	挪威数学家
波利亚(G. Polya)	1887—1985	美籍匈牙利数学家
巴拿赫(S. Banach)	1892—1945	波兰数学家
柯尔莫哥洛夫(А. Н. Колмогóров)	1903—1987	苏联数学家
冯·诺伊曼	1903—1957	生于匈牙利的美籍犹太裔数学家
哥德尔(K. Godel)	1906—1978	美籍奥地利裔数学家
迪厄多内(J. A. E. Dieudonné)	1906—1992	法国数学家
杜布(J. Doob)	1910—2004	美国数学家
角谷静夫	1911—2004	日本数学家
图灵(A. M. Turing)	1912—1954	英国数学家

附录C APPENDIX C

MATLAB简介

　　MATLAB 是 Matrix Laboratory(矩阵实验室)的缩写,是美国 MathWorks 公司出品的商业数学软件,具有强大的科学计算、系统仿真和数据可视化功能。

　　MATLAB 和 Mathematica、Maple 并称为三大数学软件。在数学类科技应用软件中,MATLAB 在数值计算方面首屈一指,它集数值计算、数据处理和图形显示于一身,具有良好的人机交互界面和仿真开发环境。

　　MATLAB 的基本数据单位是矩阵,专门以矩阵的形式处理数据。MATLAB 的指令表达式与数学和工程领域中常用的形式十分相似,故用 MATLAB 求解问题十分简捷。

　　MATLAB 语言是一种解释性语言,简单易学,代码简短高效,功能强大,使用者可以在短时间内掌握编程方法和软件工具,不必学习太多的编程语法规则,从而将精力放在具体问题的解决上。此外,在 MATLAB 的新版本中,加入了对 C、Fortran、C++、Java 等语言的支持。

　　MATLAB 的优势包括:

　　(1) 矩阵计算、数值分析、仿真模拟;

　　(2) 数据可视化,2D、3D 绘图;

　　(3) 可以与 C、Fortran、C++、Java 等语言进行数据链接;

　　(4) 核心内部函数达几百个,功能强大;

　　(5) 大量工具箱为众多学科领域提供可用的函数。

　　在高等院校中,MATLAB 的用户群体庞大,MATLAB 已经成为理工科大学生必须掌握的基本软件之一。

　　关于 MATLAB 软件的进一步介绍和使用,请参阅相关书籍。

参 考 文 献

[1] 朱家生.数学史[M].3版.北京:高等教育出版社,2022.
[2] 李文林.数学史概论[M].4版.北京:高等教育出版社,2021.
[3] 欧几里得.几何原本[M].章洞易,译.天津:天津科学技术出版社,2021.
[4] 张苍,等.九章算术[M].邹涌,译解.重庆:重庆出版社,2016.
[5] 顾泠沅,朱成杰.数学思想方法[M].2版.北京:中央广播电视大学出版社,2016.
[6] 吴炯圻,林培榕.数学思想方法:创新与应用能力的培养[M].2版.厦门:厦门大学出版社,2009.
[7] 熊惠民.数学思想方法通论[M].北京:科学出版社,2010.
[8] 同济大学数学系.高等数学[M].7版.北京:高等教育出版社,2014.
[9] 徐华锋.高等数学[M].北京:清华大学出版社,2011.
[10] 同济大学数学系.线性代数[M].6版.北京:高等教育出版社,2014.
[11] 申亚男,张晓丹,李为东.线性代数[M].2版.北京:机械工业出版社,2017.
[12] 郭东亮,黄小红,黄海风.矩阵论及其应用[M].北京:清华大学出版社,2024.
[13] 谢安,李冬红.概率论与数理统计[M].北京:清华大学出版社,2012.
[14] 米山国藏.数学的精神、思想和方法[M].毛正中,吴素华,译.上海:华东师范大学出版社,2019.
[15] 王绵森.复变函数[M].北京:高等教育出版社,2008.
[16] 姜启源,谢金星,叶俊.数学模型[M].5版.北京:高等教育出版社,2018.
[17] 汪天飞,邹进,张军.数学建模与数学实验[M].北京:科学出版社,2013.
[18] 马东升,董宁.数值计算方法[M].3版.北京:机械工业出版社,2020.
[19] 吕同富,康兆敏,方秀男.数值计算方法[M].2版.北京:清华大学出版社,2013.
[20] 郑成德,李志斌,王国灿,等.数值计算方法[M].北京:清华大学出版社,2010.
[21] 王健,赵国生,宋一兵,等.MATLAB数值计算基础与实例教程[M].北京:机械工业出版社,2018.
[22] 张奠宙,宋乃庆.数学教育概论[M].3版.北京:高等教育出版社,2016.
[23] 韩士安,林磊,杜荣.近世代数[M].3版.北京:科学出版社,2023.
[24] 何穗,刘敏思.实变函数[M].武汉:华中师范大学出版社,2013.
[25] 江泽坚,孙善利.泛函分析[M].2版.北京:高等教育出版社,2005.